조경소록

造景小錄

중국 고사故事에서 '六十不種樹'는 나이가 60쯤 되면 나무는 심지 않는다는 뜻이다. 남은 삶이 짧으니 내가 열매나 목재를 얻기 어려워, 아예 나무 심을 필요가 없다는 백 년 전 사고였다.
'十年之計 莫如樹木'은 10년의 계획은 나무를 심는 것이 최고다라는 말과 철학자 스피노자Spinoza의 "내일 지구가 멸망할지라도 한 그루의 사과나무를 심겠다"는 말은 은유로 통한다.
최근 한 세기 동안 인간의 평균수명은 거의 3배 늘어 현재는 백세시대이다.
이제는 '一百必種樹' '백세가 되어도 나무를 꼭 심어야 한다'로 바꾸고 싶다.
서양에서는, 정원에 3대 갈 나무를 골라 심는 오랜 가족 전통이 있다.
지식은 책으로 배우지만, 지혜는 자연에서 얻는다.

'儉而不至於陋 麗而不至於侈 斯爲美矣.'
검소하나 누추하지 않고 아름다우나 사치스럽지 않게 하는 것이 미美이다.

머릿글

수목들의 생활사가 궁금하다. 오로지 한곳에서 정착하면 선택없이 주어진 대로 살아야 한다. 자연의 선택이자 숙명이다.

농작물은 '주인의 발자국 소리를 듣고 자란다'고 한다. 나무도 그럴까?

내가 좋아하는 것을 하다 보니, 한 세대를 관통할 세월을 나무와 지냈다.

지금, 내가 할 수 있는 것이 무얼까 하다가 펜을 잡았다.

10여 년 전 지천명과의 첫 약속이라며, 「나무랑 마주하기」라는 수목서를 출간하고 많이 지났다.

대자연은 몇십 억 년 운영한 기업이지만, 아직 파산하지 않았다.

더 깊숙한 곳에 있고, 본색을 함부로 드러내지 않는 자연은 고요하고 단지 경외로울 뿐이다.

초록 생명은 38억 년 동안 지구 지킴이로 살았고, 또 앞으로 지구의 종말까지 지정된 파수꾼이다.

수목은 40년 전까지 땔감 정도로 인간의 의·식·주 보조재였다.

최근에는 아파트 분양 시 '숲세권'을, 인간의 삶과 연관 지어서 '반려식물'로, 국가 정책에 '식물복지'를, 장기적인 미래가치를 위해서 '식물투기'라는 말이 공공연하다.

우리는 벌거숭이 민둥산을 가꾸어 산림 선진국으로 도약하는 큰 걸음을 떼었다.

돌이켜보면, 사람이 살기 어렵던 지난 시절에 아낌없이 내어 주던 나무가, 이제는 세간의 관심과 배려의 객체가 되었다. 인간의 삶을 침묵으로 지탱해 준 버팀목이었다.

세상에 존재하는 색깔 중 녹색은 정서 안정감을 대표하는 심벌컬러이다. 자연이 만들고 인간이 사용하는 색이다. 도심의 거리도 산림도 짙푸른 녹색이어야 한다. 삶이 쾌적한 도시의 녹지율은 모든 척도이다.

나무는 우리가 쓰는 종이류를 비롯한 건축물, 생활 도구와 떼려야 뗄 수 없는 불가분의 관계이다. 특히 소나무는 우리 한민족의 영혼이 깃든 수목의 백수지왕이다. 솔밭의 태교부터 삶의 마침까지 인간과 함께해 온 살붙이다.

논산의 향리에서 30년이 넘게, 白松苑의 백송을 벗 삼아 함께하고 있다. 하얀 외투를 입은 대국의 珍客이자 자존심 있는 선비이다. 백의민족을 쏙 빼닮은 귀목이다. 수직의 중심과 수평의 기개로 자태를 맘껏 드러낸다. 백송은 하얀 고고함에, 겸손과 절약이 있고, 쉽게 몸체를 굽히지 않는 은근함과 기다림을 준다.

바늘 같은 유묘가 장승이 된 지금, 낱낱을 기억하고 있다. 백송원은 배움과 가르침이 늘 교차하는 자연학습장이다. 감히 그들이 죄다 내 스승이다. 성장을 지켜보며 접목하고, 전정하며 잡초를 뽑고 건넸던 솔깃한 공감과 소통이 있다.

황금소나무와 금강산의 금강송 반입은 간단하지 않았다. 열정과 관심의 발로이자 자연애의 천착이었다.

혹자는 '생물학에서 전체의 합은 부분의 합보다 크다'고 말한다.

대자연에서는 예기치 않은 일이 진화라는 산물로 생겨서 붙여진 말일 게다.

우리 지구는 그간, 5번의 대멸종을 겪었지만 과거를 지우고 첨단을 향한 국가별 질주만 더 경쟁적이다. 기후 위기에 직면했지만, 정답을 알면서 오답에 집중하고 있다. 인간이 첨단 지식은 과다하게 축적했지만, 다른 생명과 함께 살아갈 배움은 너무 부족하다.

미래가 불안하다. 현재 인류는 6번째 대멸종의 정점이자 핵심에 있다.

이번 원고를 정리하면서, 전)서울대 이경준 교수님의 수목생리학을 비롯한 다수의 학술서를 참조함에 깊은 감사를 표한다.

더 많은 조경인의 사랑과 애착을 바라는 마음뿐이다. 인간 염색체의 중심에 초록이 있고, 그 초록색은 조경으로 완성한다.

이제 살얼음 위를 딛는 조심스런 마음으로 둘째를 上梓한다.

2022년 11월 立冬. 鄕里 白松苑에서

C/O/N/T/E/N/T/S

Part 1 식물의 미래 _ 13

1. 푸른 별에서 생명의 始原을 찾다 <생명과 진화> _ 15
2. 인류의 미래사회 공존자원 <태양과 물> _ 20
3. 녹색 동물만 아는 초록 人文學 <자연의 선택> _ 23
4. 자연 질서와 생명의 축제 <자연 섭리> _ 26
5. 오로지 한 곳에 삶을 묻다 <식물의 특성> _ 28
6. 사계절 수목의 진한 욕망 <춘하추동> _ 31
7. 풀과 나무는 무엇이 다를까 <초본식물과 목본식물> _ 34
8. 수목계의 族譜를 따져보면 <나자식물과 피자식물> _ 37
9. 무연고 외톨이 은행나무의 독백 <1과 1속 1종> _ 40
10. 작은키나무와 큰키나무의 차별 <관목과 교목> _ 43
11. 식물과 동물은 먹이가 다르다 <독립·종속영양자> _ 46
12. 네게 어울리는 이름 불러 줄게 <식물의 이름알기> _ 48
13. 三代 갈 나무로 골라 심어야 <조경수의 선택> _ 52
14. 미래의 전쟁은 種子가 무기다 <씨앗 지키기> _ 56
15. 이 땅 조선의 고아 화려한 복귀 <미선나무> _ 59
16. 공허한 다잉경고 고독한 절규 <구상나무> _ 61
17. 100년 동안 불편한 동거 <안타까운 미래> _ 65

Part 2 식물조직의 기능과 역할 _ 69

18. 속껍질의 부름켜가 하는 일 <형성층 역할> _ 71
19. 물관은 뿌리에서 잎까지 일방로 <물관과 체관> _ 74
20. 산소와 CO_2는 바꾸고 수분은 덤 <기공의 여닫이> _ 76

21 평생 외투 한 벌로 만족해 <수피의 모양과 역할> _ 79
22 식물도 萬能 세포가 있다 <다기능 줄기세포> _ 83
23 물과 양분의 흡수만 필요 <뿌리의 성장과 역할> _ 86
24 뿌리가 건강해야 잘 자란다 <뿌리의 발달환경> _ 89
25 뿌리의 수명이 있다면 <뿌리의 생존기간> _ 92
26 수목의 뿌리 합리적인 공생 <균근과 균근균> _ 94
27 소나무 그들의 화려한 상생 <송이균근> _ 97
28 자기 나이를 스스로 기록한다 <나이테> _ 99
29 나무는 죽은 채로 살아간다 <식물체의 생 조직률> _ 102

Part 3 대사와 순환 _ 105

30 태양에서 온 가장 값진 선물 <햇빛과 광합성> _ 107
31 호흡 생체 에너지를 만든다 <호흡작용> _ 110
32 체내 에너지의 이동과 사용 <탄수화물 대사와 운반> _ 112
33 나무 그늘이 시원한 이유 <잎의 증산작용> _ 114
34 물관은 일방 重力을 거스려야 <수분의 흡수와 이동> _ 117
35 모든 기능을 물로 다스리다 <수분 스트레스와 상승> _ 120
36 양분의 공급과 움직이는 통로는 <수목 체액의 이동> _ 123
37 骨利水 뼈에 이로운 물이다 <고로쇠 수액과 건강> _ 126
38 무기물 흡수 수문장이 허락 <양분의 흡수와 이동> _ 129
39 공기 구멍으로 숨을 쉬다 <기공과 호흡작용> _ 132
40 광합성을 이산화탄소가 말하다 <이산화탄소와 광합성> _ 135
41 수목의 발육 성장 결실의 총사령관 <식물호르몬> _ 137
42 저온 처리로 계절을 만들다 <춘화처리> _ 139

Part 4 생육과 생존 _ 141

43 1년에 자랄 만큼만 자란다 <고정생장과 자유생장> _ 143

44 수목에서 최고 기록 Ⅰ <최거목과 최장수목> _ 146
45 수목에서 최고 기록 Ⅱ <최고령목> _ 150
46 울릉도 이천 년의 세월을 <장수목의 특징> _ 153
47 좋아하는 게 아니라 잘 버틴다 <음수와 양수> _ 156
48 심을 자리를 보고 골라야 <양수와 음수의 구별> _ 159
49 음지를 좋아하는 나무는 없다 <음수의 성질> _ 161
50 이파리도 음양에서 다르다 <양엽과 음엽> _ 163

Part 5 수목 관리 _ 167

51 큰키나무 아래는 비워야 <교목과 지피식재> _ 169
52 또 다른 天上庭園을 탐하다 <옥상 조경> _ 171
53 도로에 심은 가로수도 조경수다 <가로수 조건> _ 173
54 適地適樹 개별적인 선택 <조경 수종의 선정> _ 177
55 수목 간 공간분할이 식재 美 <수목의 식재거리> _ 180
56 수목의 몸살 3년 간다 <이식 적기> _ 182
57 이식 전 올바른 준비는 <뿌리돌림과 분뜨기> _ 185
58 옮겨심은 후 마무리는 <물집과 지주설치> _ 188
59 수관 만들기와 수형 다듬기 Ⅰ <전지와 전정> _ 192
60 수관 만들기와 수형 다듬기 Ⅱ <전지와 전정요령> _ 196
61 수관 만들기와 수형 다듬기 Ⅲ <밑가지와 3단 전지법> _ 199
62 수종마다 개별 수형이 있다 <나무의 고유수형> _ 202
63 토양의 성질과 유기질 비료 <유기물과 수목 생장> _ 204
64 물비료의 성분과 토양 및 엽면시비 <토양과 액비> _ 207
65 식물의 수라상은 1벌 14찬 <필수영양소> _ 210
66 수목 전염병 삼각형에 있다 <병해충과 저항성> _ 213
67 병해충의 생활사를 알아야 <진단과 구제> _ 216
68 건강해야 충해를 이겨낸다 <수목의 내충성 향상> _ 221
69 식물보호제 사용은 규정대로 <보호제의 피해> _ 223
70 식물호르몬이 풀을 잡는다 <제초제> _ 225

Part 6 재해와 처방 _ 227

- 71 서리는 일러도 늦어도 피해를 <조상, 만상, 상렬> _ 229
- 72 잎도 타고 껍질도 타고 <엽소와 피소> _ 231
- 73 불에 탄 나무를 살려라 <화재 피해목 조처> _ 233
- 74 빗물은 수목에 도움일까 해일까 <대기오염과 피해> _ 235
- 75 수목도 부드러운 사질토가 좋아 <심식과 답압> _ 238
- 76 마른 우물과 유공관 소통관 <복토의 영향> _ 240
- 77 겨울철 도로변 침엽의 저항 <염화칼슘 튀김> _ 242
- 78 전염병 잘 드러나지 않는다 <병징과 표징> _ 244
- 79 수간주사는 효과가 빠르다 <적용원리와 사용액> _ 246
- 80 미생물 불침입 방어벽을 쌓다 <상처 방어력> _ 249
- 81 큰 상처는 외과 수술로 <상처처리와 외과처치> _ 251
- 82 목질부 썩는 속도가 다르다 <심재와 변재의 부패> _ 254

Part 7 개화와 번식 _ 257

- 83 산수국 자연 花類系 사기꾼 <헛꽃 이야기> _ 259
- 84 개화기 꽃가루의 飛散 <수목 화분과 질병> _ 263
- 85 곤충 활주로 알전구 발전소 <꽃과 유전> _ 265
- 86 꽃가루받이부터 2년 기다림으로 <수정과 개화생리> _ 267
- 87 소나무의 자기변신 <성 전환> _ 270
- 88 접붙이기로 품종교체와 생명연장 <무성번식> _ 273
- 89 무성번식의 다양한 사례 <접목, 삽목, 취목번식> _ 276

Part 8 생육과 주변환경 _ 279

- 90 가을 외투로 요염하게 변장하라 <단풍잎> _ 281
- 91 자연에서 마지막 주인은 陰樹다 <숲의 식생천이> _ 285

92 햇빛이 수세를 강화시킨다 <충실한 조경수> _ 287
93 梢殺度를 키워야 안정감도 <수목의 방풍형> _ 289
94 木은 말라도 잘 참는다 <건조 저항성> _ 291
95 겨울철 피하는 은밀한 거래 <식물 스트레스> _ 293
96 겨울 추위 부동액을 바꾸다 <수목의 내한성> _ 295
97 나무의 눈자리는 정해져 있을까 <맹아력> _ 298
98 건조지와 습지의 臨界 <내건습성 기작> _ 301
99 건강검진은 잎과 눈으로 <수목의 건강도> _ 303
100 한겨울에 개나리꽃을 보다 <지구온난화> _ 308
101 대기는 식물이 자라는 터전 <대기오염> _ 312
102 수목은 계절인식 두뇌가 있다 <가을 인식법> _ 314
103 가을은 버림 비움 침묵으로 <낙엽귀근> _ 316

Part 9 토양 관리 _ 319

104 수목 생장을 토양이 알고 있다 <토양 관리> _ 321
105 토양의 모세관수를 지켜라 <토양 관수의 빈도> _ 324
106 수관의 하층 지표를 덮어야 <토양 멀칭재> _ 327
107 우리 토양은 본래 산성이다 <산성토양과 개선> _ 329
108 대기의 질소를 고정한다 <뿌리혹박테리아> _ 331

Part 10 한민족의 영혼, 소나무 _ 335

109 한반도의 오롯한 선비 Ⅰ <소나무와 우리민족> _ 337
110 한반도의 오롯한 선비 Ⅱ <개화와 번식> _ 341
111 한반도의 오롯한 선비 Ⅲ <소나무의 관리> _ 344
112 한반도의 오롯한 선비 Ⅳ <적심과 접목> _ 347
113 大國의 珍客 하얀 선비 Ⅰ <백송의 일반적 특성> _ 350
114 大國의 珍客 하얀 선비 Ⅱ <백송의 생태적 특성> _ 354

115 大國의 珍客 하얀 선비 Ⅲ <**백송의 역사적 가치**> _ 358
116 大國의 珍客 하얀 선비 Ⅳ <**천연기념물 관리**> _ 361
117 특별한 내 정원을 조성하라 <**황금송과 솔송**> _ 366
118 향수로 자라는 시골집 대감 <**감나무**> _ 369
119 조선의 別墅 후원의 조경사상 <**전통정원**> _ 372
120 핫한 여름 정열로 불태워 <**여름 개화수**> _ 376
121 분재 물주기 3년 걸린다 <**취미분재 일반**> _ 380
122 조경미학 준비가 반이다 <**조경장비와 관리자재**> _ 384

표 찾아보기

〈표 1〉 생울타리 추천 수종 _ 44
〈표 2〉 조경수의 식재 목적별 조건 _ 53
〈표 3〉 수목 줄기의 횡단면 구조 _ 80
〈표 4〉 조경수종의 양·음수 분류표 _ 157
〈표 5〉 월별 수종별 개화기 _ 179
〈표 6〉 수종별 이식 활착도 _ 190
〈표 7〉 화관목의 개화기 및 화아 분화기 _ 194
〈표 8〉 조경수종별 거름 요구도 _ 205
〈표 9〉 가해 습성별 수목해충 _ 219
〈표 10〉 수목의 부위별 주요 질병 _ 219
〈표 11〉 조경수별 대기오염 저항성 _ 236
〈표 12〉 수목 전염병 병원체의 분류 _ 245
〈표 13〉 수목별 과습 토양 적응성 _ 302
〈표 14〉 토양의 공기 분포율 _ 323
〈표 15〉 천연기념물 지정·해제 백송목록 _ 363
〈표 16〉 수종별 열매 색깔 _ 373
〈표 17〉 수종별 관상점 _ 373

Part 1
식물의 미래

1

푸른 별에서 생명의 始原을 찾다
<생명과 진화>

지구의 탄생과 지구상에 생명 출발의 학설은 이렇다.

지금부터 150억 년 전 우주의 대폭발로, 발생한 가스와 먼지들이 뭉쳐지면서 46억 년 전쯤에 지구라는 별이 탄생한다. 지구 위에 생명체의 발생은 약 38억 년 전 지구 대기에 물이 생기면서 원시 생명체가 나타나 생명이 시작했다는 이론이다.

지구의 탄생 이후, 녹조류는 프랑크톤과 박테리아 같은 단순한 생명체들과 함께 지구를 지배하며, 대기 중의 산소 농도를 높여온 귀중한 존재들이다. 곰팡이들과 수분을 교환하며 광합성을 하여 탄수화물을 생산했다. 보잘것없는 작은 생명들의 공동연대가 그리 긴 세월 동안 더불어 오면서 오늘날의 대기 형성에 이렇게 엄청난 영향을 주었다.

그들 덕분에 현재 지구상의 모든 생명체들은 향연을 즐기고 있다.

단세포의 작은 박테리아에서 거대한 나무까지 살아있는 생물에는 호흡이라는 공통점이 있다. 생물은 독특한 기능을 가진 여러 기관이 서로 유기적인 관계로 공통된 생명현상을 이어 간다.

식물은 원시적인 박테리아가 수십억 년 동안 남조류藍藻類*를 거쳐 고등식물로 진화한 것으로, 호흡작용과 관련된 분명한 생리현상이 있다.

고온 다우 열대지방에서 자라는 식물 잎의 세포 간격은 넓고 왁스층이 얇다. 건조지방 식물은 증산량을 줄이기 위해 세포 간격이 좁고 왁스층이 두껍다. 추운 지방의 식물은 잎이 짧고 표피가 두꺼운 바늘형이다. 이들 모두 주변 환경에 최적화된 식물이다.

육상식물의 고등식물은 잎, 줄기, 뿌리의 영양 구조와 꽃, 열매, 종자의 생식구조 등 6개 기관으로 또렷하게 나뉘어 진화했다.

진화론에서 보면, 현재 지구상에서 가장 빠른 진화를 거쳐 다양한 품종으로 분화한 식물이 국화과, 난초과, 백합과이다. 모두 충매화라는 공통적 특징이 있다. 반면에, 사초과와 벼과 식물은 진화가 더딘 식물로 모두 풍매화이다.

충매화는 진화가 빠르고 풍매화는 늦은 것으로 볼 때, 진화의 정도는 수정방식과 깊은 유의미성이 있다.

학자들은 '생물학은 전체가 부분의 합보다 큰 학문'이라고 한다. 예상치 못했던 새로운 현상이 드러나고 진화의 속성이 매우 복잡하기 때문이다.

생명의 조건은 살아서, 성장하고, 스스로 움직임과 호흡을 하며 자발적인 항상성 모두를 갖추어야 한다는 것이다. 또한, 종별 자가복제가 가능해야 한다.

식물학의 시조 칼 린네Linné 1707~1778, 스웨덴 식물학자는 「자연의 분류」에서 속명과 종명을 창시하여 개별적인 분류와 이름을 정했다.

---

* 남조류(藍藻類) 핵막으로 싸인 핵이나 다른 세포 소기관을 가지고 있지 않은 조류로 세균성 엽록체가 아닌 고등식물이 가지는 엽록체를 가지고 있어 광합성을 한다.

찰스 다윈Darwin 1809~1882, 영국 생물학자은 「종의 기원」에서 생물의 진화과정을 논리적으로 밝히고 끊임없이 진행되는 진화를 '자연선택론'으로 주장했다. 자연선택을 따라야 풍요로운 동·식물의 다양성이 있고, 신비로운 자연의 질서가 존재한다는 것이다.

생명체의 유전자는 이미 6억 년 전에 만들어졌다. 생명체는 박테리아에서 시작하여 상호공생을 통한 생존에서 작은 생명체부터 어류, 양서류, 파충류, 조류 등으로 진화하던 중 인류가 등장했다.

진화론의 궁극적 목적은 진보가 아닌 생명의 다양성이다.

지구는 그간 5번의 대멸종이 있었고, 그때마다 대멸종으로 전체 생물 종의 대부분이 사멸되었다. 지구상의 생물 종은 멸종과 공생, 진화가 거듭되면서 서로 끊임없이 영향을 주고받으며 현재의 지구를 지키고 있다. 다른 생명체와의 유기적 공생만이 인류의 6번째 대멸종을 막을 수 있다는 게 학자들의 공통 지혜이다.

공룡은 약 1억 6천 만 년 전에 전성기였지만, 멕시코 소행성 충돌설에 따르면, 그 충돌로 약 70%의 생명체가 멸종되었다고 한다.

초기의 지구환경은 산소가 전혀 없었으나0%, 현재는 21%까지 늘었다. 최초의 지구는 산소가 없어 생명체의 존재는 상상할 수도 없었다.

생태계에는 생명이 존재하는 저마다의 틈새가 있다. 지구상의 초기 생명체는 약 38억 년 전부터 존재했다.

최근인 5번째 생명체의 멸종은 6,500만 년 전으로, 당시 멕시코 유카탄반도에 떨어진 소행성의 충돌로, 몸무게 25kg 이상의 육상동물은 전멸했다고 한다. 이후 포유류의 시대가 시작되면서 인류가 출현했다.

역설적이지만, 진화는 멸종의 산물이다.

현재까지 5번의 대멸종의 결과 95%가 사라졌다는 의미는 생명체

100개체 중 95개체가 아니라 95종이 사라짐을 의미한다.

수목의 경우, 물관은 수분이 이동하는 길이며, 죽은 세포이다. 가느다란 구멍 세포로 뿌리부터 잎까지 연결되어 있다. 수목의 체내에서 수분의 이동은 뿌리에서 줄기 끝으로 위쪽 일방향이다. 물관은 물흐름이 쉽도록 세포가 수직인 종축방향으로 길게 배열되었다.

침엽수종나자식물은, 지구상에 3억 년 전 석탄기에 등장하였으나 아직까지 꽃다운 꽃모습으로 피우지 못하는 원시 식물이다. 가도관헛물관 조직은 직경20~30㎛과 길이2~3mm가 작고 세포의 양 끝이 막혔다. 좁은 막공 구멍으로 이웃 세포와 수분 이동이 매우 느려 비효율적인 원시 구조로 되어 있는 것이 늦은 진화의 증거이다. 가도관 세포가 전체 세포의 90% 이상 차지하지만 목부의 수액의 상승 속도는 1시간에 약 50cm로 느리다.

활엽수피자식물, 현화식물**는 지구상에 1억 6천만 년 전 침엽수보다 훨씬 뒤에 나타났어도 완전한 꽃의 형태를 모두 갖추었다. 도관물관은 조금 큰 직경30~500㎛과 길이는 인접한 세포끼리 수 m까지 연결되어 긴 대롱 형태로 수분이 빠르게 이동할 수 있는 구조다. 수분은 이 도관으로 1시간에 2~40m 빠르고 효율적으로 이동한다.

따라서, 침엽수보다는 활엽수의 기관이나 조직이 더 나은 진화적 형태를 보인다.

식물의 공진화共進化는 여러 개의 종種이 서로 영향을 주면서 진화하여 가는 일로 충매화의 구조와 곤충의 입틀 모양이 함께 진화하는 경우이다.

지구상에 존재하는 식물 종에서 장미종, 국화, 난은 해마다 200여

** 현화식물(顯花植物) 생식기관인 꽃이 있고 열매를 맺으며, 씨로 번식하는 고등식물로 겉씨식물과 속씨식물로 나눈다. 세계에 약 25만 종이 분포한다.

종의 품종이 개체 선발되어 실제로 몇만 종에 이른다. 인간의 손에 의한 인위적인 진화이다.

　진화론에서 한 종의 새가 사라짐은 이미 30여 종의 곤충이 사라졌다는 것을 의미한다. 소멸은 또 다른 소멸을 부추긴다. 인간의 탐욕과 편익으로 생기는 연쇄적인 반응이다.

　자연은 진화의 역사에서 가장 성공적인 현존기업이다. 지구의 작동 비밀은 태양 에너지이다. 여하튼 자연은 위대한 스승이다.

　날마다 동식물이 150종씩 지구에서 멸종하고 있고, 현생의 육상동물은 지구상에 3%밖에 남지 않았다고 한다.

2

인류의 미래사회 공존자원
<태양과 물>

    오늘날 환경문제의 대부분이 온실효과에서 비롯된다. 다행스럽게 늘 자연은 스스로 설정한다. 원래 지구의 포화상태의 인구는 120억 명이 가능하다는 연구 결과가 있다. 인간은 다른 생명들과 함께 살아가는 방법을 아직도 더 배워야 한다.

    태양에너지는 현재 가장 위대한 자원이다. 앞으로 에너지의 체계는 화석연료에서 태양, 바람, 수력, 지열, 바이오 등으로 바뀔 것이다.

    지구의 온도는 지난 100년 동안 CO_2의 증가와 석탄, 석유, 천연가스의 연소로 0.6℃ 올랐다. 태양은 지구 모든 에너지의 원동력이다. 현재의 에너지 소비량은 매년 20~30%씩 증가하고 있다.

    이론상으로는, 지구 전체에 하루 도달하는 태양광선만으로도 지구에서 180년간 필요한 에너지를 충당할 수 있다고 한다. 에너지의 자주성은 선진국의 기준이다. 에너지의 절약과 고효율화, 재생에너지로 활용 등 생태적, 경제적 기적을 요한다. 자원의 양은 한정돼 있지만 쓰임은 늘 모자라는 게 현실이다.

    태양에서 8분마다 지구의 온 인류 전체가 1년간 소비하는 만큼의 에너지를 무료로 보내준다. 지구상 식물의 생태계 유지는 물론 과거에 형성된 석탄이나 석유, 천연가스도 태양에너지로 만들어졌다. 태양이 모든 생명의 원천이다. 식물에게 광합성 기작에너지를 주었고, 동물과 인간의 생명을 공존하게 했다.

그동안 태양은 방사능 유출 사고나 핵폐기물의 위험도 없이 모든 생명에게 무료로 에너지를 공급했다는 점에서 지구상의 가장 큰 원자로이다. 지구의 현재 평균온도는 15℃이다. 만약 내일 해가 뜨지 않는다면 -15℃가 된다. 사흘이 지나면 -40℃, 나흘이 지나면 -80℃ 일주일 후엔 -173℃가 된다고 한다.

과거에 석탄과 가스, 석유 자원은 자연이 50만 년에 걸쳐 만든 것을 인간들은 한 해에 마구 소비해 버린다.

태양은 우리에게 어느 계산서나 청구서를 보내지 않는다. 우리는 현재 태양에너지를 무제한으로 사용하고 있으며, 어떤 자원도 태양처럼 제한 없이 또 저렴하게 이용할 수 없다. 태양이 2주 동안 지구에 보내는 에너지를 계산하면 우리가 알고 있는 세계의 석유와 가스 및 석탄을 모두 합친 것과 맞먹는 에너지라고 한다.

과거부터 지구 위에 생존했던 식물 중에서 현재 살아남은 종은 1%도 되지 않는다고 한다. 식물이 없으면 인간도 존재할 수 없다. 식물들은 집안에서 실내의 습도를 조절해 주고 산소를 만들어 낸다. 정서적 안정을 주고 유해 물질을 줄여준다. 꽃과 열매로 아름다움을 준다.

갈대 같은 C-4 식물은 바이오 에너지 대체 식물이다. 가장 효율적인 태양열 집열기이다.

물은 전 세계적으로 가장 흔하고 값싼 자원이지만 머지않아 부족한 천연자원이 될 것이며 대체가 불가하다고 한다. 물은 자연의 탁월한 걸작이며, 물은 생명이고 태초의 에너지원이며, 모든 생명들이 태어나서 죽을 때까지 함께하는 음료이다.

지구의 물은 해수인 바닷물이 97.5%이고, 육지 물인 담수가 2.5%인데, 담수의 69.55%는 빙하, 만년설, 영구동토 등이고 남은 30.45% 중 30.06%는 지하수로 또한 사용하기 어렵다. 결국 우리가 이용 가능한 호수나 하천의 물은 전체 담수 가운데 0.39%에 불과하다고 한다.

대자연은 가장 오래된 성공적인 기업이다. 자연이라는 공장은 수십 억 년 전부터 작동했지만 파산한 적이 없다.

지구는 인간이 필요 없겠지만, 인간은 지구 없이 살 곳이 없다. 오늘날 생물 종의 사멸 속도는 200년 전보다 수백 배나 빠르고 심각하다.

인디언들은 보트를 만들기 위하여 나무를 베려면 미리 춤과 노래로 용서를 구하고, 어부들은 새벽에 고기 잡으러 가기 전에 물고기에게 관용을 청한다. 생명에 대한 진정한 경외심이다.

「제6의 멸종」의 저자 리처드 리키 교수케냐, 생물학자, 1944~2022에 의하면 '지구의 생물들은 기후변화, 운석의 폭발, 진화의 탈선 등을 통해 지금까지 5번에 걸친 커다란 멸종이 있었다. 마지막 멸종이 6,500만 년 전의 일이다. 각각의 종의 95%가 절멸했고 오늘날도 70~150종이 매일 멸종하고 있다'고 했다.

'미래를 아는 것이 아니라, 미래를 준비하는 것이 더 중요하다'는 그리스 페리클레스아테네, 정치인, BC495~BC429의 말이 의미심장하다.

3

녹색 동물만 아는 초록 人文學
<자연의 선택>

수목은 한여름 동안의 노동량이 일 년간의 생과 건강을 좌우한다. 식물들은 치밀한 셈법과 내밀한 거래로 공존한다. 짜여진 자연의 시계로 봄을 깨우고, 볕으로 얼음을 녹여 땅속뿌리에 동력을 주며 나무마다 줄기 속으로 물 흐름을 재촉한다. 부지런한 살림꾼인 뿌리는 이른 봄부터 늦가을까지 해야 할 일이 많다.

식물은 빛에 대한 탁월한 감지 능력이 있다. 태양으로부터 전해지는 빛은 숲속 공동체 모든 질서를 유지하며, 공존과 생체주기의 메카니즘을 절대적으로 지배한다. 식물 간 공간배치와 계절, 밤낮의 탐지, 경쟁자에 관한 식별과 성장과 휴면을 알아서 척척 대비한다. 나무의 외관과 크기는 햇빛을 받기 가장 효율적인 구조로 되어있으며, 가지와 이파리마다 각도와 자세가 다른 것도 최적화를 위해서이다.

수목은 자연환경에서의 변화에 대한 완충 능력이 독특하여 빛과 온도의 적응 기작부터 각기 다르다. 잎은 성장을 위한 공장이지만 겨울이 오기 전에 과감히 떨구어 겨울을 나기 위한 비용 절감을 해야 살 수 있다.

식물에게 자손 번성은 남달라 생식기관인 꽃의 구조나 모양 형태, 위치 모두 유리한 선택이 우선이다. 매개 곤충을 부르기 위한 매혹적인 향과 자태가 완벽한 디자인이다. 그들과의 공생관계는 예나 마찬가지로 꿀을 준비하고 향기로 유인한다. 식물 생태계에서 수꽃이 더 강해지려는 것과 암꽃은 더 예뻐지려는 것은 관능이다. 요즈음 송화松花 같은 집단개화는 꽃가루받이 확률을 높이고 꿀을 절약하려는 자연 경제적 술수이다.

지구상의 많은 색상 중에 초록은 식물이 선택한 절묘한 '신의 한 수'이다. 모든 색채 중 빛의 투과율을 높여 아래의 잎까지 빛이 전달되는 색깔로 식물의 상하좌우 고른 대칭을 이루며 자라게 한다.

식물의 몸은 곤충과 새와 동물에게 원하는 만큼씩 나누어 주는 실천미학이 있다. 꽃과 열매, 잎과 줄기가 곤충과 초식 동물에게 일부 약탈되더라도 자연 공생으로 만족하며 몸체의 복원력을 키운다.

각각의 수목은 미세먼지나 대기 오염물을 흡수하고, 대기 중 이산화탄소로 잎과 줄기를 만들어 살을 찌우고 몸집을 키우는 탄소 저장고이자 대기 농도를 조절하는 공기 정화기이다.

나무들이 모인 숲은 거대한 댐이 되어 낙엽과 뿌리로 물을 잡아 건강한 생태계를 보존한다. 간혹, 예기치 못한 태풍과 폭우, 산불 같은 재해는 막대한 손실과 재앙으로 공포스럽지만 이 또한 숲을 더 강하게 하는 자연의 비상 전략이다.

자연에서 진화와 도태 현상은 설계된 일상이며, 질서와 절제로 평온이 존재한다. 혹독한 겨울은 시련이 아니라 다가올 봄을 더 건강하게 맞게 해 준다. 생명들에게 생존은 선택이 아니므로 자존심이나 명예는 불편한 사치다. 처절하지만 엄동설한을 겪어야 푸른 지구의 강한 파수꾼이 될 수 있다.

자연 생태계에서는 균형과 조화가 기본 수칙이다. 아무리 예쁜 꽃이라도 꽃잎을 버려야 열매를 얻을 수 있으며, 좁은 공간에서도 더불어 살아가는 분배 황금률이 존재한다. 죽은 듯 고요하지만 한정된 공간의 물과 양분만으로 햇빛을 골고루 나누는 것도 자연의 법칙이다. 이들이 주는 공감으로 생명체들에게 온전한 삶의 방식과 길을 안내하고 때로는 진한 향수와 향기를 전한다.

자연은 인간에게 삶의 지평을 주고 은유로 포용한다. 식물들은 동물의 오감보다 뛰어난 자연 순응력으로 생을 이어가는 영락없는 녹색 동물이다.

4

자연 질서와 생명의 축제
<자연 섭리>

    인간사회는 더 많은 자연을 필요로 한다. 벌써부터 자연결핍장애를 겪고 있다. 자연은 해가 거듭될수록 공기, 물보다 더 중요한 존재이다.

    자연은 상한 마음과 영혼을 치유하고 사회적 긴장을 완화시켜 준다. 때로는, 고단한 삶을 보듬어 주고 삶을 더욱 아름답게 만들어 주며 위안을 준다.

    자연에서는 항상 탄생과 성장과 결실 그리고 죽음에 이르기까지 우리가 알지 못할 메시지로 혼돈스럽지만 질서 정연하다.

    자연이라는 위대한 유기체의 생태를 통하여 '나고 살고 죽는 것'에 관한 지혜를 제시한다. 생명이 가진 욕망과 잠재력, 제약과 갈등, 성장과 관계 속에 다양한 은유가 있다.

    자연에서 수목들이 살아가는 방법은 경이롭다. 햇빛을 나누어 쓰는 방법이나 바람이 가는 길을 내어 주고 양분을 배분하는 방법을 잘 알고 있다. 다른 나무나 바위를 기어오르는 덩굴 등 천태만상의 생명 연주곡을 내며 따로 또 같이 살아간다. 정해진 약속도 기약도 없지만 자연의 이치에 조금도 벗어날 수 없다.

미래의 자연에 대한 가장 중요한 가치는 생물 존재의 다양성이다. 더불어 살면서 윤택해진다.

자연에서 소명을 다하고 죽는 나무는 다른 생명에게는 축제이다. 버섯균이 제일 먼저 초대된다. 삶은 생명에게 소유가 아니라 존재이다. 영원은 없다. 더 이상 자연에 맞서지 말고 자연과 함께하는 것이다.

사람이나 사회가 성숙한다는 것은 소통의 그릇이 커지는 것이다. 자연의 끊임없는 소통이 우리 지구 푸른 별을 지켜간다.

지구로 유입되는 태양에너지는 1/4은 수분의 증발과 강우 등 생태계의 재활에 사용되고 실제로 광합성에 사용하는 에너지는 1.2% 정도 뿐이라고 한다.

신이 모든 생명들에게 학교를 세워주지도 않았고 학습하지도 않았다.

하나의 개별 주체로 살 권리와 능력을 그 씨앗 안에 부여받고 태어난다. 탄생의 불가역성이다. 태어나고 싶다고 태어날 수 있는 생명체는 없다. 무엇과도 바꿀 수 없는 숙명이다.

신이 한 생명에게 두 번의 삶을 주지 않은 까닭은 살아있는 기간에 충실하고 후회 없이 최선을 삶을 살라는 거룩한 명령이다. 대신할 수도 없다. 다만 식물에게는 접목이 있어 생이 이어진다.

5

오로지 한 곳에 삶을 묻다
<식물의 특성>

　식물은 한곳에 정착하여 일생을 보내기 때문에, 생육환경에 대한 선택권이 없다.
　세포학적으로는 식물은 세포벽이 있고, 두꺼운 세포벽으로 세포의 지지력을 높여 척추동물의 등뼈처럼 몸체를 지탱한다. 단단한 세포벽들의 지지로 나무들이 꼿꼿하게 서서 바람에 맞선다. 한번 자라서 굳어진 세포는 다시 자라지 않는다.
　광합성의 산물인 탄수화물(당류)로 각 조직에 필요한 지방, 단백질, 비타민으로 전환하여 사용한다. 이를 위해서 물, 탄산가스, 햇빛, 무기양분 등이 필요하다. 식물은 여러 무기물로 유기물을 합성하는 능력이 있어 스스로 혼자서 살아갈 수 있는 독립영양자라 한다.
　동물은 유기물로 된 다른 동·식물을 섭취해야 하므로 종속영양자다.
　인, 칼륨, 마그네슘, 철분 등 무기양분은 동물과 식물의 대사작용에 꼭 필요한 물질로, 식물은 이들을 수용성 무기물의 형태(Ion*)로 토

＊ 이온(Ion)　전하를 띠는 원자 또는 원자단으로, 전기적으로 중성인 원자가 전자를 잃으면 양전하를, 전자를 얻게 되면 음전하를 가진 이온이 된다.

양에서 뿌리로 흡수해야 한다.

나무는 꼭대기 잎에서 기공을 열고 증산작용을 하기만 하면, 도관에 채워진 물기둥 안의 물 분자 응집력으로 뿌리부터 잎끝까지 양분과 수분을 에너지의 소모 없이 운반될 수 있다.

식물은 세포로 나이를 추정할 수 있으며, 수종별로 별도의 정해진 수명이 없다. 기록에 따르면 소나무류는 5천 년 이상도 살아간다.

식물은 자신의 수세를 유지하기 위해 개화와 결실의 생식생장에 과다한 에너지를 소모하지 않는다. 일정한 영양성장을 해야 개화를 시작한다. 어느 정도 자란 후부터 꽃을 피우고 후손을 만들기 시작한다.

어린나무는 음수나 양수가 아닌, 중성수의 특징으로 자라다가 10년 정도 자라면 구분이 확실해진다. 생육환경 적응성이다.

토양의 습도와 기온이 영향을 주며, 토양이 건조하고 기온이 높으면 양지나무로, 토양이 습하고 기온이 낮으면 음지나무로 자란다.

식물의 일반구조로 수목 조직에서 광합성과 호흡, 증산작용이 가장 활발한 곳은 잎이다. 뿌리에서는 더 많은 물과 무기양분을 얻기 위해 실뿌리 세포분열이 계속되고 있다. 세포분열로 호흡작용은 많지만 지하라서 빛이 없으므로 광합성과 증산작용은 할 수 없다.

지구상의 모든 생명체에게 먹이 사슬은 창조주가 모든 시간과 공간에 기회와 위협이 존재하도록 설계한 것이다. 어느 것 하나라도 일방적이고 편파적인 것은 없다.

식물은 씨가 한곳에 떨어지면 욕심없이 자립적이고 호혜적이어야 한다. 모든 생명의 삶은 자기 모색과 조절 및 상실을 누적하며 성장하고 완성한다. 떡잎을 버려야 성장한다.

식물에게 있어서 어떤 순간도 늘 충실하다. 낮에는 노동과 창조의 시간이고, 밤에는 휴식과 여유의 시간이다.

떡잎을 버리고 꽃을 피우고 성장하는 초목들은 절제된 생명력과 살을 내어 주는 아픔이 있다. 개미와 진딧물에게도 공생의 지혜를 베푼다. 자신의 씨앗을 품에 두지 않으려는 삶의 방식이 있다.

시간은 분절적分節的이지 않고 연속적이다. 식물도 자라는 일이 중요할 때는 생장을 하고, 깊어지는 일이 중요하면 성숙할 때임을 안다.

나무는 주인을 닮고 사람과 같은 희노애락과 생로병사가 있다. 제각각 다양한 삶의 방식으로 살아간다. 나무에게도 언어가 있다. 소리언어가 아닌 느낌의 언어이다. 소통의 언어이다.

수목이 주는 겸손은, 인간이 알수록 그들의 무지만 드러난다. 인간은 자신들이 영원할 줄 알고 아름다운 착각의 시간을 보낸다. 그러나 시간은 어디서 와서 어디로 가는지 밑도 끝도 없는 환상이다.

될성싶은 나무는 떡잎부터라지만 본잎부터 그 삶은 시작된다.

6

사계절 수목의 진한 욕망
<춘하추동>

봄은 믿음과 약속의 시간이다. 반드시 돌아올 것이라는 순환의 기대감이 생명들에게는 겨울을 인내하고 버틴 상비약이다. 나머지 삶을 설계하도록 끊임없는 희망을 연습시킨다. 엄동설한을 헛되지 않게 참고 애타게 기다린 보람이 있다. 새롭게 또 시작하는 들뜬 모습에 덩달아 생명들을 흔들어 깨운다. 생기가 돌고 삶의 원기가 나뭇가지마다 연초록빛 작달막한 등불로 켜진다. 초록에 허기졌던 자연이 환한 연둣빛 세상으로 되어 간다.

꽃샘추위는 매년 단골 메뉴로 찾아오는 불청객이다. 원하지 않았지만 세월의 나이테와 같이 해마다 잊지 않고 머물다 간다. 느닷없는 날벼락은 아니지만 세상을 처음으로 맛보는 어린 새싹들에게 너무 가혹한 엄벌이다.

4~5월 벚꽃이 지고 나면, 생울타리에서 꽃의 향기가 강하게 밀려온다. 쥐똥나무의 자잘한 꽃송이의 하얀 향기는 진하디 진하다. 회양목의 보잘것없는 꽃의 향도 마찬가지다. 자연에서는 보잘것없고 또렷하지 않은 꽃, 이른 봄꽃이 향을 진하게 내뿜어 꿀과 향기로 매개충을 부른다.

나무는 봄에 사람들의 눈길과 발길을 가장 잘 잡는다. 온갖 화려한 색깔과 그 나무의 특색을 가감없이 드러내는 시기는 봄과 낙엽기인 가을이다. 본색을 드러내는 시기이다. 감출 수 없는 모습과 색이다.

생명의 축제인 양 얼었던 대지가 녹으면서 세상은 온통 역동성을 가진다. 눈과 얼음이 물이 되면서 속도는 커진다. 여유와 동력이 곧 에너지가 된다. 봄은 계곡에서 출발한다. 단단하기만 했던 땅거죽이 질척거리며 숨을 쉰다. 물이 방울방울 모여들면서 물줄기가 되고 여기저기서 모여 힘을 모은다. 물이 움직여야 땅속의 잠든 생명을 깨운다. 물 흐름소리가 생명의 기척이다.

겨우내 땅의 겉면은 얼었다 풀렸다 하면서 부드러워진다. 땅이 녹으면서 땅속의 솜털 뿌리는 물을 길어 올려야 한다. 뿌리로 빨아들인 물이 줄기와 가지를 거쳐 끝의 눈 세포도 긴 잠을 깨운다. 죽은 듯 고요했던 겨울이 물이 오르면서 세포마다 탱탱하게 물보를 채우고 키워 겨울눈의 외투를 하나씩 벗어 낸다. 봄소식에 늑장 부릴 틈이 없다. 키가 작은 녀석부터 급한 대로 꽃부터 피워야 한다. 때가 늦으면 덩치 큰 수목에 치어 햇빛을 볼 수도 없다.

여름은 치열한 경쟁과 성장의 시간이다. 나누어 갖기에 부족한 빛을 향해 끊임없이 손길을 뻗는다. 상생과 질서는 알지만, 양보란 모른다. 빛을 향한 경쟁은 오직 키로 말한다. 봄은 먼저 깨어나느냐의 문제라면, 여름엔 키의 경합이다.

이른 봄부터 분주했던 이유는 가을이 되면 나타난다. 제각기 다른 열매지만 누군가의 선택을 기다리고 있다. 봄에 향기로운 꽃을 피워 벌과 나비를 불렀고, 여름 더위에 힘써 살았던 이유가 본래의 삶을 이어가기 위해서이다. 나의 존재를 더 멀리 보내기 위한 것으로 귀결된다. 삶의 본질이자 지향점이기도 하다. 자신의 닮은꼴을 과일로 포장해서 곳곳에서 자식들이 자라기를 바라는 마음이 인간의 부모와 똑같다.

겨울은 살아있는 모든 생명에게 시련과 혹독한 인내의 기간이다. 견딤 없는 내일은 달콤하지 않다. 원하지 않는 고통이지만 억척스럽게 살아남아야 봄이 따사롭다. 수목 개개의 살아가는 전략이 있다. 겨울은 오직 대비한 자의 휴식 기간이다. 삶이 멈춘 것이 아니라 꿈을 키우는 준비 중이다. 휴식과 시련, 인내와 준비가 별도가 아니다. 한 줄의 나이테로 짙은 어둠을 가리고 부피를 늘리면서 성숙해 간다.

식물에게 겨울은 생장의 욕망을 펼치기보다는 생존의 본능을 인내하는 시기이다.

겨울이 사라지고 있다. 연중 최저기온을 보여야 할 소한과 대한 사이에 이상고온으로 시풍에 걸맞지 않은 남부의 꽃소식만 푸짐해진다.

'겨울은 추워야 제맛'이라는 말은 그저 하는 소리가 아니다. 겨울이 춥고 눈이 많이 와야 예전에는 농사가 잘된다고 했고, 식물은 추위 무장에 더 강해진다. 눈은 뿌리를 덮어주는 이불이다. 옛말에 '겨울 추위는 빚을 내서라도 해야 한다'는 말은 혹독한 겨울을 치러야 봄에 활기가 솟는다는 뜻이다.

얼음장 낚시인 빙어 축제가 사라지고 있다. '춥지 않은 소한 없고, 포근하지 않은 대한은 없다. 소한의 얼음이 대한에 녹는다'는 말은 모두 실속 없는 말이 되었다. 대한은 24절기 중 마지막 절기이다.

7

풀과 나무는 무엇이 다를까
<초본식물과 목본식물>

 식물은 크게 풀인 초본식물草本植物과 나무류의 목본식물木本植物로 나눈다.
 초본식물은 1~2년을 살면서 꽃을 피우고 열매를 맺어 후손을 남기고 생을 마감한다. 따라서 줄기나 잎이 크지 않고 조직이 연하다. 동물들이 먹는 들풀이나 사람이 먹는 야채가 그렇다.
 초본식물을 개별적으로 1년생, 2년생, 월년생越年生*이라 부른다. 2년 이상을 살더라도 겨울철 추위에 지상부가 대부분 얼어 죽는다. 접시꽃, 잔디, 토끼풀처럼 지상부는 죽어도 뿌리가 여러 해 살아가는 다년생 초본류도 꽤 많다.
 초본식물과는 달리 목본식물은 매년 키가 자라면서 줄기가 굳어지고, 나이테가 생기면서 굵어진다. 수십 년부터 수 천 년을 살아가기도 한다. 초본류와 다른 것은 어느 정도 자라면 꽃을 피우고 열매를 맺어도 죽지 않고 매년 이어서 자란다.

---

* **월년생(越年生)** 달맞이꽃, 망초같이 그 해에 싹이 나서 자라다가, 뿌리만 남아 겨울을 나고 이듬해에 열매를 맺고 죽는 식물이다.

식물학적인 이들의 분류법은 형성층이라는 존재를 기준으로 삼는다. 목본식물에만 있는 조직이다. 부름켜로도 불리는데 나무껍질樹皮의 안쪽에 띠의 형태로 나무의 나이테를 만들며 하는 일이 많다. 한 개의 나이테는 1년을 살아온 흔적으로 자란 만큼 줄기가 굵어진다.

옥수수나 명아주 같은 식물은 아무리 줄기가 굵고 키가 커도 형성층이 없어 나이테는 생기지 않으며, 오로지 한 해만 자라고 겨울을 넘기지 못하는 초본식물이다.

형성층 안쪽에는 뿌리에서 흡수한 물과 무기물을 줄기나 잎으로 보내는 통로인 목부木部 물관가 있다. 잎에서 탄소동화작용을 해서 만든 탄수화물은 아래로 보내는 통로인 사부篩部 체관로 이동한다.

목본식물은 키가 큰 교목喬木과 키 작은 관목灌木, 덩굴성의 만경蔓莖 식물로 자람의 크기나 형태에 따라 구분한다.

예외적으로, 나무의 형태로 보이더라도 조직의 구성이 초본류와 똑같은 식물이 있다.

청미래덩굴과 청가시덩굴은 모두 백합과 식물로 형성층이 없다. 처음에 자란 줄기가 더 굵어지지는 않지만 여러 해 겨울에 살아 있는 점 때문에, 낙엽 덩굴성 목본류로 본다.

야자나무나 소철도 나이테가 없는 식물이지만 목본식물이다.

대나무도 마찬가지다. 1년만 키가 자라고 매년 잎만 새로 나지만 굵어지지도 않는다. 나무처럼 단단하고 여러 해를 산다. 어지간한 겨울도 끄떡없이 견딘다.

그러나 나무의 1차 조건인 나이테가 없고, 첫 해1년만 자란다. 통도조직이 유관속관다발으로 되어 있고, 한 번 꽃을 피우면 죽는다. 초본식물의 고유특성을 모두 갖추고 있다. 대나무류는 벼과 소속의 풀이지만, 일반적으로 나무로 불린다. 이름도 대-나무다.

조선 중기의 고산 윤선도尹善道 1587~1671는 오우가五友歌 5절에 대[竹]나무에 대하여

(전략) '나모도 아닌 거시 플도 아닌 거시 / 곳기는 뉘 시기며 속은 어이 븨연는다 / 뎌러코 四스時시예 프르니 그를 됴하ᄒ노라' (후략)

대나무를 4번째 벗으로 삼았다.

학문적 기준보다는 외형상 실제 모습이 나무의 형태를 갖추고 있으면 별도 기준으로 삼고 목본식물로 간주한다.

목본식물은 형성층에 의한 2차 생장으로 나이테를 추가하면서 직경이 증가하는 식물이다. 자연스럽게 겨울철에도 지상부가 살아있는 식물을 말하기도 한다.

풀과 나무의 구분은 눈^{Bud}에서도 알 수 있다. 풀에서 눈은 잘 보이지 않는다.

8

수목계의 族譜를 따져보면
<나자식물과 피자식물>

  수목은 열매 안에서 종자가 겉으로 노출된 모습으로 보이는 나자식물裸子植物 겉씨식물과 종자가 씨방으로 싸여 감춰진 피자식물被子植物로 나눈다. 나자식물은 다시 떡잎이 2개인 쌍떡잎雙子葉식물과 잎이 1개인 외떡잎單子葉식물로 구분한다.

  나자식물은 겉씨식물과 같은 말로 종자식물 중에서 솔방울 씨앗처럼 열매가 성숙하면 씨가 겉에서 보이는 식물을 말한다. 씨방 안으로 씨를 품어 감춰진 속씨식물과는 다른 개념이다. 겉씨식물은 중생대*에 무성했던 주종식물들이다.

  나자식물의 꽃은 모두 암꽃, 수꽃으로 각각 피는 단성화이다. 겉씨식물의 꽃 구조는 꽃잎과 꽃받침이 없어 진정한 꽃 모양을 찾아보기 어려운 안 갖춘꽃**으로 풍매화이다. 꽃잎과 꽃받침, 암수술이 별도로 드러나지 않는다. 소철과 주목, 비자나무, 소나무, 향나무, 은행나

---

 * **중생대(中生代)** 지질 시대의 구분에서 고생대와 신생대 사이의 시기. 지금부터 약 2억 4,500만 년 전부터 약 6,500만 년 전까지이다. 겉씨식물이 번성하였고, 공룡과 같은 거대한 파충류를 비롯하여 양서류·암모나이트 등이 번성하였다. 트라이아스기, 쥐라기, 백악기로 다시 나뉜다.
** **갖춘꽃** 꽃받침, 꽃잎, 암술과 수술을 완전히 갖춘 꽃. 무궁화꽃, 벚꽃 등이다.

무의 꽃이 그런 구조다. 관심을 기울여 자세히 보아야 알 수 있다. 대체로 꽃이 작고 보잘 것 없어 꽃 같지도 않다.

단자엽식물에는 벼과인 대나무류와 백합과인 청미래덩굴과 청가시덩굴이 포함된다. 나머지는 거의 초본식물이다.

대부분의 수목이 피자식물이고 쌍떡잎식물이다.

그러면 이와같이 구분하는 기준은 무엇일까?

목본식물의 계보 분류기준은 의외로 간단하다.

생식조직인 꽃, 열매, 종자의 모양이다. 식물은 진화하면서 유전자를 서로 교환하여 꽃과 열매의 성숙 과정이 서로 내밀하게 연결되어 있기 때문이다. 같은 계열의 식물은 생식기관인 꽃, 열매, 종자의 구조나 형태가 서로 비슷하다. 참고로 잎과 줄기의 구조도 식물의 계통 분류에 도움이 된다.

고등식물은 잎, 줄기, 뿌리, 꽃, 열매, 종자라는 기관의 분화가 분명한 진화가 고도화된 식물을 지칭한다.

나자식물은 대다수의 목재비중이 가벼워 Softwood침엽수재라 하고, 피자식물은 재질이 단단하고 무거워 Hardwood활엽수재라 하며, 판재로 많이 사용한다.

은행나무는 활엽형 침엽수라 부르면 어떨까?

잎의 모양으로는 가느다란 침처럼 생긴 바늘잎나무針葉樹와 넓적한 잎을 가진 넓은잎나무闊葉樹로 구별한다. 은행나무는 잎의 생김새로 보아서는 당연히 넓은잎나무이다.

은행나무는 밑씨가 그대로 노출되어있는 겉씨식물이다. 또 바늘잎나무의 특징을 모두 갖추었다. 실제로 촌수도 아주 가깝다. 또 이 나무의 세포 중 대부분이 헛물관***가도관으로, 소나무나 향나무 같은 침

*** 헛물관 겉씨식물이나 양치식물에서 관다발이 물관부에 있는 주된 요소로 조직을 지탱하고

엽수와 헛물관 분포 비율과 비슷하다. 다른 세포 모양이나 배열도 바늘잎나무와 구별이 안 될 만큼 거의 그대로 닮아있다. 외모는 활엽수이지만 구조는 침엽수 속성을 그대로 지닌 나무다.

활엽수는 헛물관이 아닌, 물관을 비롯한 여러 종류의 세포로 이루어져, 세포 모양이나 배열이 은행나무와는 전혀 다르다. 은행나무는 속살의 구조나 배열이 바늘잎나무와 같아 바늘잎나무로 분류하는 것이 더 합리적이다.

해부학적으로도 은행나무의 노란 과육은 자방벽에 싸여 있지 않은 노출된 배주로 본다. 냄새나는 열매의 겉 부분은 씨방이 아닌 종의種衣가 종자를 싸고 있는 것이다.

우리가 맨눈으로 보아도 침엽수 가족인 소나무류 솔방울의 노출된 씨앗과는 다른 구조임에 틀림없다.

활엽수 중 바늘잎 구조를 하고 있는 위성류渭城柳는 반드시 침엽수같아 보이지만 낙엽활엽 교목이다. 둘 다 잎의 구조가 상이한 경우다.

수분의 통로가 되는, 세포벽의 두꺼운 조직이다. 세포가 가늘고 긴 방추형이며, 세포 사이의 격벽이 없어 물관과 구별된다.

9

무연고 외톨이 은행나무의 독백
<1과 1속 1종>

분류학으로 보면, 식물계를 비유관속식물선태식물과 유관속식물로 나누고, 유관속식물은 다시 비종자식물과 종자식물로 크게 문Phylum으로 분류된다. 동식물의 분류는 모두 종-속-과-목-강-문-계의 카테고리로 연관된 것들을 묶는다. 여러 종이 모여 속이 되고, 또 여러 속들이 모여 과를 이루게 된다. 결국 식물계Plant kingdom로 귀결된다.

따라서 하나의 종밖에 없다는 말은 분화가 많이 되지 않은 종이자 속이다. 다양한 환경 적응과 진화에 실패한 종이지만 현재의 환경에 마지막까지 살아남은 종이기도 하다. 생존경쟁에서 유리한 위치에 있지 않은 종이다.

안타깝게도 목 아래 과 단계부터 1과-1속-1종 밖에 없는 유일한 식물이 은행나무이다. 은행나무에서 분화된 식물이 아예 없거나, 분화된 식물은 모두 멸종되었음을 의미한다. 오랜 지질 시대에 살아남아 현재에 이르게 되어, 현존하는 나무 중에서 가장 오래된 속이요 종으로 보고 있다.

은행나무 화석은 서부 아메리카, 캐나다, 알래스카, 그리인란드, 시

베리아, 영국, 호주, 극동 아시아 등지에 걸쳐 널리 발견된다. 남북 양반구까지 분포했던 것이다.

화석상으로, 가장 번성했던 쥬라기에는 은행나무속Ginkgo의 식물이 적어도 12종은 있었던 것으로 확인되고 있다. 신생대 빙하기 등의 한랭화로 대부분의 종들은 절멸되고 비교적 기후가 온난했던 중국에서 현재의 은행나무가 살아남게 되었다.

2억 년 전의 은행나무 화석과 오늘날의 실제 은행과 별 차이가 없어 2억 년간 거의 형질이 변하지 않으면서 지구의 환경 변화를 버텨온 강인한 생명력을 가진 나무이다.

오랜 세월 동안 지구환경에서 살아남았으니 지구상에서 가장 적응력이 강한 나무이다. 다윈은 은행나무를 '살아있는 화석'이라고 했다.

노랗게 물든 부채모양의 은행잎 단풍은 학생 시절에 책갈피 속에 끼워 놓던 기억이 있다. 은행은 한자로 '銀杏'이라 하여 '은빛 살구'로 붙여진 이름이다. 서양에서도 Silver apricot은빛 살구라 부른다.

중국에서는 은행잎이 오리발을 닮았다 하여 압각수鴨脚樹, 열매를 손자 대에 가서 얻는다하여 공손수公孫樹, 은행알이 하얗다고 하여 백과목白果木, 살구 같은 열매가 연다하여 행자목杏子木이라고도 한다.

일반인에게 은행나무는 당연히 활엽수라 생각되는데, 수정과정과 종자의 형성에 따라 보면, 나자식물裸子植物로 소나무와 같은 침엽수에 포함된다. 은행나무 잎이 넓은 것은 오랜 세월 동안에 침엽들이 붙어서 진화한 것으로 본다.

한편, 은행나무가 나자식물에 속하는 것은 사실이나, 침엽수와 활엽수 분류는 잎의 모양에 따른 분류법이니 현재의 잎 모양을 기준으로 잎은 넓어 활엽수라는 주장도 있다.

은행나무는 지구상에 있는 식물 가운데 가장 오래된 화석식물이다.

이 세상에 피붙이 하나 없는 외로운 나무이다. 식물학자들이 은행나무를 '나자식물 중에서도 가장 원시적인 식물'이라 하는 것은 꽃가루 수분 과정이 다른 식물과는 달리 특이하기 때문이다.

은행나무의 꽃가루는 편모鞭毛를 달고 있어서 스스로 이동할 수 있다고 하여 정충情蟲이라고 부르며, 수나무의 정충 때문에 은행나무를 '원시적 특징'을 가졌다고 한다.

천연기념물로 지정된 은행나무는 총 19점으로 소나무 다음으로 많다. 노거수로 지정된 것도 813그루나 된다고 한다. 천연기념물은 경기도 양평 용문사 은행나무가 맨 처음 지정되었으며, 나이는 1,100년으로 추정하고 있다.

은행나무는 느티나무, 소나무와 함께 한민족이 가장 좋아하는 나무이다. 공자가 제자들을 모아 가르친 행단杏壇은 2,500년 전 춘추전국시대의 학교와 같은 건물이다. 늘 은행나무 아래에 둘러앉아 가르침을 준 곳이다.

10

작은키나무와 큰키나무의 차별
<관목과 교목>

수목은 아무리 척박한 환경이라도 죽지만 않으면 매년 조금씩이라도 자란다. 그리고 어느 정도 자랐거나 고령이 되면서 자람의 속도가 느려질 수 있다.

다 자란 성목의 키가 4m 이내인 수목은 관목灌木 작은키나무으로, 4m 이상으로 자라면 교목喬木 큰키나무이라고 한다. 4~8m까지 자라는 나무는 아교목亞喬木으로 분류하기도 한다. 간단하게 키의 크기만으로 나누는 것은 아니다. 관목도 생육환경이 좋으면 더 크게 자랄 수 있다.

관목 분류는 개나리처럼 한 개체의 중심줄기가 없이, 잔 가지나 줄기뿐이다. 또 한 뿌리에서 여러 가지가 자라면서 다간多幹으로 총생叢生의 줄기 형태로 자란다.

산철쭉, 개나리, 영산홍, 무궁화, 진달래, 영춘화, 앵두나무, 수국, 쥐똥나무, 회양목 등이 대표적인 관목형 조경수이다. 그러나 다간형의 관목을 어려서부터 중심줄기를 내어 교목의 수간형으로 기르면 더 굵고 크게 키울 수 있다.

때로는 관목을 소관목小灌木, 반관목半灌木, 아관목亞灌木, 잡관목雜灌木

으로 더 세분하기도 한다.

작은키나무관목는 종종 밀식하여 서로 가지가 결합 된 형태로 생울타리에 사용된다. 공원이나 정원에서 미로 정원을 만들 때나 경계 구분용 식재로 사용된다. 또한 큰키나무 아래에 모양 식재로도 모아 심는다. 〈표 1〉 참조

〈표 1〉 생울타리 추천 수종

구분	상록수		낙엽수	
수고	5m 이하	5m 이상	5m 이하	5m 이상
수종	꽝꽝나무, 사철나무, 회양목, 이대	노간주나무, 서양측백나무, 스트로브잣나무, 측백나무, 편백, 화백, 향나무	개나리, 명자꽃, 무궁화, 쥐똥나무, 탱자나무, 피라칸다	느릅나무, 단풍나무, 보리수나무, 주엽나무

큰키나무교목는 느티나무나 감나무처럼 가운데 큰 줄기가 있고, 옆으로는 작은 가지가 뻗어나간다. 하나의 뿌리에서 하나의 중심줄기가 생긴다. 중심 가지에서 다른 가지로 퍼져 자란다. 키가 크며 몸통이 굵어지고 오래 산다. 우리가 아는 일반적인 나무가 대부분 교목이다. 가로수와 공원수, 정원수로 쓰인다. 단풍나무, 향나무, 회화나무, 이팝나무, 팽나무, 소나무, 플라타너스 등 흔히 보는 나무이다.

무궁화도 교목으로 키울 수 있다. 무궁화는 우리나라의 나라꽃國花이다. 식물분류학적으로 쌍자엽식물강-아욱목-아욱과-무궁화속-무궁화종이다. 학명은 Hibiscus syriacus L.이고, 영명은 Rose of sharon, Shrub althaea이다.

무궁화는 보통 2~4m 정도로 성장하여 관목으로 분류하지만 좋은

환경에서는 키가 6~7m, 근경 30cm 이상까지도 자라 아교목으로 본다.

옮겨 심거나 꺾꽂이를 해도 잘 살고, 공해에도 강한 특성을 지닌다. 우리 민족의 근면과 끈기를 잘 보여 주는 나무다. 예로부터 우리 민족의 사랑을 받아온 무궁화는 우리나라를 상징하는 꽃으로 '영원히 피고 또 피어서 지지 않는 꽃'이라는 무궁무진이라는 뜻이 담겨있다.

조선 말 개화기를 거치면서 "무궁화 삼천리 화려강산"이란 노랫말이 애국가에 포함된 이후 더욱 사랑을 받게 되었다. 일제 강점기의 수난을 겪고 광복 후에 무궁화가 자연스럽게 나라꽃으로 자리 잡게 되었다. 우리 민족과 함께 영광과 어려움을 같이해 온 나라꽃이다.

무궁화꽃은 종모양이고, 꽃의 색상은 홍자색, 흰색, 연분홍색, 분홍색, 다홍색, 보라색, 자주색, 등청색 등 다양하다. 홀꽃과 겹꽃이 있다. 겹꽃은 수술과 암술이 꽃잎으로 변한 것으로 암술이 변한 정도에 따라 다양한 모습을 띤다. 강릉 방동리의 홍단심계 무궁화로 근원경 146cm, 수령 110년추정되어 천연기념물 제520로 지정 보호하고 있다.

무궁화꽃은 아름다울 뿐 아니라 꽃이 피는 기간이 7월에서 10월까지 아주 길고 꽃이 귀한 여름철 조경용으로 추천하는 수종이다.

무궁화는 이른 새벽에 피어 늦은 오후에 오므라들기 시작하여 해질 무렵에는 꽃이 떨어진다. 초여름에서 가을까지 약 백여 일 동안 매일 끊임없이 꽃을 피우는 것이 무궁화의 특징이다. 무궁화의 꽃말은 '일편단심, 혹은 영원'이다.

무궁화는 우리 나라꽃, 즉 대한민국의 국화國花이다. 하지만 무궁화가 국화로 지정된 이유나 역사적 근거는 아직까지 없다. 몹시 안타깝다.

우리나라의 남부지방과 제주도에는 노랑 무궁화황근가 자생한다. 그러나 중북부지방에서는 볼 수가 없다. 남부 수종이라서 자라지 못한다.

11

식물과 동물은 먹이가 다르다
<독립·종속영양자>

　식물은 햇빛과 광합성을 통하여 유기물을 합성하여 에너지로 쓴다. 이때 질소, 인, 칼륨 같은 무기양분이 필요하다. 수목의 잎에는 엽록소가 있어 태양 에너지를 활용하여 광합성을 한다. 이를 통해 식물에서 필요한 에너지를 모두 얻는다. 광합성으로 포도당을 만들고 식물체에서 요구하는 물질을 스스로 합성한다.
　자신이 필요로 하는 탄수화물, 단백질, 지방, 비타민 등을 스스로 만들어 배분한다. 식물은 주변에서 다른 유기물을 섭취하지 않고도 부족 없이 살아갈 수 있어 독립영양자라고 한다.
　식물은 단백질 합성에 필요한 20가지 아미노산과 비타민을 자율적으로 합성할 수 있다. 토양으로부터 14가지 무기양분을 흡수해야 가능하다. 이들을 필수원소라고 한다.
　반면에, 동물은 유기물로부터 에너지를 얻어 살며, 무기양분과 비타민이 필요하다. 대부분의 동물은 잡식성이므로 다양한 음식을 통하여 필요한 물질과 에너지를 골고루 얻는다. 탄수화물, 지방, 단백질, 비타민뿐만 아니라 철분, 칼슘, 요오드 같은 무기양분도 음식에서 공급된다.

유기물^{먹이}로부터 에너지를 얻는 동물은 먹이에 의존하는 종속영양자이다.

동물의 조직은 대부분 단백질로 주요한 에너지원이다. 지방과 단백질은 조직의 구성물로 외부에서 섭취해야 한다. 합성되지 않는 비타민C도 음식에서 얻어야 한다. 단백질을 합성하기 위한 여러 가지 아미노산 중 필수아미노산은 별도로 먹어야 한다.

식물은 오로지 엽록소를 이용하여, 광합성으로 각 조직에서 필요로 하는 에너지를 직접 합성한다. 식물의 세포벽은 탄수화물이 대부분이다.

동물은 외부에서 먹이를 통하여 유기물로 된 화합물을 먹고 소화기관에서 분해시켜야 에너지로 사용할 수 있다.

12

네게 어울리는 이름 불러 줄게
<식물의 이름알기>

매년 봄은 매향으로 깨우고 벚꽃으로 무드를 달구더니 곡우穀雨 봄비로 온통 연록의 융단을 깔며 향연이 이어진다.

우리는 일상에서 적어도 수십 종의 식물과 만난다. 사람들의 만남은 통성명부터 관계력이 시작된다. 식물의 이름은 식물의 분류체계에 따라 보통명과 학명이 있지만 방언과 한약명 등 여러 가지로 불린다. 수양버들, 눈잣나무, 작살나무, 금강송처럼 식물의 외형적 특징과 용도, 서식지에 따른 이름이 있고, 楡根皮느릅, 枳椇子헛개, 辛夷목련같은 한약명도 있다.

나무의 이름을 기억하는 일은 쉽지도 어렵지도 않다. 경험으로 보면 한자 공부법과 같다. 어떤 식물 이름이라도 무작정 지어지지 않는다.

좀 쉽게 이름을 알려면, 붙여진 이름의 유래나 어원을 연관 지어 '모과는 木瓜, 마가목은 馬牙, 고로쇠는 骨利水에서' 처럼 연상법聯想法은 쉽고 재미있다.

'편백, 화백, 측백, 삼나무'는 잎 뒷면의 X, Y형 백색 기공이나 잎끝로 나뉘듯 비슷한 수종 간 유사성과 상반된 특성을 비교하면, 구별과 기억이 더 쉬워진다.

또 한자 이름에 관심을 기울이면 답이 보이고, 한약명까지 알면 약제 효능까지 지식이 더해진다. 百日紅^{배롱}, 盤松^{둥근소나무}, 落霜紅^{낙상홍}, 白松^{흰소나무}, 木蓮^{목련}, 萬病草^{만병초} 등이 그러하다.

저마다 꽃이나 잎, 껍질, 색깔, 크기 등 눈으로 보이는 특징도 가지각색이다. 그놈이 그놈 같고 금방 보았던 이름도 돌아서면 잊는 것도 당연하다. 기억력의 한계도 있지만 제대로 머리에 각인되지 않아서다. 식물 이름을 찾고 나만의 개별 특이점을 찾아가는 것이 핵심이다.

처음 몇십 종 알기가 어렵지, 그 뒤부터는 한 번만 보아도 가속력이 생긴다. 문제는 지속 가능한 관심과 결기다. '이 나이에, 나중에, 기회가 되면'은 끝내 포기하겠다는 객적은 자기 위안이다.

'봉황은 벽오동에 깃들어 살며, 대나무 열매를 먹고 산다'는 전설과 '살아 천년 죽어 천년'의 별명의 주목^{朱木}, 외국에서 더 알려진 크리스마스트리^{구상나무}와 미스킴라일락이 있고, 일본 원산의 금송은 말도 탈도 많은 나무이다. 서원 학자수로 회화나무, 행단의 은행나무가 있고, 매화는 퇴계선생이 평생 흠모했던 반려식물로 잘 알려진 바이다.

운향과^{芸香科} 탱자, 초피, 귤, 유자는 꽃향이 유난스럽고, 두릅나무과 두릅, 음나무, 오갈피는 약초의 왕인 산삼^{山蔘}과 한 가족이다. 무화과^{無花果}는 꽃술이 분명하다. 쥐똥나무는 열매가 영락없는 쥐의 똥이다. 오미자^{五味子}는 다섯 맛을 내고, 노린재나무는 태운 재가 노란색이라서다.

구상나무와 미선나무는 한반도 고유 깃대종이고, 솔송은 울릉도 자생 소나무이고, 수피가 미끈한 얼룩무늬로 백송, 배롱나무, 모과나무가 있다. 꽃이 귀한 한여름에 자귀나무, 능소화, 무궁화, 배롱나무의 꽃은 돋보인다. 음나무, 오갈피 같은 몸에 가시가 있거나 치자, 구기자, 오미자처럼 끝에 '子'가 있으면 대부분 약용식물이다.

일반적인 수종명에는 아종과 변종, 품종을 포함하므로 금강송, 안면송, 춘양목, 능수송, 황금송, 적송, 해송이 죄다 소나무다. 좀작살나무, 개두릅, 쇠박달나무, 물병꽃처럼 앞에 '개-, 쇠-, 좀, 물'이 접두어로 붙으면 이명 또는 유사종이다.

주목과 솔송, 칠엽수와 마로니에, 낙우송과 메타세쿼이아, 아카시아와 아까시, 생강나무와 산수유꽃처럼 비슷한 나무들의 구분을 알고 설명할 수 있으면, 특급수준으로 박사라는 호칭이 자동으로 따른다.

먼저, 내가 좋아하는 나무로 계절별, 과실별, 색깔별, 크기별로 챙겨보자. 자주 보던 나무를 직접 찾아보면 알아가는 재미가 쏠쏠해진다. 꽃이나 잎을 휴대폰으로 찍어 도감이나 야생화 사이트에서 찾아내면 짜릿한 기쁨을 얻을 수 있다.

요지는 자주 눈을 마주치고, 특성과 이름을 소리 내어 반복하는 것이다. 별다른 왕도는 없다. 남다른 집중과 메모하는 습관은 두 번째다. 아는 이름부터 살피면 출발이 헐겁다. 속성을 알고 나면 장기기억으로 고정되며, 소박한 즐거움이 싹튼다.

잘 아는 사람과 동행하거나 이름표가 달린 수목원에 자주 가면 흥미롭다.

노력하는 사람 곁에는 고수가 있기 마련이고 2년이면 넉넉하다. 궁금한 것을 알고 나면 보람과 자부심은 보상이다. 세상에 존재하는 모든 식물은 오롯한 귀물이다. 살아가면서 내 나무를 골라 아주 특별한 이름을 불러 주면 어떨까?

식물을 보는 눈도 순수해야 나무가 더 아름답게 보인다. 나무마다 개별적인 특성과 이름을 떠올리며 감상하면 나무가 더 정감있게 보인다.

수목마다 개별적인 특성과 이름을 떠올리며 들여다보면 더 가까이 느껴진다. 수목원은 세상에서 가장 큰 '살아있는 도서관'이다. 식물의 관찰법은 유심히 바라보면서 작은 부분에서 드러나는 신비로운 모습을 오래 그리고 자세히 보아야 보이기 시작한다.

개잎갈나무는 히말라야산맥이 고향인 히말라야시다로 상록 침엽수이다. 잎갈나무인 낙엽송과 잎이 비슷하다. 잎갈나무는 가을에 노란색으로 단풍이 들었다가 잎을 떨구고 겨울을 나는 낙엽침엽수이다. 가짜를 뜻하는 개라는 말이 접두어처럼 붙었다. 개오동, 개비자나무, 개살구, 개벚나무, 개박달나무가 있다. 철쭉도 개꽃이다. 같지 않지만 닮았다.

모과의 이름도 열매가 참외 모양으로 나무木에 달린 참외瓜이다.

목련도 꽃이 연과 같다 하여 나무木에 달린 연꽃蓮이 변해서 된 이름이다. 그 나무의 열매로 이름이 된 사과나무, 배나무, 감나무, 밤나무, 대추나무 등 우리 주변에도 많이 있다.

13

三代 갈 나무로 골라 심어야
<조경수의 선택>

특정 지역의 환경과 생육 여건에 알맞은 조경수종을 선택하는 것은 매우 중요하다. 한번 식재하면 몇십 년은 감상하면서 잘 관리해야 한다. 그 지역의 사계절 날씨와 기후나 관리자의 기호에 적합한 수종이나 품종을 선택해야 한다. 또한 선택된 그 수종의 생물학적인 요구와 그 지역의 외적 환경조건이 잘 맞으면 관리가 쉽다.

가로街路를 조경할 목적으로 심은 수목은 가로수로 가장 흔하게 보이는 조경수이다. 요즘에는 외국에서 유입되는 수종까지 점차 다양화하는 추세이다. 하지만 우리 땅에서 오래 살아온 토착 고유종이 잘 적응되어 수목의 관리가 용이하다.

국내에서, 현재 조경수로 이용되고 있는 수종은 대략 300종 내외로 추정된다. 최근에는 비슷한 기후 여건의 외국에서도 많은 품종이 들어와 토착하고 있다. 다양성의 증대적 측면으로 보면 좋지만, 국내의 자생종이 상대적인 홀대를 받지 않도록 보전해야 한다.

외관상 화려하거나 잎이 큰 수목이 인기가 더 좋은 게 사실이다. 문제는 관리가 쉬워야 하고, 다년간 적응시험을 거쳐 그 지역의 풍토와 기후에 순화되어야 한다.

한반도에 존재하는 목본류는 약 1,200종이 있다. 이 중에서 자연적으로 자라온 자생종은 약 650종 정도로 한반도라는 작은 면적에 비하면 종다양성이 풍부하다고 할 수 있다. 식물생태계가 안정적이고 탄력적인 것이다. 이런 귀중한 수종을 조경수로 개발하여 활용하면 국내외 조경 시장의 확산과 경제적 이점으로 작용할 수 있다.

조경수는 미적가치와 더불어 경제적 가치가 있으면 좋은 나무이다.

적지적수適地適樹는 적합한 땅에 알맞은 나무를 골라 심는 것으로, 심는 위치와 목적에 부합되는 수종을 골라야 한다. 가장 어렵고도 제일 쉬운 조경 이론이다. 조경에서 핵심적인 명제命題이다.

짙은 그늘을 주는 가로수나 공원수도 있고, 바람이나 소음을 막아주는 차폐 역할을 하는 조경수도 있다. 용도에 맞는 수종을 골라 심어야 분위기와 어울린다.

조경수목의 개성 있는 수형과 잎, 꽃, 열매, 단풍, 가지 뻗음, 수피의 모양과 색깔 등 다양한 형태를 활용해야 한다. 봄에 잎이 나오는 시기와 꽃피는 시기, 단풍 시기 등을 조화롭게 혼용해서 식재하면 아름다운 정원을 연출할 수 있다. 〈표 2〉 참조

〈표 2〉 조경수의 식재 목적별 조건

식재 목적	명칭	구비 요건	해당 수종
녹음	가로수	- 직립성, 높은 지하고 - 대기오염 저항성 - 가시, 냄새, 불쾌감 없음	느릅나무, 느티나무, 플라타너스, 회화나무, 은행나무, 이팝나무
	정원수	- 수형, 꽃, 열매, 단풍, 수피 등이 아름다움	단풍나무, 목련, 주목, 소나무, 벚나무, 낙상홍
	공원수	- 그늘이 크고, 수형미	느티나무, 이팝나무, 단풍나무, 튤립나무, 곰솔

식재 목적	명칭	구비 요건	해당 수종
차폐	차폐림 방풍림 방음림	- 설치물 가림 - 바람과 소음 차단 - 엽량이 많고 상록성	독일가문비나무, 사철나무, 삼나무, 측백나무, 편백, 화백, 향나무
구획	생울타리 도로 분리대	- 치밀한 가지와 엽량 - 전정 맹아력 양호	개나리, 사철나무, 주목, 쥐똥나무, 측백나무, 탱자나무, 회양목, 향나무
과실	유실수	- 열매의 경제성	감나무, 대추나무, 매실나무, 모과나무, 복숭아

사계절 내내 뷰-포인트 View-point를 인위적으로 조성하는 것 또한 중요하다.

영춘화, 동백나무, 산수유, 개나리, 미선나무, 생강나무, 산수유는 봄꽃이 아름답다. 꽃이 귀한 여름철엔 배롱나무, 무궁화, 회화나무, 능소화, 자귀나무, 모감주나무가 제격이다.

가을에는 단풍이 들어 화려하고 매혹적인 계절이다. 화살나무, 미국풍나무, 단풍나무, 노린재나무, 은행나무, 복자기가 대표적이다. 늦가을에 감나무, 마가목, 피라칸다, 낙상홍은 열매가 인상적이다. 또한 낙엽이 진 황량한 겨울철에 파란 하늘을 향해 뻗은 가지와 알록달록한 수피를 감상하는 아름다움도 빼놓을 수 없다. 배롱나무, 모과나무, 백송, 노각나무, 자작나무가 그 중의 하나이다.

때로는 변이종도 커다란 인기를 모은다. 잎이나 꽃, 열매, 단풍의 특징이 원종과 달라 조경적 아름다움이 있다. 소나무의 변형으로 능수송, 반엽송, 황금송 등이 있고, 느티나무와 회화나무에는 수양형이 간혹 변종으로 보인다. 키가 크지 않아 적정하게 키우면 감상의 기쁨이 있다.

문제는 이러한 변종들은 모두 영양번식법으로만 번식이 가능하다.

주로 접목법이나 삽목법이 사용된다. 종자를 심으면 씨앗의 모성유전으로 변종을 얻을 수 없다.

조경수로 애용하는 단풍나무는 외국에서 150여 종까지 변종을 개발하여 다양화하고 있다. 특히 키가 커서 관리가 불편한 교목형 조경수를 왜성형, 수양형, 포복형, 치밀형으로 품종을 개발하거나, 관목을 직립성 품종으로 개발해 조경의 가치를 더해주고 있다.

한 그루의 나무를 온전히 보기 위해서는 적어도 2~3년은 걸린다. 나무에서 잎이 나고 꽃이 피는 봄과 열매가 자라고 익어가는 여름과 단풍들고 낙엽이 지는 가을, 잎을 떨구고 묵묵히 지내는 겨울을 두세 번은 겪어야 진짜 조경미를 알 수 있다. 쭉쭉 뻗은 가지 사이로 파란 하늘이 보이면 유난하게 보인다.

나무는 철마다 다른 생김새와 다른 표정으로 살아간다. 나무마다 세심하게 바라보고 오래 기다려야 제 안에 담은 이야기를 겉으로 들려준다. 시간의 속도를 조금 늦추고 나무를 만나야 한다.

수목이 들려주는 이야기는 인간의 언어로 전할 수는 없지만 대강의 메시지는 짐작이 간다. 질긴 생명력이 승리를 자축하는 아우성이 있다.

나무 없이 살아가는 것은 불가능하다. 나무가 잘 사는 곳은 사람도 잘 살고 나무가 죽는 곳은 사람도 살 수 없는 곳이다. 깨달음이 간절하다. 내 주변의 나무를 한 번 더 보고 만져야 더 가까워진다.

14

미래의 전쟁은 種子가 무기다
<씨앗 지키기>

　생물학자 다윈Darwin, 1809~1882은 「종의 기원」1859에서 모든 생물은 한 조상에서 나와 자연선택과 도태로 만들어진 결과물이라 하였다. 특정 종이 출현하여 분화되고 진화를 거듭하면서 최적화되었다는 것이다.
　보고에 따르면, 38억 년 전 지구상에 생명이 등장한 이래 지금까지 대략 99%의 종이 사라졌으며, 지금도 여섯 번째 대멸종이 진행 중이다. 현세 인류도 그간 20여 종이 살면서 멸종과 진화 후 지금은 호모 사피엔스 1종만 살아남았다고 한다.
　세상에 사는 모든 생물들은 저마다 사는 전략이 있고, 방법도 천태만상이다. 건조한 사막의 식물들은 뿌리를 깊이 박고 온 몸체로 수분과 양분을 흡수한다. 물속의 해초들은 물속에서 모두 해결하며 각자의 환경에서 살아간다.
　모감주나무는 조각배 안에 씨앗을 싣고 물 위로, 솔 씨나 단풍 씨앗은 프로펠러구조로 회전 낙하하면서, 박주가리나 민들레의 씨앗은 솜털로 감싼 채 제멋대로 날아가 자란다. 또 과일나무는 달콤한 과육으로 설계하여 동물들의 먹잇감으로 유인되어 퍼진다. 부모로부터 멀리 떠나려는 본능의 내밀하고, 기이한 활법活法은 종마다 다르다.

어떤 이는 '하늘에는 별이 우주의 씨앗이라면, 지구의 씨앗은 별과 같은 존재'라고 상찬賞讚했다. 그래서 씨앗은 저마다 독립된 개체로 자랄 작은 우주이다. 나라마다 종자 전쟁이 오래전부터 시작되어 수집은 물론 보존에도 치열하다.

노르웨이 북극에 노아의 방주로 불리는 스발바르 국제종자보관소는 핵전쟁, 지진과 화산폭발, 심지어 소행성 충돌까지 고려한 깊은 암반 속 종자은행이다. 향후 천년 뒤까지 식량종자 멸종에 대비한 영구 동토의 씨앗 창고이다. 당초와 달리 지구온난화의 가속화로, 주변의 설빙과 동토가 녹아 씨앗 보관창고 건축물에 예상하지 못한 문제로, 대책에 골몰하고 있다는 안타까운 소식이 들린다.

우리도 백두대간 수목원에 산림종자 영구저장고Seed vault를 지하터널로 구축하여 국내외 식물자원 200만여 점을 보관하면서 종자의 소유권과 국제네트워크를 다져 가고 있다. 현대판 씨오쟁이다.

자원 주권의 대가代價로서 선진국의 종자 로열티는 해마다 커지고 있으며 국가 간 자존심의 경쟁이 심해지고 있다.

네덜란드에 튤립이 있다면, 페루는 감자가 있다. 우리나라의 토종 나리나 구상나무, 미선나무 등도 종자 주권의 배타적 권리이다.

몇 년 전 영국에서 균류, 프랑크톤, 벌, 박쥐와 영장류를 '지구에서 없어져서는 안 될 5종'으로 지정 발표했다. 생물 종의 항구성을 위해서다. 종의 미래는 인간이 살아갈 환경과 다르지 않다.

씨앗은 과거와 현재, 미래를 이어주는 끈이자 다음 세대에게 넘겨줄 중대한 유산이다. 항상 더 나은 가치는 미래에 있다. 앞날을 망각하는 것은 뿌릴 씨앗을 먹어버리는 짓이다. 예부터 우리 선조들은 "굶어 죽을지언정 종자를 베고 죽는다"고 했다. 침궐종자枕厥種子는 을미의병 때 상투 정신이고, 스피노자Spinoza 1632~1677의 사과나무 철학과도 통한다. 종자는 인류가 주목하고 있는 '과학의 미래를 여는 5가지 열쇠' 중 3번째로 꼽히기도 했다. 푸른 별, 지구를 지킬 영원한 파수꾼이다.

우리가 늘상 먹는 밥상 채소도 선발육종이나 이종교배, 돌연변이, 유전자 조작GMO 등 숱한 실험을 통해 사람들이 원하는 식탁 식물로 만들어졌다.

첨단과학은 유전자 가위로 편집하고 염기서열을 교정하는 등 이변을 재촉하지만 자연 섭리에 역행하는 것은 자칫 빈대 잡으려다 초가집을 태우는 꼴이 될 수 있다.

먹거리 다툼이 벌어지면 세계는 우량종자 확보 수준으로 강·약국으로 나눌 것이다. 종자는 농업용, 원예용뿐만 아니라 기능성 의약용과 바이오 작물용으로 점차 연구영역이 확대되고 있다. 고부가 첨단 융복합 산업의 외연이 넓어지면서 종자산업이 식량 전쟁의 핵심이므로 종자주권 강화는 곧 식량안보의 초석이다.

멸종위기종을 보호하고 복원하는 사업은 생물 다양성을 확보하는 첫걸음이다. 종 다양성은 탑이 온전하게 서 있는 원리로 한 종의 멸종은 연쇄적 반응으로 이어지며 결국은 무너진다. 인간은 지구상의 생태계를 독점하는 최상위 핵심종이자 최고 소비자이므로 자연의 생존 질서에 순응해야 한다.

'사과 속의 씨앗 수는 셀 수 있어도, 씨앗 속의 사과 수는 셀 수 없다'는 말로 미래를 위로하고 싶다.

15

이 땅 조선의 고아 화려한 복귀

<미선나무>

미선나무는 세계 어디에도 없는 우리나라에만 자생하는 희귀한 종이다. 실제로 미선나무는 자생지에서 아주 취약하며 생존경쟁에서 다른 나무에 밀리고 있다.

하나의 속에 하나의 종밖에 없는 1속 1종 특산식물이다. 비슷한 가족 없이 독특한 식물이거나, 형제자매가 없어서 외로운 식물일 수 있다.

은행나무는 1목 1과 1속 1종으로 더 고독한 수목이지만, 여러 나라에 분포되어 있어서 덜 외롭다.

우리나라에서만 자라는 1종 1속 희귀식물은 미선나무, 모데미풀, 금강인가목, 덕우기름나물, 제주고사리삼 등 5가지로 알려져 있다.

일본·중국 등 이웃 나라에서도 자라는 1속 1종 식물로 은행나무, 가시연꽃, 히어리, 매미꽃 등이 있다.

미선나무는 하얀 꽃이 피는 개나리와 비슷하다. 열매의 모양이 부채를 닮았다고 부채 선扇자를 써 미선尾扇이라는 이름이 붙었다. 희귀식물이지만 인위적 증식을 통해, 지금은 많이 퍼져서 수목원은 물론 고궁이나 공원 등에서 자주 볼 수 있다.

미선나무는 물푸레나무과에 속하는 식물로 향기가 없는 개나리에 비해 짙은 향을 가진 꽃을 피우며, 3월에 만개하고 꽃이 진 후 잎이 나는 특징을 가졌다.

미선나무는 1917년 진천군 초평면에서 최초로 발견된 이후, 1919년 학계에 보고되었다. 우리나라에서만 자생하는 특산식물로 현재 5곳의 미선나무 자생지가 천연기념물로 지정되어 있다.

희귀식물인 미선나무를 널리 알리기 위해 분화 전시회와 대량 증식법 연구를 통하여 우리나라 고유의 미선나무를 세계적인 식물로 개발하고 육성할 수 있는 산업화와 자원화가 절실하다.

16

공허한 다잉경고 고독한 절규
<구상나무>

 구상나무는 우리나라만의 고유종이자 기후 환경의 깃대종이다. 크리스마스트리로 더 알려진 수목이다. 소나무과의 상록침엽 교목으로 한라산, 지리산, 무등산, 덕유산, 가야산, 속리산 등 해발 1,000m 이상에서 자생한다. 수고는 20m 정도이며 회갈색의 수피는 거칠다.
 잎은 선형이고 가지나 줄기에 돌려나며, 어린 가지에 난 잎은 끝이 두 갈래로 갈라져 있다. 암수한그루이며, 꽃은 5월 말에 핀다. 이때 암꽃은 짙은 자주색이라 눈에 띈다. 열매는 원통형의 구과이고 9~10월에 성숙한다.
 1920년, 윌슨Ernest wilson, 1876~1930, 영. 식물학자은 제주도에서 구상나무를 발견한 후 대한민국 특산종으로 발표했다. 쿠살낭성게나무이라 부르다가 신종으로 명명한 윌슨이 구상나무라고 이름을 붙였다. 영어 이름 'Korean fir', 학명은 'Abies koreana wilson'에서 구상나무의 고향이 분명히 드러난다.
 구상나무를 한라산에서 반출하여 개량한 이후 미국에서는 한국 전나무로 불리며 기존의 크리스마스트리로 사용되던 전나무, 가문비나무에 비해 키가 작아 실내에 놓기 알맞고, 견고한 가지 사이에 여백이 있어 장식품을 달기 쉽다. 한국 고유종이지만 미국이 개량해 특허를 내어, 개량된 구상나무에 대한 권리는 미국이 소유하고 있다.

최근 지구온난화로 북방한계선인 소백산에서도 처음으로 집단 서식지가 발견되었다. 지리산과 한라산의 구상나무 군락이 기후변화로 인해 점차 말라가고 있어서 대책이 시급하다.

폭염으로 죽어가는 한반도 자생종의 '다잉 메시지Dying message'는 이미 회복 탄력성이 사라지고 난 뒤에야 보였다. 비단, 구상나무의 경고만이 아니다. 식물생태계 전반이 대책없이 흔들리고 있다.

구상나무 서식지가 소백산에서 발견되어 북방한계선은 기존 속리산에서 북쪽으로 약 72km 상향 조정됐다고 한다. 반가운 일이기는 하다.

구상나무는 개체 및 집단 간 분류학적 특징, 유전자 다양성, 종자 충실도, 토양 환경요인 등을 면밀하게 분석하여 복원과 보전을 위한 토대 마련이 시급하다.

구상나무의 집단 고사는 온난화, 불규칙한 강수량 등의 기후변화 탓이다. 한반도는 겨울철 평균기온이 점점 더 상승하고 봄철에는 눈이 녹는 시기가 빨라지고 있어 봄에 토양의 수분이 부족해져 구상나무의 생장을 위협하고 있다. 뿌리가 약해지면서 여름과 가을철 태풍에 의한 피해도 크다.

어린 구상나무가 줄어들고 있는 것도 문제이다. 건강한 숲은 어른 나무가 죽으면서 생긴 공간에 어린나무가 자라나야 숲을 이어간다.

구상나무가 주로 분포하는 아고산대 지역은 저지대에 비해 기온 상승폭이 커, 기후변화에 영향을 많이 받는다. 아고산대 지역은 큰 나무가 자랄 수 있는 고도 경계인 교목한계선 바로 아래 지역을 뜻한다.

구상나무는 우리나라의 대표적인 아고산대 상록침엽수인데 기후변화로 개체군이 너무 빠르게 축소돼 세계자연보전연맹IUCN 멸종위기 목록에서 '위기종'으로 분류했다.

최근 5년간 지리산 정상지역의 2월 평균기온을 측정한 결과, 연평균 약 0.76도씩 온도가 상승했다. 같은 기간 동안 토양에 함유된 수분은 16.5% 감소했다. 기후변화로 인해 2월 기온이 평소보다 따뜻해지면 나무는 1년간 생장하기 위한 준비를 이전보다 빨리 시작한다. 그 결과 너무 이른 시기에 생장을 시작한 나무가 뒤늦게 닥치는 추위로 얼어 죽거나 가뭄 스트레스에 시달린다.

구상나무는 발아율이 낮아 열매가 충분히 익은 상태로 채취해 심어도 발아율이 50% 정도에 그친다. 하지만 최근, 개체 확보를 위한 배아줄기세포 배양에 성공했다. 구상나무의 배아줄기세포는 야생식물 종자 영구저장 시설인 국립백두대간수목원 시드볼트Seed vault에 보관되어 있다. 멸종에 대비한 상비약이다.

나고야의정서2010.10.29.가 발효되면서 국가의 생물주권 확보가 더욱 중요해졌다. 구상나무의 유전자를 분석해 유전 다양성이 높은 복원 재료를 확보하고, 묘목 증식과 자생지 환경 적응 등 지속적인 기반을 조성해야 한다. 팔방미인 구상나무의 숨겨진 매력은 아름다운 수형뿐만 아니라, 효능에도 있다. 잎에서 추출한 정유Essential oil는 피부 미백과 주름 개선에 매우 탁월한 효과를 지녔다고 한다.

개량된 구상나무는 현재 90여 품종이 해외에서 판매되고 있다는 속 쓰린 소식이 있다. 우리나라 고유종인 구상나무에 대한 주권은 우리나라에 있지만, 구상나무를 개량해 따로 특허를 등록한 구상나무 신품종들의 특허권은 이를 개발해서 등록한 사람이나 기관에 있다는 것이다. 해외에서 개량된 이들 신품종 구매 시 특허료를 받는 것은 해외 종묘사들이다.

구상나무의 원적이 우리나라라고 해서 주권은 있지만, 실질적인 특허권이 없다면 '자물통만 쥐고 열쇠는 내준 격'과 뭐가 다를까?

17

100년 동안 불편한 동거
<안타까운 미래>

 소나무는 양수다. 토양이 척박하고 건조하더라도 햇빛이 잘 들면 별 탈 없이 잘 자란다. 한반도에서 어느 지역에서나 볼 수 있고, 가장 흔한 나무로 과거부터 한민족의 삶과 연관이 많다. 한때는 가장 선호하는 수종으로 인식된 적도 있다.
 학설로는 소나무가 우리 땅에서 우점종으로 자라게 된 시기가 조선시대부터라고 한다. 그전에는 활엽수를 목재와 가정 화목火木, 생활용품으로 사용한 것으로 추정된다.
 소나무 씨앗은 다른 수종이 기피하는 건조 척박지가 주요 번식 터이다. 조선시대는 소나무 보호정책으로 금송禁松이 주효였다. 아무나 함부로 벨 수 없었다.
 현재는 산림청 지정 백두대간, 안면도, 경북 울진 등 소나무 숲을 특별 보호하여, 이제는 몇 아름씩 자라 빼어난 명품 숲이 되었다. 국가의 적극적인 보호책의 결과이다.
 1970년대까지 벌거숭이 산에 가장 먼저 자리 잡고 자란 터줏대감이다. 소나무 씨는 낙엽 위에서는 건조하여 어린 묘가 자라지 않는다. 또 그늘이 짙은 곳에서도 자라지 못한다. 참나무 숲이 그렇다.

현재 우리의 숲에서 참나무가 우점하는 것은 식생천이의 마지막 단계로 가는 과정이다. 앞으로 우리나라의 산림이 수십 년 이내에 음수극상림으로 단풍나무, 물푸레나무, 서어나무 등이 주인 노릇을 할 것이다.

겨울 가뭄도 한몫을 하지만, 소나무는 그 속성이 서늘한 기후에 최적화되도록 진화했다. 이들은 모두 점차 더워지는 이상기후에서 비롯된다.

소나무재선충의 창궐과 산림 화재의 대형화는 소나무의 텃밭을 빼앗고 있다. 식물의 안정된 생태계가 외부의 강한 자극으로 무너지면 회복 탄력성을 잃는다. 조금씩 더 나은 환경으로 바꾸기 위한 노력이 순식간에 물거품이 되어서는 안 될 일이다.

숲은 자연스러운 식생천이 과정을 거치면서 자연의 힘에 따라 변해간다. 소나무의 씨앗은 낙엽보다 척박하더라도 토양에서 싹이 터야 자랄 수 있다. 요즈음 숲이 너무 우거져 활엽수만 무성해졌다. 바닥은 토양이 비옥해 낙엽 수종이 빠르게 자라니 더디게 자라고 양수인 소나무는 터전을 잃어버렸다. 당연히 활엽수림으로 바뀐다. 소나무의 재생능력을 점차 잃고 있다.

원인은 두 가지다. 잡목과 솔가리를 긁어주던 인간의 손길이 사라졌고, 온난화는 활엽수의 성장력을 가속화 했다. 따라서 소나무의 설 자리가 줄어 간다.

우리나라에서 발견되는 솔잎 화석으로 진화과정을 알 수 있다. 소나무는 약 1억 4,500만 년 전인 중생대 백악기부터 지켜온 한반도 지킴이다.

지난날에는 소나무가 선조들과 애환을 함께 했던 동반자였다면,

앞으로는 인간의 보살핌으로 이 땅에서 함께 살아갈 반려자로 삼아야 한다.

김정희의 세한도에서 날씨가 추워져야 그 진정한 푸르름을 알 듯 소나무의 가치를 다시 생각해 보자.

Part 2

식물조직의 기능과 역할

18

속껍질의 부름켜가 하는 일
<형성층 역할>

수목의 형성층은 부름켜라고도 하는데, 초본과 목본을 구별하는 1차 기준이 된다. 초본류는 굵기가 일정 이상 자라지 않기 때문에 부름켜가 필요 없다. 가지나 콩의 줄기가 일년내내 굵어지지 않는 이유다.

식물에도 동물의 동맥이나 정맥처럼 몸의 필요한 물질을 골고루 전달하는 순환조직이 있어야 한다. 식물에서 물과 탄수화물을 운반하는 통로를 통도조직通導組織이라 하는데 이는 형성층에서 만들어진다. 그러나 형성층에서 식물체가 필요한 물질을 운반하지는 않는다.

형성층은 목본류의 나자식물과 쌍자엽식물에만 있는 특수 조직이며, 초본류풀와 대나무류, 청미래덩굴 같은 단자엽식물에는 없는 구조이다.

형성층은 나무껍질樹皮에 포함된 맨 안쪽에 있는 조직이다. 쉼 없이 세포분열을 하면서 안쪽으로는 목부조직을 만들고, 바깥쪽으로는 사부조직을 만드는 세포 생산공장이다. 목부의 물관에서는 뿌리에서 흡수한 물과 무기양분을 잎으로 올려보내는 중요한 역할을 한다.

형성층에서는 나이테를 만들어 수령을 나타내며, 나무의 직경을 굵게 한다. 바람에 의한 저항성은 수목의 형성층을 자극하여 직경생장을 도와 초살도가 증가한다.

사부체관는 잎에서 광합성을 통하여 만들어진 탄수화물을 뿌리 쪽으로 내려보내는 통도조직이다.

형성층은 그 나무가 생명을 다할 때까지, 겨울철을 제외하고는 끝없이 분열하는 청년단조직이다. 목부와 사부 조직을 만들어 기능을 강화하며 수목의 몸체를 키운다.

목본식물이라도 종자에서 처음 발아 시에는 초본식물처럼 어린 묘 줄기에 형성층이 없다. 흩어진 유관속만 있다가 점점 자라면서 원통형 형성층을 만들어 목본식물의 조직을 꾸려간다.

식물에서 잎과 가지, 뿌리의 분열조직은 끝에서 길이생장을 하는 정단분열조직이고, 형성층은 직경을 증가시키는 부피생장으로 측방분열조직이다. 직경이 굵어가면서 형성층은 외부로 밀려 나온다. 수목의 껍질이 벗겨지면 형성층도 껍질에 붙어 떨어지며, 수간의 매끈한 부분은 직전에 만들어진 목부조직이다.

형성층에서는 어느 수종이나 목부의 생산량이 사부보다 많다. 목부의 양이 늘어날수록 나이테가 간격이 넓어져 몸통을 굵게 만들어 나간다.

봄에 형성층의 활동 재개 시 방어기작으로 사부조직이 목부조직보다 먼저 만들어진다. 성장을 방해하는 미생물의 침입을 먼저 막아야 성장에 에너지를 집중할 수 있어서다.

나무는 껍질을 벗겨도 몇 년은 버티며 산다. 가끔은 시골에서 산소나 논밭 주변의 나무 아랫부분에 껍질수피을 한 둘레 벗겨 놓은 것을 볼 수 있다. 죽일 목적으로 보기에도 좋아 보이질 않는다. 차라리 베어내든지 잘 보이지 않는 지제부地際部*에 하는 게 미관상 덜 흉측하다.

---

* **지제부(地際部)** 식물체 지상부와 토양 사이의 경계 부위로 줄기가 땅에 접한 부분이다.

하지만, 비록 껍질은 벗겨졌어도 목부로 수분은 공급되어 최소의 생리작용을 하면서 몇 년을 살아간다. 다만 부름켜와 사부가 제거되어 탄소동화작용의 생성물과 호르몬이 아래로 전달되는 길이 없어졌다. 뿌리로 양분이 저장되지 않아 약해지면서 박피 상단부는 오래 버티기 어려워 점점 쇠약하다가 결국 죽는다. 침엽수종이 활엽수종보다 일찍 고사한다.

수피에서는 코르크 조직을 만들어 방수와 방균역할을 한다. 줄기의 보호 조직이고 사부 조직은 잎에서 광합성으로 만든 탄수화물을 뿌리로 내려보내는 통도조직이다. 이들 역할이 사라졌기 때문이다.

박피된 아래부분에서는 살기 위해 많은 맹아가 나오고, 윗부분은 양분과 호르몬의 이동이 막혀 서서히 죽어간다.

침엽수는 맹아력이 없어 밑둥을 환상박피하면 쉽게 고사한다. 수피가 두꺼운 소나무의 내수피에는 탄수화물인 설탕함량이 많아 예전에 조상들의 보릿고개를 견디는 초근목피草根木皮라는 고사성어에서 목피의 유래이다.

19

물관은 뿌리에서 잎까지 일방로
<물관과 체관>

식물의 뿌리에서 수분과 무기양분을 흡수하여 목부의 물관과 헛물관을 통하여 잎까지 오른다. 반면에, 잎에서 광합성의 결과로 만들어진 탄수화물은, 사부의 체관으로 뿌리까지 골고루 분배한다. 탄수화물은 식물에게 최고의 자양분이다.

진화적 관점으로 보면, 침엽수의 가도관假導管 헛물관은 진화가 늦고, 활엽수의 도관導管 물관은 가도관보다 더 진화된 조직이다.

사람의 몸속 순환계통인 동맥과 정맥은 산소와 포도당, 미네랄, 호르몬, 노폐물 등이 이동하는 통로다. 고등식물에서 물질 순환 기능을 하는 것을 통도조직通道組織이라 하는데, 목부와 사부를 일컫는다.

목부木部 목질부 물관부 조직은 나무껍질 안쪽에 위치한 단단한 목재 부분이다. 목부에는 뿌리에서 올린 물을 줄기와 잎으로 전달하는 통로가 있다. 나자식물침엽수은 가도관 형태로, 피자식물활엽수은 도관을 구성한다.

가도관假導管 헛물관은 속이 비어있는 죽은 세포로 이어진 대롱이다. 직경이 0.03mm로 0.1mm인 도관보다 훨씬 가늘다. 세포의 위아래가

막혀있어 물의 이동이 1시간에 50cm 정도로 느리며, 이런 원시적 구조는 더딘 진화의 증거이다.

도관導管 물관 역시 가도관처럼 속이 빈 죽은 세포 구멍이다. 직경이 가도관보다는 크고 여러 개가 긴 파이프 형태로 아래위로 연결되어 물의 이동이 훨씬 효율적이다. 도관의 수액은 1시간에 40m까지 올라간다는 기록이 있다. 수분의 이동면에서 도관이 가도관보다 더 효율적인 구조다. 지구상에는 활엽수가 늦게 출현했지만, 활엽수가 침엽수보다 더 진화된 형태의 구조이다.

사부篩部 체관 조직은 수피의 맨 안쪽에 있어 수피의 보호를 받는다. 잎에서 광합성으로 만들어진 탄수화물을 설탕 형태로 바꾸어 필요한 뿌리와 어린잎, 열매로 보내는 조직이다. 사부 조직은 물관이나 헛물관과는 달리 살아있는 세포다. 반세포伴細胞의 도움으로 설탕을 펌프질하여 다른 곳으로 보낸다.

물의 이동은 도관이나 가도관으로 뿌리에서 잎까지 반드시 위쪽으로 일방통행이다. 사부를 통한 설탕이 뿌리로 갈 때는 아래로 보내고 어린잎이나 열매로 갈 때는 위로도 이동하는 양방향성이다.

20

산소와 CO_2는 바꾸고 수분은 덤
<기공의 여닫이>

　식물의 잎에서 아침에 해가 뜨면 공변세포 내의 전분이 분해되어 삼투압이 높아지면서 주변의 수분을 흡수하여 공변세포가 팽팽해지면 기공이 열린다.

　기공氣孔은 잎의 표면 구조로, 이산화탄소를 흡수하고 산소를 밖으로 내보낸다. 증산작용은 이곳으로 물이 빠져나가는 현상이다.

　기공은 서로 마주 보는 두 개의 공변세포孔邊細胞로 되어 있으며, 열리고 닫힌다. 공변세포가 수분을 흡수하면서 팽창하여 열리면서 구멍이 생긴다. 공변세포는 일반 세포와 달리 특수한 구조다. 안쪽의 세포벽이 두껍고 반대로 바깥쪽의 세포벽은 얇다. 수분이 들어가면 바깥쪽의 얇은 세포벽이 더 늘어나면서 반원형으로 가운데에 둥그런 반원이 양쪽의 세포가 작용하여 구멍이 생긴다. 기공은 숨을 쉬는 공기 구멍이다.

　공변세포는 엽록체가 있어 언제나 광합성이 가능하다. 햇빛이 생기면 언제든 공변세포의 전분을 분해하여 이산화탄소를 흡수한다. 공변세포의 삼투압으로 수분이 세포속으로 들어가면서 공변세포가 팽창하여 기공이 열리거나 반대작용으로 닫힌다.

기공의 폐쇄는 열리는 순서와 반대이다. 해가 지면 삼투압이 낮아지고 수분이 공변세포에서 빠져 세포가 작아지면서 기공이 닫힌다. 기공의 개폐는 삼투압이라는 자연의 원리로 에너지 없이 여닫는다. 역시 자연현상의 일부다.

기공의 개폐에 영향을 주는 주요 요인은 햇빛, 이산화탄소, 토양 수분의 함량과 온도다. 기공이 열리는 광도는 전광의 0.1~3% 정도로 아주 낮아도 가능하다. 보통 아침에 해가 뜰 때 1시간 동안에 열리고, 저녁에는 해가 지면 서서히 닫힌다.

덤불에서는 수 초에서 수 분 이내로 사라지는 빛을 받아들이기 위해 더 일찍부터 기공을 열어 기다리고 있다. 그늘에서 잘 자라는 음수 중에는 3초 만에 열리는 너도밤나무가 있다. 양수인 튤립나무도 20초면 열린다. 이런 수목들은 햇빛을 효율적으로 이용하기 위한 진화의 결과이다.

이산화탄소의 농도가 낮으면 기공이 열리고, 높으면 닫힌다. 야간에도 이산화탄소가 없으면 기공이 열리고, 토양의 수분이 부족하여 잎의 수분포텐셜Potential*이 낮아지면 수분 스트레스가 커져 기공이 닫힌다. 온도가 30~35℃를 넘어서도 기공이 닫힌다.

식물에게 중요한 필수원소 중에서 칼륨K은 잎 기공의 개폐 과정에서 핵심적인 역할을 한다. 결핍되면 기공의 기작에 문제가 된다.

기공은 반족세포 또는 주변세포의 도움으로 여닫는다.

수목의 잎에 있는 기공에서 대기와 직접 가스를 교환한다. 탄산가스를 흡수하고, 산소를 외부로 내보내며, 동시에 수분을 잃는 증산작

---

* **수분포텐셜(水分 Potential)** 생체막을 포함하여 반투막을 사이에 두고 한쪽에는 물, 다른 쪽에는 삼투압을 갖는 용액이 있을 때, 물 쪽에서 용액 쪽으로 발생하는 압력의 원동력을 말한다.

용이 모두 한꺼번에 일어나는 통로이다.

　기공은 대기오염의 스트레스를 제일 먼저 받는 조직이다. 기공의 개폐는 햇빛과 이산화탄소, 수분 포텐셜과 온도의 영향이 제일 크다.

　기공의 열림은 햇빛이 전광의 1/30 이상은 있어야 하고, 낮 동안에 엽육조직 세포 간극에 CO_2의 농도가 낮을수록 잘 열린다. 잎의 수분 포텐셜이 낮거나 주변 온도가 너무 높아지면 더 이상 작동하지 않고 닫는다.

21

평생 외투 한 벌로 만족해
<수피의 모양과 역할>

식물은 줄기를 보호하기 위해 껍질樹皮로 줄기를 감싼다.

어린 묘가 자라면서 형성층이 생기고 세포분열로 직경이 굵어지면서 처음으로 표피조직을 새로 만들기 시작한다. 기존 수피는 벗어 버린다.

원통형의 주피周皮가 바로 코르크조직이다. 주피는 여러 층으로 코르크형성층이 있어 매년 자신의 바깥쪽으로 코르크Cork를 만들어 형성층을 보호한다.

수피는 수종에 따라 독특한 모양과 색깔이 있고, 각각 다양한 수피Bark를 하고 있어 수종의 감별에 큰 도움이 된다.

수피의 외관은 처음 생긴 주피의 위치와 추후에 생기는 주피의 형태 그리고 사부세포의 구성과 배열상태가 수종마다 다르다. 그래서 나무 종별 수피가 제각각이다.

모과나무, 백송, 배롱나무는 얇은 코르크만 만들고 외수피는 만들지 않아 매끄러운 껍질이 된다. 조경수의 아름다움을 감상하는 4대 포인트로 껍질의 관상미도 으뜸이다. 자작나무나 벚나무의 껍질은 비닐처럼 얇게 매년 벗겨진다. 파충류나 곤충이 몸집이 커 가면서 탈피

脫皮하는 현상과 같다. 나무들은 몸집이 커지면서 작은 외투를 조각으로 벗어 버린다.

반면, 참나무류와 소나무류는 매년 직경이 굵어져도 수피가 두꺼워 지지만 잘 벗겨지지 않는다. 켜켜이 쌓여 고령목일수록 두껍다. 수피가 두꺼운 수종은 갑옷을 버리지 않고 계속 쌓아 간다.

나무에게 껍질은 동물의 피부고, 수피 모양은 사람의 얼굴과 같다. 나무의 조직으로 보면 중요한 역할을 하고 있다. 외부의 환경과 공격으로부터 몸체를 보호한다. 더위와 추위 같은 자연환경과 심지어 산불은 물론 바이러스나 곤충의 침입도 막아낸다. 더 중요한 것은 나무의 둘레성장을 하는 형성층을 보호해야 굵어지면서 잘 자랄 수 있다.

나무껍질은 안껍질내수피과 바깥껍질외수피로 구성되며, 겉으로 보이는 것이 외수피이다. 내수피가 자라면서 점차 밀려 나오면 외수피로 변한다. 외수피는 외부환경에 의하여 조금씩 떨어진다. 〈표 3〉 참조

〈표 3〉 수목 줄기의 횡단면 구조

명칭			두께	기능 및 특징
목부 (목재)		수(髓)	1cm 내외	- 종자발아 직후 생성 - 일정 자람 이후 정지
		심재	증가	- 죽은 조직. 나이테 형성 - 합성물질 축적으로 짙은 색깔
		변재	증가	- 옅은 색깔. 살아있는 조직. - 나이테 형성. 수분 상승 이동
형성층			0.1mm 내외	- 평생 분열조직 - 목부와 사부조직 생산
수피	내수피	사부	2mm 내외	- 광합성 생산 탄수화물 하부 이동
		주피 (코르크 조직)	1cm 내외	- 코르크 생성 사부 보호 [코르크 형성층(生), 코르크 피층(生), 코르크층(死) 3개층 존재]
	외수피		2cm 내외	- 수간보호, 죽은 경화조직

수피 모양은 유전자의 역할이 주효主效지만 음양지, 습건지, 영양상태, 기온 등 성장환경에 따라 같은 종이라도 조금씩 차이가 난다.

고유한 껍질 모양과 색깔은 자신만의 고유한 특징이다. 어린나무치수와 다 자란 나무성목도 통상 수령이 20년 이상 된 나무의 외수피를 보면 수종을 알 수 있다. 피목도 수피의 모양을 다양하게 하는 존재이다. 피목은 보통 횡으로 보이나 전나무, 자작나무, 호두나무가 종으로 되어있다. 수종에 따라 차이가 많다.

나무의 껍질에서도 광합성과 증산작용, 산소흡수와 호흡을 한다. 대부분 1년생 녹지綠枝의 수피에서 일어나는 일이다.

식물의 잎에 기공이 있고, 줄기에는 피목이 있어 기공의 역할을 한다. 초본식물의 줄기는 유세포로 호흡과 광합성을 한다. 목본식물의 수피는 두껍고 죽은 코르크 조직으로 덮여 공기의 유통이 어렵다. 별도의 조직으로 그 기능을 담당하는 피목이 있다.

피목은 목본식물의 줄기와 뿌리의 껍질에 있다. 세포의 간극이 큰 세포가 엉성하게 구멍을 만들어 공기를 드나들게 하는 곳이다. 피목으로 산소가 몸체로 유입되고 물을 버리는 증산작용을 하는 조직이다.

피목의 구조는 수종마다 특이성이 있어 그 외양으로 수종을 식별하기도 한다. 피목은 어린 가지일수록 수가 많다. 건강한 어린 가지는 피목에서 증산량이 많다. 낙엽수의 휴면기간인 겨울에도 피목을 통한 수분 손실이 많아 가뭄에는 수분을 보충해 줘야 한다. 이식수가 겨울에 고사하는 이유이다.

나무껍질은 코르크형성층에서 생성되어 매년 두꺼워진다. 나이가 들면서 줄기에 있던 엽록소가 점차 없어진다. 수피 중에서 살아있는 세포인 코르크형성층과 사부 조직에서는 호흡을 한다.

나무는 나이가 들수록 껍질이 두꺼워지면 피목에서 공기의 유통과 증산작용을 할 수 없다. 나무껍질에 있는 참깨만한 도톰한 타원형이 피목이다.

굴참나무는 껍질Cork을 벗겨도 살 수 있다. 껍질이 두껍다. 껍질의 두께와 수명은 밀접한 관계가 있다. 그래서 오래 살고 국내에서 천연기념물 지정된 참나무류는 굴참나무뿐이다. 외수피 코르크는 죽어있는 조직으로 형성층과 사부를 남겨두고 벗겨내도 나무의 생사와 성장에 지장을 주지 않는다.

즉 코르크형성층과 두꺼운 코르크피층짙은 갈색을 남겨두고 코르크 회색만 벗겨내야 한다. 굴참나무는 1년에 한 층의 코르크를 만들어 내며 보통 20~30년에 한 번씩 코르크를 벗겨 산업용으로 사용한다.

채취한 코르크는 와인병 마개, 건축물의 친환경 단열재 등 사용범위가 확대되고 있다.

22

식물도 萬能 세포가 있다
<다기능 줄기세포>

동물에서 줄기세포란 만능세포로 불린다. 미분화된 상태에서 지속적으로 세포분열을 하면서 다른 특수한 기능을 가진 조직으로 분화할 수 있는 능력이 있는 세포다.

식물도 이와 유사한 기능을 가진 줄기세포가 아직 성숙하지 않은 종자의 배胚, Embryo 조직에 있다. 미성숙 배는 조직배양으로 대량증식의 수단으로 쓰인다. 사람은 성인이 되면 손발톱과 체모를 제외하고는 신체 조직이 더 커지지 않는다. 수목은 살아있는 동안 환경만 갖춰지면 몸체가 계속 자란다. 이러한 현상은 눈과 뿌리, 형성층에서 확인된다. 즉, 조건만 주어지면 세포분열이 계속되어 자란다.

식물의 줄기세포란 분화하는 모든 종류의 세포를 생산하면서 자신은 줄기세포로 계속 남아서 재생할 수 있는 능력을 가진 세포를 뜻한다. 줄기세포는 특수한 세포로 일생동안 새로운 세포와 조직, 기관을 만들어 내는 능력을 가진 다양한 기능을 가진 세포이다.

식물의 눈에서는 잎, 꽃과 줄기를 만드는 조직이고, 뿌리 끝 조직은 새로운 뿌리를 만드는 조직으로 몸체의 지상부눈, 지하부뿌리 끝 양단에서 계속 자란다. 가지와 뿌리의 끝에 있는 분열조직생장점을 정단 분열조직이라 하며, 수평 방향으로 나이테를 추가하여 직경이 굵어지게 하는 형성층을 측방분열조직이라 한다. 이들이 식물의 대표적인 줄기세포이다.

또 수목에는 초본식물에 없는 형성층이라는 특별한 분열조직인 줄기세포가 있다. 다만, 겨울 동안은 자랄 수 없어 분열을 하지 않는다.

형성층은 종자의 발아 직후 만들어져 수명을 다할 때까지 쉼 없이 세포분열을 하고 자신은 계속 줄기세포로 남아 있다. 한 개체가 살아 있는 한 영구조직이다.

식물에게는 세포 1개만으로 완전한 독립 개체가 될 수 있다. 일부 조직만으로 조직배양을 통하여 많은 우수 개체를 짧은 기간에 대량 번식이 가능하다.

식물은 1개의 세포로도 1개의 개별 성체를 만들 수 있다.

식물 조직배양은 캘러스Callus라는 새 조직을 생성하는 것이다. 식물은 이 캘러스에서 잎을 만들 수도, 줄기를 만들 수도, 뿌리를 만들 수도 있다. 다기능 세포조직이다.

그 조절은 식물의 호르몬에 의해 각 기관으로 분화하게 된다. 그런 원리를 이용하여 식물조직을 무균배양실에서 배양하면서 적절한 식물 호르몬을 공급해서 또 다른 하나의 개체를 만드는 방법도 있다.

자연에서 번식력이 낮고 바이러스 피해가 심한 종은 번식이 어려워 희귀하다. 고급 화예종과 난종이 그렇다.

주목朱木에서 암치료성분인 탁솔 물질 같은 고부가성 물질은 물론, 멸종위기 식물, 희귀식물 등을 대량생산 하거나 산삼의 부정근을 양질의 다량 배양하는 데 적용 가치가 크다. 생장점을 배양하거나 난종자 같은 배유가 없는 경우도 실제로 인공적 양분을 공급하여 배양한다.

세포의 개체형성능은 줄기세포의 기능을 이용한 산업적 활용이다. 무병 우량 묘의 대량생산, 환경이나 생태계의 보존, 표준화된 바이오 소재생산 등 인류의 난제를 해결할 미래기술이자 첨단산업이다.

23

물과 양분의 흡수만 필요
<뿌리의 성장과 역할>

  굴지성屈地性은 중력이 있는 방향으로 자라는 성질로, 뿌리가 땅속으로 자라는 원리이다. 나무의 굵은 뿌리는 보통 2m까지 아래로 뻗어 내려간다. 토양의 질에 따라 자라는 깊이가 다르다. 점질토양은 산소공급이 어려워 호흡이 불량하므로 1m 정도까지 내려간다. 사양토는 공기의 유통이 쉬워서 6m까지 내려가는 경우도 있다.

  얕은 토양 내 산소는 18%, 이산화탄소는 2.5%가 정상적인 분포이다. 식물의 뿌리가 호흡으로 없어진 산소는 대기 중에서 계속 채워진다.

  나무의 굵은 뿌리長根는 길게 자란다. 지상부의 성장량에 비례하여 새로운 곳으로 개척하고 뻗어가며 지상부 몸체를 지탱하는 기능을 하는 뿌리이다.

  장근에는 개척근開拓根과 모근母根이 있다.

  개척근이 하는 일은 늦은 봄과 여름에 뿌리가 왕성하게 자랄 때 새로운 근계를 빠른 속도로 개척하여 지름이 굵어지게 하는 것이다. 지상부의 지탱과 수분, 양분의 통로이다.

  모근은 가지를 많이 내어 넓은 면적을 차지한다. 개척근보다 가늘고 길이가 짧다. 수분과 무기양분을 흡수한다.

　수목의 굵은 뿌리는 줄기처럼 형성층이 있어 직경생장을 하며 수십 년씩 살아간다. 가는 뿌리보다는 죽은 세포 비율이 높아 호흡이 적어 산소요구도가 낮다. 그래서 굵은 뿌리가 땅속 깊이까지 들어갈 수 있고, 깊이 들어갈수록 지상부의 흔들림을 지지하는 힘이 강해진다.

　보통 굵은 뿌리가 땅속으로 내려가는 한계는 토양의 딱딱한 정도와 산소의 공급이 우선이다. 토양 내 산소공급의 양은 토성에 의하여 결정된다. 토양을 구성하는 입자는 모래, 미사, 진흙의 상대적인 혼합비율이 결정 요소이다. 점토 성분이 많은 점질토양은 배수도 불량하고, 산소공급이 어려워 굵은 뿌리가 1m 정도까지 자라기도 어렵다.

　지하수위가 높거나 중간층이 불투수층 또는 수분이 너무 많은 토양에서는 산소의 공급이 불량하여 뿌리가 깊이 자라기 어렵다. 모래 성분의 사질토양은 배수도 양호하다. 통기성이 좋아 산소의 공급도 잘되므로 굵은 뿌리가 더 깊이 자란다.

　관목보다는 교목이 지상부와 비례하여 땅속으로 뿌리가 깊이 자란다. 관목은 1m의 토심이 필요하다면, 교목은 2m 이상의 유효 토심이 확보되어야 산소공급도 잘 되고 지상부를 지탱할 양만큼의 토양이 된다.

　아파트나 공공기관의 지하 주차장 윗면 지상부의 정원조성에 반드시 지켜야 한다. 가장 중요한 요소는 배수 조건과 유효 토심이다. 토심이 낮으면 생장에 지장을 주고 바람에 견디지 못한다. 뿌리가 흔들리면 자라지 못하고 결국 넘어지거나 고사한다.

　장마철 배수가 불량하면 생육에 지장을 준다. 그러므로 이런 공간에는 교목보다는 때죽나무, 산수유, 라일락, 무궁화, 모감주나무, 쪽동백, 자목련 같은 아교목 또는 관목, 초본류, 지피식물 등을 조화롭게 심으면 감상미를 더해준다.

 뿌리의 신장은 하루에 1mm~5cm까지 다양하다. 토양의 온도와 밀접하다. 온도가 25℃에 가장 잘 자라며, 5℃ 이하로 내려가면 점차 멈춘다. 건조지역에서는 수목의 S/R지상부/지하부률이 작아 근계가 발달한다. 온대지방의 소나무는 지상부가 지하부보다 5배가량 더 크다.

 보통 목본식물은 총건중량의 20% 내외를 뿌리가 차지한다. 수분이 부족하면 뿌리의 비율이 커지고, 빠르게 자라는 치목보다 성목은 낮다. 뿌리 발달은 생육환경에 깊은 영향이 있다. 뿌리털이 많아야 토양의 모든 구석에서 필요한 무기물을 쉽게 찾아낸다.

 건조한 지역에서는 더 많은 수양분 흡수를 위해 뿌리가 깊고 넓게 퍼져 근계의 비율이 지상부보다 커진다. 수평적으로도 수관폭을 벗어나 자라며, 수직적으로는 굵은 뿌리는 1m 이상 내려가지만 가는 뿌리는 공기 호흡을 위해 지표면 가까이로 모여 수분과 양분, 공기의 흡수에 유리하게 분포한다.

24

뿌리가 건강해야 잘 자란다
< 뿌리의 발달환경 >

　나무의 뿌리는 봄에 겨울 눈이 트기 2~3주 전부터 자라기 시작해서 낙엽이 다 지고 토양 온도가 5℃ 아래로 떨어질 때까지 계속 자란다. 1년 중 가장 왕성한 발육 시기는 5월이다.

　나무뿌리는 땅속에 있기 때문에 우리가 볼 수는 없다. 그래서 그 기능도 잘 알 수 없다. 뿌리는 토양 온도가 낮은 겨울을 제외하고는 봄부터 가을까지 자람을 멈추지 않는다. 봄에 낮 대기의 기온이 5℃를 넘어서면 겨울눈이 세포분열을 서서히 시작한다. 겨울눈이 자라기 전부터 뿌리가 먼저 움직여야 생체의 대사기능이 작동한다. 세포분열을 하면서 새 뿌리가 생긴다. 겨울눈은 지난해 여름철에 만들어 겨울을 나고 이듬해 이른 봄부터 자랄 눈이다.

　이러한 기능은 수종과 지역에 관계없이 공통적으로 나타나는 기작이다. 봄에 나무를 옮겨심는 시기는 뿌리와 눈의 움직임으로 판단하여 정할 수 있다. 최근 온도의 여건으로 보아 국가에서 정한 식목일4월 5일은 시기적으로 늦은 날짜다. 기후 온난화로 점차 봄이 빨라졌기 때문이다.

뿌리의 생육은 봄부터 시작되지만, 5월에 가장 활발해진다. 5월 중순의 기온이 20℃ 정도면 포플러 뿌리는 하루에 5cm, 소나무 뿌리는 3cm까지 자란다는 보고도 있다. 여름철이라도 극히 덥거나 가뭄이 들면 뿌리의 생장을 일시적으로 정지하기도 한다. 뿌리는 가을 낙엽이 모두 질 때까지 꾸준하게 자란다. 생육이 멈추는 시기는 서리가 내릴 10월 중하순까지이다. 이어서 식물체는 겨울 휴면기를 맞는다.

뿌리가 자라는 시기를 알면 거름주기, 뿌리돌림 작업, 이식하기 등 미리 살필 수 있다. 1년 중 뿌리는 4월부터 10월까지 계속 자란다. 자기 주변으로 세력을 확대하며 수분과 양분을 모조리 먹어 치운다.

한 연구에 의하면, 뿌리 성장은 5월, 6월, 9월에, 새 가지는 5월과 6월, 형성층은 6월과 7월, 잎은 6월과 7월에 자람이 돋보였다. 수종별 약간의 특이성은 있지만 대체로 비슷한 결과를 보인다. 수목 관리에 있어 중요한 요소이다.

나이가 많은 나무의 아래를 보면, 흙이 쓸려나가면서 점차 뿌리가 노출되어 있다. 등산로 주변 큰 나무에서 자주 본다. 보기도 흉하다고 하여 흙으로 덮어주면 뿌리 호흡을 방해한다. 뿌리의 상처를 보호할 정도로 거적이나 야자 매트, 녹화마대로 덮어주면 좋다.

그런 뿌리도 새 뿌리를 만들려면 왕성한 호흡을 하면서 세포분열을 하여야 한다. 가는 뿌리는 숨을 쉬기 위해 겉흙 근처에 모여있다. 산소공급이 원활한 낙엽층을 선호한다.

노거수의 굵은 뿌리가 드러난 것은 오랜 세월 빗물과 바람으로 흙이 씻겨 나가기도 했고, 뿌리가 굵어지면서 위로 드러난 이유도 있다. 노출된 뿌리가 살아있다면 자기의 역할을 충실히 하고 있는 것이다. 불편하지 않게 적응하면서 생장하고 있다. 노출된 뿌리도 두꺼운 수피로 보호받고 있으며, 수베린Suberin이라는 방수물질로 뿌리가 마르지 않게 보호하고 있다.

뿌리의 수직적 분포는 제각각이다. 수종에 따라, 지역 환경에 따라, 토양의 물 빠짐이나 비옥도에 따라 다른 현상을 보인다. 적송은 굵은 뿌리가 깊게 자라는 심근성이고, 낙엽송은 중간성이다. 주목과 측백나무 같은 천근성 수종은 바람에 취약하다.

뿌리부분이 노출되면 공기호흡이 원활해 노출된 뿌리와 지제부가 쉬이 굵어진다. 뿌리가 골고루 분포된 수목의 모습은 안정감을 주고, 또한 아름다운 조경미가 돋보인다.

요즈음 분재기법으로 근상根上분재가 있다. 뿌리 부분에 다양한 곡선을 넣어 독특한 모양을 연출한다. 특히 소나무류, 단풍나무류에서 자주 볼 수 있다.

25

뿌리의 수명이 있다면
<뿌리의 생존기간>

　나무의 가는 뿌리 수명은 1년 내외로 짧지만 계속적으로 만들어진다. 잔뿌리는 산소를 많이 필요로 하기때문에 공기층에서 먼 땅속 깊은 곳에서는 잔뿌리가 잘 자라지 못한다. 대부분의 잔뿌리가 지표면에서 30cm 이내에서 생기고 자라는 이유이다.
　가는 뿌리는 잔뿌리 또는 세근細根, 단근短根 등 여러 이름으로 불린다.
　이들의 수명은 대부분 수개월 이내로 더 굵어지지도 않는다. 토양 중의 물과 양분을 흡수하는 역할을 한다. 수목은 토양에서 세근의 양을 넓혀야 토양의 접촉 면적에서 더 많은 양분을 빨아들일 수 있다.
　세근은 쉴 새 없이 늘어나고 봄부터 가을까지 세포분열로 만들어진다. 따라서 호흡이 늘어나고 요구산소량도 많아진다. 산소는 대기중에 분포하므로 지표면에 가까울수록 당연히 농도가 높다. 깊은 땅속에는 산소가 극히 미량이라서 세근이 존재하지 않는다.
　굵은 뿌리는 형성층의 세포분열을 통하여 뿌리 직경이 굵어지면서 지상부와 함께 오래 산다.

반면, 외생균근을 형성하는 소나무와 가문비나무의 잔뿌리는 2~3년간 산다. 일반 수종의 잔뿌리는 1년 이내에 죽기 때문에 겨울 외에는 연중 쉬지 않고 잔뿌리를 만들어야 한다. 잔뿌리는 연약하고 부드러운 어린 세포유세포로 되어있어 공기 중에 잠깐만 노출되어도 금방 말라버린다. 이식을 위한 분뜨기할 때 마르지 않도록, 거적을 덮거나 물을 자주 뿌려 줘야 한다. 굵은 뿌리보다는 수분과 양분을 더 효율적으로 흡수하는 기능이 있다.

새로운 잔뿌리는 세포분열로 만들어지고 자란다. 세포분열에 필요한 에너지를 얻기 위해 왕성한 호흡작용을 해야 한다. 이때 다량의 산소가 필요하다. 산소는 공기 중에 존재하므로 잔뿌리는 땅 표면 근처로 머물게 된다. 전체 잔뿌리의 90%는 겉흙 20cm 깊이 이내에 분포한다.

일반 토양에서 30~40cm 아래로 내려가면 잔뿌리는 거의 없다. 우거진 숲에서 낙엽층 바로 밑에 잔뿌리가 모여있다. 뿌리 호흡이 쉽고 무기양분이 많은 장점이 있다. 적은 강수량으로 표토의 수분을 흡수하기 위해서 겉으로 집중한다.

나무를 이식할 때 근분根盆은 굵은 뿌리보다 양분과 수분을 바로 흡수하는 잔뿌리를 최대한 많이 확보하여야 한다. 그래서 근분의 모양은, 윗부분이 넓적한 접시 모양을 권장한다. 팽이 모양의 분은 잔뿌리가 적어, 이식 후 몸살이 심하고 오래간다.

뿌리의 수명은 가는 뿌리세근는 1년가량 살며, 죽는 시기는 보통 추운 겨울이다. 간혹 장마기에 세근이 땅 위로 몰리는 것은 가뭄에 따른 수분 스트레스 때문이다.

이런 토양에서 자라는 수목은 갈수기에는 더 잦은 급수가 필요하다. 근본적인 원인을 찾아 해소 대책을 마련함이 우선이다.

26

수목의 뿌리 합리적인 공생
<균근과 균근균>

　균근菌根은 식물의 어린뿌리가 토양에 있는 곰팡이와 함께 사는 뿌리이다. 곰팡이는 무기염을 대신 흡수해 주고, 탄수화물을 얻는 상호 공생관계이다. 균근은 육상 고등식물의 약 97%에서 존재하는 것으로 알려졌다.

　균근은 수많은 균사가 수 cm까지 뻗어 뿌리가 토양 중의 인산과 질소를 흡수하도록 도와준다.

　균근에는, 뿌리의 표피까지만 공생하는 외생균근과 곰팡이 균사가 뿌리의 피층세포 안으로 침투하여 자라는 내생균근이 있다.

　외생균근은 균사가 뿌리 표면에 두껍게 싸여 피층까지만 공생한다.

　소나무과 수목은 반드시 외생균근을 만들며, 천연상태에서 균근 없이는 살아가기 어렵다. 외생균근 곰팡이는 담자균과 자낭균 버섯류이다. 우리가 알고 있는 송이버섯이 바로 균근 곰팡이로, 사람에게는 훌륭한 식재료이다.

　외생균근을 형성하는 주요 수목은 소나무과, 버드나무과, 자작나무과, 참나무과, 피나무과에 광대버섯류, 무당버섯류, 젖버섯류, 그물버섯류 등이 그 역할로 뿌리 주변에 존재한다고 한다.

내생균근은 곰팡이 균사가 식물 뿌리의 외피세포 안으로 들어가 피층세포 안에서 자란다. 그러나 내피 안쪽까지 들어가지는 않는다.

이 내생균근은 육상 생태계 대부분의 식물 뿌리에 있으며, 기주범위가 외생균근보다 훨씬 넓다. 농업 작물 재배와 과수류의 생산량에 기여도가 크다.

균근은 수목의 무기염 흡수촉진에 중요한 역할을 한다. 균근은 토양의 비옥도가 높을수록 적고, 토양에 인산의 함량과 반비례한다. 토양의 건조와 토양온도 저항성을 높여준다.

과수나 조경수의 경우 토양이 비옥하면 곰팡이의 도움이 없이도 자랄 수 있어 균근이 필요 없다. 다만 절개지나 황무지 같은 척박한 토양과 기후 여건이 나쁜 곳에서는 균근의 역할이 매우 중요하다.

조경수 종에서도 소나무과의 소나무, 전나무, 가문비나무, 잎갈나무, 솔송나무는 필수적으로 외생균근이 있어야 살아간다. 가장 널리 알려진 균근은 적송림에서 발견되는 송이버섯이다.

버섯이 세상에 존재하는 역할은 3가지 중 하나이다.

버섯균은 유기물을 썩히고 분해하는 부후균 또는 동·식물에게 병을 일으키는 기생균이 아니면, 살아있는 나무뿌리와 공생하는 균근균이다.

부후균은 죽은 유기물을 분해하는 것으로 대부분의 버섯들이다.

기생균은 살아있는 식물에게 병을 일으킨다. 활엽수에 뿌리썩음병이나 곤충에 기생하는 동충하초가 그런 균이다.

균근균은 살아있는 나무뿌리와 공생하면서 균근을 만드는 곰팡이다. 주로 소나무과 자작나무과, 참나무과 버드나무과, 피나무과에서 발견된다.

균근균은 균사로 나무뿌리 표면을 감싸 뿌리를 보호한다. 건조한 토양에서 수분의 흡수를 돕고 토양의 온도를 유지하며, 중금속 오염 억제와 무기양분의 흡수촉진, 병원균 침입을 막아가며 뿌리를 도와준다. 농업에서도 작물의 내병성과 수확량을 높이는데 균근을 유익하게 이용하고 있다.

지구상에서 거개의 식물들이 균근과 연대하여 살아간다는 것은 더 큰 기대효과로 보상받기 위해서이다. 그래서 자신의 주변과 관계하며 생존한다.

27

소나무 그들의 화려한 상생
<송이균근>

    대체로 소나무가 아무 곳에서나 잘 자라는 이유는 양분요구도가 낮기 때문이다. 바늘잎과 두꺼운 줄기 껍질에서 증산작용을 최소로 억제한다. 뿌리는 심근성이라 바람에 안정적이다. 균근^{菌根}으로는 수분과 양분을 최대로 흡수할 수 있는 유리한 조건으로 산다. 소나무는 살아가기 좋은 조건은 모두 갖추고 있다.

    소나무는 추운 지방에서 진화한 대표적 양수성 식물이다. 성장은 느리지만 토양의 양분이 적은 곳에서도 잘 견딘다. 척박지를 따로 가리지 않는다. 씨앗은 두꺼운 낙엽층보다는 흙에서 발아와 성장력이 좋다. 소나무가 건조하고 척박한 땅에서 잘 자라는 반면, 다른 활엽수종의 씨앗은 그런 곳에서 초기생육이 어렵다. 소나무종이 천연갱신 산림에서 유리한 점이다.

    소나무의 잎과 줄기는 증산작용을 억제하기에 좋은 형태이다. 또한 지하부 뿌리는 수분과 양분을 흡수하기 유리한 독특한 구조이다.

    잎은 표피와 내표피가 두껍고, 왁스로 막힌 기공은 깊숙이 들어 있어 수분의 증산이 어렵다. 눈과 가지에는 끈적한 송진이 감싸 있고,

나무껍질은 수베린Suberin이라는 방수물질로 덮여 증산 또한 어렵다.

소나무의 뿌리는 넓게 퍼지는 광근성과 깊이 들어가는 심근성 둘 다 갖추었다. 넓은 토양을 점유하면서 수분과 양분을 맘껏 빨아들일 수 있다.

소나무 뿌리는 특이한 시스템으로 살아간다. 송이버섯 같은 토양 곰팡이와 균근菌根을 형성한다. 균근은 가는 뿌리 주변에서 표면적을 넓혀주고, 곰팡이는 잔뿌리의 표면을 감싸 건조를 막아준다. 곰팡이의 균사는 뿌리 주변에서 수분과 양분을 효율적으로 흡수하여 뿌리로 전달하기도 한다. 이런 도움으로 소나무는 건조 저항성이 있고 척박한 토양에도 잘 자란다. 심지어 고산 절벽의 바위 틈에서도 꿋꿋이 자라는 모습은 끈질긴 삶의 단면이다.

소나무가 견디기 어려운 것은 기후 온난화이다. 겨울철 이상 난동暖冬과 가뭄은 최악의 고통이며 고사로 이어진다. 소나무는 상록수라서 겨울에도 증산작용을 계속하기 때문이다. 수분 이탈이 많아 겨울 가뭄에 관수는 필수이다.

요즘은 소나무에 묘목 재배부터 송이 버섯균 등 공생 균사를 미리 인공접종하여 키우면 더 잘 자란다. 성목이 되면 송이버섯 채취 시기도 빨라진다고 한다.

28

자기 나이를 스스로 기록한다
<나이테>

사람은 한 해가 지나면 한 살이라는 나이가 든다. 나무도 마찬가지이다. 사람의 나이는 주민등록으로 증명되고, 나무의 나이는 동그라미 나이테로 기록된다.

나이테는 그 나무의 역사 기록물이다. 살아온 이력이 모두 담겨있다. 가뭄과 산불, 이식, 자란 환경과 호시절의 소사小史가 차곡차곡 나이테 단면에 담겨있다.

나무의 나이테를 보면, 나이를 먹으면서 둘레만 키운 게 아니라 속이 깊어짐이 보인다. 켜켜이 쌓은 세월의 흔적이자 자기 자서전이다. 나뭇결의 아름다움은 나이테에 간직하며 살아온 긴 그림자이다.

식물의 형성층은 목본 식물에게만 있는 특권 조직이다. 나무껍질 바로 안쪽에 자리한 층이다. 안쪽으로는 목부를 만들어 줄기의 몸체를 굵혀 나간다.

봄에 만든 목부 조직을 춘재春材라고 한다. 왕성한 식물 호르몬의 분비로 세포가 크고 세포벽이 얇아 조직의 색이 뚜렷하지 않고 연한 편이다. 지난 시간 동안 자라온 환경을 알 수 있으며 자람이 왕성할 수록 폭이 넓다.

반면에, 여름을 거쳐 가을에는 호르몬의 분비가 감소하면서 목부 조직의 세포가 점차 작아진다. 세포벽이 두꺼워지면서 추재秋材가 만들어진다. 조직이 치밀하여 색깔이 진한 갈색 띠를 만든다. 봄부터 가을까지 자란 부분은 점진적인 변화로 자란 부분에 경계선이 뚜렷하지 않아 구별되지 않는다.

전년도의 추재와 겨울을 지난 춘재 사이에 짙은 경계선이 바로 나이테라는 선이다. 1년 동안 춘재와 추재로 성장하면서 광합성을 한 결과 열심히 쌓은 축적물이다.

뿌리도 형성층에 의하여 지상부와 같은 직경생장을 하지만, 춘재와 추재의 구별이 잘되지 않아 뿌리 부분의 나이테는 선명하지 않다.

정상적으로 자랄 경우는 한 해에 한 개만 생겨야 하나, 간혹 여름철 가뭄이나 해충의 심각한 피해로 멈추었다 자란 경우 2개의 나이테가 생길 때도 있다.

열대지방에서는 나무가 연중으로 자라기 때문에 또렷한 나이테가 생기지 않는다. 건기와 우기가 따로 있는 지역에서는 흐릿하게 생긴다.

나무의 직경생장은 이른 봄 겨울눈이 트기 시작하면서 옥신 같은 식물의 호르몬을 생산하면서 시작된다. 형성층의 세포분열을 자극하여 시작되고 낙엽이 질 때까지 지속된다. 다만 일정한 속도로 직경생장이 되지는 않고 가장 왕성한 시기는 봄부터 초여름까지 새로운 잎과 줄기가 자라면서부터이다. 식물의 호르몬 생성이 왕성할 때와 같은 시기이다.

가을철에 충분한 영양을 모아야 이듬해 봄철에 성장력이 돋보인다.

나무의 나이테는 판재에 물결무늬를 나타낸다. 아름답게 수놓은 느티나무, 참죽나무, 아까시나무, 주목 등은 화려한 무늬결이 인기가 좋아 책상이나 찻상, 식탁을 만든다. 바둑판으로 고령의 비자나무, 주목, 피나무를 귀하게 여긴다. 이런 귀한 바둑판은 나뭇결의 아름다움은 물론, 바둑알을 놓을 때 부딪힘 소리와 바둑판 면의 회복탄력성이 돋보인다고 한다.

수목의 목질부는 최근 몇 년 동안 자란 변재와 그 이전에 자란 심재가 있다. 변재는 형성층이 최근에 만든 목부 조직으로 수분이 많은 편이다. 뿌리에서 수분을 이동시키는 통로이자 탄수화물을 저장하는 곳이기도 하다.

아까시나무는 최근 2~3년에 만든 조직이, 벚나무는 10년 동안 만든 조직이 변재이다. 버드나무, 포플러, 피나무, 은행나무는 변재와 심재가 색깔이 비슷해서 구별이 잘 안되는 수종이다. 수목별로 변재로 머무는 기간이 다르다.

심재는 오래전에 생성된 목부 조직이다. 죽은 세포이며 기름, 검, 송진, 타닌, 페놀 등 2차 대사물질이 세포 내에 축적되어 짙은 색깔이며 수종마다 다양하게 보인다. 생리적 역할이 없고 몸체를 물리적으로 지탱한다. 목질이 변재보다 단단하므로 가공하여 목재의 용도에 맞게 활용하는 부분이다.

29

나무는 죽은 채로 살아간다
<식물체의 생 조직률>

　나무는 노령화가 될수록 전체 세포의 90% 이상이 죽은 세포로 단단하게 밀착하며 몸을 지탱한다. 한여름에 푸르름을 뽐내며 자라는 나무에 살아 있는 조직이 10%도 안된다는 생각은 짐작도 안 간다.
　지구상에 존재하는 모든 생물은 각 개체별 역할이 있어 몸체의 기능이 효율적으로 살아갈 수 있도록 진화했다. 별 필요가 없는 부분은 기능을 감퇴시켜 에너지를 절약하며 살아간다.
　사람도 머리카락의 노출 부분과 손톱의 끝부분은 죽은 세포로 영양공급이나 신경이 단절되어 있다. 살아있는 모든 세포는 각자의 역할이 있고, 호흡을 하기때문에 많은 에너지가 필요하다. 그래서 덩치가 큰 생물일수록 더 많은 먹이를 먹어야 지탱할 수 있다.
　초본류는 1년의 짧은 생활사로 대부분 어린 세포로 살아있는 조직이다. 죽은 세포의 비율은 대개 10% 미만으로 낮다.
　식물의 죽은 조직에는 통도조직 중 도관, 엽병과 엽맥을 지탱하는 후각조직과 종자 표면의 후막조직이 있다.
　수목은 죽어있는 세포의 식별이 초본식물보다 또렷하다. 목본식물은 눈, 형성층, 뿌리 끝과 같은 분열조직과 잎, 꽃, 어린 열매 같은 살아있는 유세포柔細胞*가 있다. 유세포는 세포막과 원형질을 가지고 있어 세포분열, 광합성, 물질 저장과 분비, 상처 치유 등 왕성한 대사작용을 모두 맡아서 하므로 많은 호흡을 한다.

수목은 에너지를 적게 소모하면서 몸체를 키우고 효율적으로 살아가기 위하여 기능성이 낮은 조직은 죽은 세포로 유지하는 선택을 하였다. 심재조직이 그렇다.

나무 조직에서 목재로 이용되는 부분은, 껍질 안쪽 목질부로 최근 몇 년 자란 변재와 오랜 연령을 가진 심재 부분이다. 목부조직은 나이테의 형태를 매년 자란 만큼 만들고 대부분은 가도관침엽수, 도관활엽수, 섬유질로 모두 죽은 세포다. 목부에는 방사 방향으로 뻗은 수선조직만 살아있다. 나이가 들면서 직경이 증가하고, 전체 중에서 목부 조직의 비율이 높아져 사실상 죽은 조직의 비율은 나이가 들수록 커지는 셈이다.

어찌 보면 죽은 조직이 많아야, 목질이 야무지고 단단해 중력을 거슬러 지탱하는 힘이 강하며, 인간의 활용도가 높아진다. 노목은 가지가 약해지고 잎의 수가 적어, 광합성도 줄고 살아있는 세포 비율이 줄어 적은 대사와 호흡량으로도 가뜬히 살아간다. 적은 에너지로 사는 최소 생존법이다.

고령이 되어도 초본식물처럼 광합성과 호흡작용은 하지만 살아있는 세포의 비율이 적어 에너지 효율면에서 차이가 있다. 나무는 나이가 많아질수록 몸집이 커지지만 적은 양의 잎으로 호흡작용을 억제

---

* 유세포(柔細胞) 식물의 유조직(柔組織)을 구성하는 세포이다. 다량의 물, 엽록체, 전분, 당류, 색소 등을 가지며, 일반적으로 세포벽이 얇고 동화, 저항, 분해, 분비 등의 중요한 생리작용을 한다. 잎의 동화 조직, 줄기나 뿌리의 겉과 속이 이 세포로 이루어진다.

하며 노쇠현상을 대비한다. 장수목일수록 에너지 효율을 극대화했기 때문이다.

유세포柔細胞는 식물에서 살아 있는 세포이다. 원형질이 있어 세포분열, 광합성, 호흡, 물질이동, 생합성, 무기염의 흡수, 증산작용 등의 대사작용을 담당한다. 유세포는 잎, 눈, 꽃, 열매, 형성층, 세근, 뿌리끝 등에 집중분포한다. 또한 유조직에는 표피세포, 주피, 사부조직, 방사조직, 분비조직 등이 있다.

속이 텅 비어있는 고목도 잘 자란다.

거대한 정자나무나 오래된 고목은 대부분 덩치도 크지만 나무 몸통의 중심부가 텅 비었는데도 가지가 무성하게 잘 자란다. 보는 사람에게는 흉물스럽기도 하고 어렵게 살아가는 측은지심이 들기도 한다.

죽은세포는 생육에 필요 없는 부분이기 때문에 소실되어도 성장하는 데 아무런 지장이 없다. 요즈음은 건강한 모습으로 보이도록 외과수술 처치로 공간을 보기 좋게 채워 준다.

수목의 외과 수술은 상처나 훼손 조직의 빠른 치유를 돕고 태풍같은 자연환경에 넘어가지 않도록 대비하며, 외관상 본래의 형태 유지를 목적으로 실시한다.

Part **3**

대사와 순환

30

태양에서 온 가장 값진 선물
<햇빛과 광합성>

태양은 지구상의 모든 생물이 살아가는 모든 에너지의 공급원이다. 녹색식물은 햇빛으로 광합성을 하고, 식물이 필요한 양분을 합성한다.

햇빛은 종자의 발아부터 잎의 모양과 배열, 줄기의 생장과 굵기, 줄기와 뿌리의 비율 등 수목의 전체적인 성장을 지배한다.

눈의 휴면과 타파, 개화, 낙엽, 증산작용 등 생리적인 현상을 직접 관여한다. 계절과 낮밤, 공기와 토양의 온도, 강우, 바람 등 환경요인도 햇빛에서 비롯된다. 햇빛은 수목 생장에 절대적인 핵심 기능을 한다.

태양의 광선 중에 자외선은 대기권을 통과하면서 오존층에서 대부분 흡수되고, 파장이 긴 적외선은 탄산가스와 수분에 흡수되며 소멸한다.

대기권을 통과한 가시광선은 녹색식물과 인간이 이용할 수 있다. 광색소 중 파이토크롬Phytochrome은 광질에 반응하는 색소로 식물체 내에서 시계역할을 한다. 뿌리를 포함한 생장점 근처에 가장 많이 존재한다.

광합성은 녹색식물이 엽록소에서 햇빛을 이용하여 식물이 필요한 에너지를 합성하는 작용이다. 녹색식물은 지구를 순환하는 물과 0.03%의 CO_2로, 빛과 작용하여 스스로 영양물질을 만들어 삶을 실현하는 생명체이다.

초록색의 엽록소가 태양에너지를 모아 공기 중의 이산화탄소CO_2와 물을 원료로 탄수화물을 만든다. 광합성과 탄소동화작용은 같은 의미이다. 광합성은 녹색식물이 만드는 에너지로, 지구상 모든 생물의 먹이 연쇄에서 가장 아래 단계로 중요한 역할을 한다.

지하의 석탄과 석유도 오래전 식물의 광합성 산물이다. 수목의 광합성은 육상 생태계를 유지하는 먹이 출발점이다.

광합성 기작은, 햇빛에서 만드는 광반응과 햇빛이 없이도 이산화탄소를 이용하여 탄수화물을 합성하는 암반응으로 작용한다.

식물 중에 CO_2를 고정하여 광합성에 이용하는 식물이 있다.

C-4 식물군은 대부분 열대성 단자엽식물로 사탕수수, 옥수수, 수수는 광합성속도가 매우 빠르고 효율이 높아 쑥쑥 자란다. 미래의 식량자원으로 주목을 받는다.

CAM 식물군은 사막에서 자라는 다육식물이다. 독특한 광합성 방식이다. 선인장은 낮에 기공을 열면 증산작용으로 수분을 빼앗기므로 기공을 닫은 채 광합성을 하고, 밤에는 기공을 열어 CO_2를 흡수하여 저장한다. 우기雨期는 일반식물과 같은 기작을 한다. 진화의 결과이다. 돌나물, 다육이, 난초과 일부식물이 있다.

광합성은 15~25℃에서 가장 활성화되고, 적온은 양엽은 25℃이고, 음엽은 20℃이다. 같은 온도에서는 CO_2의 농도0.039%가 제한 요소다.

대기 중의 CO_2 농도는 1850년까지는 0.028%280ppm로 일정하였으나 계속 증가하여 현재 대기권의 CO_2 농도는 390ppm이고 매년 약

2ppm씩 증가 중으로 보고되고 있다. 이 결과는 지구생태계에 큰 혼란을 주지만, 녹색식물의 광합성량을 증가시킨다.

바람은 더운 여름철 잎의 온도 상승을 막아주고, 대기를 확산시켜 CO_2의 공급 촉진에 크게 기여한다.

수분도 과다하거나 부족하면 영향을 준다. 부족하면 엽면적이 줄고, 기공이 폐쇄되어 감소한다. 광합성은 낮 12시경이 가장 왕성하다.

광합성의 능력은, 생장이 빠른 수종과 낙엽수종이 더 크다.

광도光度는 햇빛의 밝기이다. 어두운 곳에서 점차 밝아지면 광합성량이 밝기와 비례하여 증가하다가 어느 시점에 오면 광도가 증가해도 더 이상 광합성량이 증가하지 않는다. 광포화점이라 한다.

광포화점은 수종과 잎의 형태에 따라 다르지만, 대부분의 잎이나 묘목의 잎은 전광의 25~50%에서 포화점에 이른다. 음수는 양수의 반 정도의 광도에서도 포화점 도달하여, 광량과 광합성량도 적어진다.

자연의 광선은 여러 가지 파장이 있다. 무지개의 7가지 색은 가시광선이라 하고 앞뒤로 자외선과 적외선이 모두 자연광선이다.

식물의 광합성에서는 가시광선만 이용한다.

백열등, 형광등, LED등은 개별적으로는 식물체에 도움이 되지 않지만 백열등과 형광등, LED등을 함께 사용하면 자연광과 가까운 광선이 되어 광합성에 도움이 된다. 다만 적색, 황색, 청색 등이 상호보완적 파장이어야 한다.

31

호흡 생체 에너지를 만든다
<호흡작용>

생물은 지속적인 에너지의 공급이 있어야 살아갈 수 있다. 살아 있으면 세포분열을 하거나 기존 조직을 유지하는데 에너지가 소요된다. 식물은 광합성을 통하여 탄수화물을 만들어 에너지로 사용한다.

에너지는 세포분열, 무기양분의 흡수, 탄수화물의 이동과 저장, 대사물질의 합성 등 쓸 데가 많다. 식물은 동물처럼 근육운동을 하거나 체온유지에는 에너지를 사용하지 않는다.

호흡은 탄수화물을 산화시키면서 발생하는 에너지를 만드는 메커니즘이다. 호흡량의 변이에는 온도의 고저가 가장 영향이 크다.

호흡작용은 원형질 세포 중 미토콘드리아에서 일어나며, 일련의 생화학적 산화-환원 반응이다. 호흡은 저장된 탄수화물을 소모하고, 수목의 건중량에 영향을 주며, 여러 대사 작용에 필요한 에너지를 공급해야 하므로 멈출 수 없다.

어린 식물에서는 전 광합성량의 1/3 정도만을, 큰 나무는 반 정도를 쓰고 나머지는 저장하며 필요한 곳으로 분배된다.

호흡량은 나이에 비례하여 증가하며, 고목의 경우는 광합성량의

90%까지도 소모되어 순생산량이 적어진다. 일반적으로 호흡량은 광합성량의 30~40% 수준이다. 고령목일수록 에너지 소모가 많아 자람의 속도가 늦어질 수밖에 없다.

뿌리는 보통 전체 호흡량의 8% 정도를 소모한다. 침수나 과습은 뿌리 호흡에 큰 지장을 준다.

음수는 양수보다 그늘에서 호흡을 효율적으로 할 수 있다.

밀식지의 간벌과 가지치기, 아랫가지 제거는 광합성량보다 호흡량이 커 생장량이 감소하기 때문이다. 빨리 잘라야 생육에 도움이 된다.

가을에 과일이 커지는 것은 광합성량이 호흡량보다 크므로 많은 탄수화물이 과일로 축적되기 때문이다. 수목은 야간에 광합성은 없고 호흡만 하는데 야간의 온도가 주간보다 낮아야 5~10℃ 나무가 정상적으로 자라고 과실도 충실해진다.

탄수화물의 분해는 항상 산소가 있어야 한다. 에너지 방출 외에 호흡의 산물은 물과 이산화탄소이다.

호흡은 잎, 눈, 뿌리의 생장점, 형성층, 열매 등처럼 대사활동이 많은 조직에서 가장 빠르게 작용한다. 일반적으로 호흡률은 기온이 상승하면 광합성보다 빨리 증가한다. 토양에서 산소의 농도가 낮으면 뿌리 호흡이 감소되어 뿌리의 자람과 활동이 적다.

수목이 광합성으로 생산한 탄수화물은, 에너지를 얻기 위한 호흡작용으로 가장 많은 영양분을 소모하는 셈이다.

32

체내 에너지의 이동과 사용
<탄수화물 대사와 운반>

    수목에게 탄수화물은 광합성 작용의 대가로 얻은 유일한 영양분이자 에너지원이다. 목본식물의 건중량 75% 이상이 탄수화물이다.
    탄수화물의 주요 기능은 세포벽을 구성하고, 에너지원, 지방과 단백질의 기질, 삼투압 용질, 호흡 산화물 등으로 다양하게 사용된다.
    광합성으로 생산된 탄수화물은 호흡과 새로운 조직에서 쓰고 남아야 저장한다. 주로 전분 형태로 저장하고 지방, 질소화합물, 설탕 등의 형태도 있다. 저장은 살아있는 유세포에 하며, 지상부보다 뿌리에 더 많이 저장한다.
    탄수화물은 가지 끝의 눈, 뿌리 끝의 분열조직, 형성층, 어린 열매 등 왕성한 분열조직에 제일 먼저 사용된다. 다음은 여러 대사 에너지로 공급할 호흡작용, 전분 같은 저장물질, 공생하는 질소고정 박테리아나 균근곰팡이에게도 제공한다.
    남은 것은 설탕으로 축적하여 겨울철 대비로 빙점 낮추기 등에 긴요하게 사용된다.
    탄수화물의 식물체 내 농도는, 늦은 봄 생장이 가장 왕성한 5, 6월에 최저치이고, 겨울을 대비하는 늦가을에 최고치이다. 따라서 활엽수를 고사시키려면, 왕성한 성장기인 6월 중·하순에 밑동을 베면 효과가 크다. 식물체 내의 영양분이 가장 적을 때이다.

 탄수화물은 열매와 종자가 가장 먼저 사용한다. 열매에서 호르몬의 작용으로 종족 보존의 본능이 우선해서이다. 다음은 어린잎과 줄기 끝의 눈이고, 성숙한 잎, 형성층에 쓰이고, 뿌리와 저장조직은 끝으로 배달된다.

 일반적으로 상태가 좋은 상부의 가지에 암꽃을 맺는 이유도 탄수화물이 많은 곳이기 때문이다. 탄수화물은 조직 간의 삼투압 차이로 설탕으로 바뀌어 물과 함께 별도의 에너지 소모없이 수동적으로 이동한다.

33

나무 그늘이 시원한 이유
<잎의 증산작용>

    식물의 증산작용은 사람이 땀을 배출하는 현상과 유사하다. 식물은 몸체 곳곳으로 수분이 전달되지 않으면 수분 부족과 영양 부족으로 말라 죽는다.
    식물체에서 물은 생체 중량의 80~90%를 차지하므로 가장 필요한 물질이 바로 물이다. 식물이 이용하는 대부분의 물은 토양으로부터 채운다. 물은 증산작용 시 도관이 뿌리부터 잎까지 연결된 물기둥 통로를 따라 끌어 올린다.
    식물이 뿌리에서 물의 흡수를 촉진하고, 흡수된 물이 뿌리부터 잎까지의 이동이 증산작용의 기작으로 시작된다. 무기양분은 뿌리가 수분을 흡수할 때 함께 이온형태로 흡수하여 축적하거나 수액과 함께 위로 올라간다. 만약 증산작용이 없으면, 수액 이동도 없으므로 조직에서 필요한 물과 무기양분의 전달이 안 된다.
    증산작용은 몹시 더운 여름철 수목의 잎과 줄기의 온도를 내려 준다.
    증산 시 높은 기화열을 가진 물이 주변 온도를 빼앗아 가기 때문에 2~3℃ 아래로 떨어진다. 그래서 여름철 나무 그늘에 들어가면 청량감이 느껴진다.

한여름에 뜨거운 햇볕으로 잎의 가장자리가 마르는 엽소현상葉燒現狀이 생긴다. 수분공급이 미흡해서다. 이식하여 뿌리에서 수분 흡수력이 부족한 왕벚나무의 잎에서 볼 수 있다. 줄기 껍질이 갈라지고 말라 죽는 피소현상皮燒現狀은 수피가 얇은 단풍나무, 배롱나무에서 자주 보인다. 물오름이 부족하여 뜨거운 한낮 햇볕에 마른 것이다. 잎에서 증산작용이 원만하지 못한 결과이다.

식물의 증산작용이 과다하면 무기염의 과다 축적으로 피해를 입고, 상대습도가 높아 증산작용이 억제되면 뿌리에서 흡수력이 떨어져 무기양분의 결핍을 초래한다.

식물에게 증산작용은 매우 중요한 기능이자 대사작용이다. 이산화탄소를 흡수할 목적으로 기공숨구멍을 열면 자동으로 증산작용이 이루어진다. 따라서 광합성과 증산작용은 상호 관련성 깊은 중요한 생리작용이다.

나자식물인 소나무류는 잎의 표면에 두꺼운 왁스층이 있어 증산작용을 효율적으로 억제한다. 식물의 수분 손실은 대부분 기공에서 발생하고, 기공 구멍은 잎 표면적의 1% 정도지만 일반수면 증발량의 절반 정도로 비교적 많은 편이다.

증산작용은 주로 기공에서 일어나며, 기공을 여는 것은 광합성에 필요한 대기 중의 CO_2를 공급하기 위해서다. 그러나 이때 기공으로 수분이 빠져나간다.

증산작용은 무기염을 뿌리로 흡수하여 도관을 통해 위쪽으로의 이동을 촉진한다. 또한 한여름 더위로 인한 잎과 줄기의 온도를 낮추어 준다. 물의 높은 기화열은 여름철 피소皮燒를 줄여 준다. 여름 이식이나 강전정은 수분이동이 둔화되어 화상 위험이 있다.

증산량은 엽면적에 비례하므로 총엽면적이 클수록 증산량이 많아진다. 소나무는 바늘잎으로 엽면적은 적지만 4계절을 합한 총량은 활엽수와 비슷하다고 한다.

잎의 면적이 크면 햇빛을 받기 좋아 온도가 오르며 증산이 늘어난다. 잎은 큰 단엽보다는 작은 소엽으로 된 복엽아까시나무이 증산량 감소에 효과적인 구조이다. 침엽수는 증산량이 적다. 일반적으로 잎의 겉에 각피층이 두껍고 털이 많거나 광택이 있으면 증산량이 줄어든다.

증산은 기공의 밀도, 위치와 주변의 왁스 존재 유무도 큰 영향이 있다.

낙엽수는 한겨울에 잎이 없지만, 가지와 줄기의 표면에서 증산작용을 한다. 그래서 낙엽성 활엽수를 가을에 이식하고 건조하면 활착과 생육에 큰 지장을 준다.

봄에 자유생장으로 자라는 잎의 면적은 처음에는 작게 자라나지만 점차로 커지거나 결각缺刻이 생기다가, 여름 잎은 작게 자라는 특징이 있다. 같은 줄기의 잎도 모두 다르다. 여름 잎은 수분 증산과 고온의 스트레스를 줄이기 위해서 진화된 결과이다.

느티나무가 정자수로 쓰이는 이유는, 잘 자란 잎이 500만 개나 달려 짙은 그늘을 제공함은 물론, 증산작용을 하여 시원한 청량감을 주기 때문이다. 실제로 주변 온도를 2~3℃ 낮추는 역할을 하지만, 도심지의 공해나 매연에는 약하다.

시골은 대부분 마을 어귀에 한두 그루를 심어 느티나무보다는 정자나무, 당산나무, 거리목 등으로 불렸다. 마을 입구에서 나쁜 기운이 들어오지 못하게 막아 마을 주민의 안녕과 평화를 지켜주는 의미이다.

34

물관은 일방 重力을 거스러야
<수분의 흡수와 이동>

식물이 증산작용으로 잃어버린 물은 연결된 물기둥에 물 분자 간 응집력으로 잡아당겨지면서 도관 내 장력이 생겨 끌려 올라간다. 조금의 에너지 손실도 없다.

물 분자의 응집력은 서로 끊어지지 않으려는 강한 힘이다. 이러한 힘은 직경이 작을수록 더 커지는데 수목의 가는 도관활엽수 직경 0.1mm과 가도관침엽수 0.03mm 안에서도 생긴다. 도관의 굵기차이가 30배차이다.

나무에서 물이 이동하는 통로는 뿌리부터 잎까지 끊김없이 연결된 도관이라는 파이프이다. 낮에 증산작용으로 잃어버린 물을 보충하기 위해 뿌리에서 계속 물을 퍼 올린다. 도관 내의 물 분자 간 응집력은 끊어지지 않고 뿌리까지 연결된 힘이 전달되어 물이 위쪽으로 끌려 올라가게 하는 힘이다. 수분의 이동은 뿌리에서 흡수하여 줄기 끝부분까지 공급되는 일방통행이다.

식물이 기공을 열고 증산작용을 하는 한, 물은 응집력과 장력 같은 자연현상에 의해 중력과 관계없이 위로 끌려 올라간다. 이러한 일련의 과정이 모두 자연현상이라는 사실이 놀랍다.

과학적으로 지구상에서 1기압 하에 물기둥이 끊어지지 않고 올라가는 한계가 가도관을 가진 소나무류가 120m라고 한다. 이 높이가 최고의 식물 키에 해당한다. 그래서 세계에서 기록을 보유한 나무도 원시적인 가도관을 가진 침엽수임을 알 수 있다.

식물체 내에서 물의 이동은 하절기 식물체의 온도 유지에 도움을 준다. 한여름에 강전정을 하고 가뭄이 들면, 수목의 수피에 물의 이동이 느려지게 되어 피소될 수 있다.

지구상에 존재하는 모든 생물은 물이 있어야 생명유지가 가능하다. 지구는 태양계에서 유일하게 물이 존재하여 생명체가 살 수 있는 행성이다.

물은 고유의 특성이 있다.

높은 비열 1cal/g이 있어 급격한 온도변화를 방지하고, 높은 기화열 586cal/g로는 수증기로 쉽게 변하지 않으며 냉각제 역할을 한다. 또 높은 융해열 80cal/g은 지구상의 추위와 더위를 조절하여 준다.

물 H_2O 은 수소와 산소의 결합으로, 공기 중에 수증기 상태로 자외선을 흡수하여 피해를 막고, 적외선을 흡수하여 지표면의 온도 상승을 완화해 준다.

물은 수목의 생장에 가장 많이 필요하고, 실제로 육상 생태계에서 생육 가능성은 물에 따라 결정된다. 물은 살아있는 세포 무게의 대부분이고, 식물체의 광합성에 중요한 반응물질이다. 기체와 무기양분의 용매이고, 대사물질의 운반체이다.

식물체의 조직에서 물로 생기는 팽압은 세포의 확장, 기공의 개폐, 잎과 줄기 역할을 하는 데 매우 중요하다.

수목의 수분 흡수는 대부분 뿌리를 통해 이루어지지만, 엽면시비 때

비료와 함께 잎의 각피층으로, 엽흔과 피목, 수피 틈에서도 흡수된다.

증산작용을 하는 모든 식물은 수분을 흡수하여야 한다. 때로는 낙엽수가 증산이 없는 겨울에도 삼투압에 의하여 수분을 흡수한다. 자작나무와 포도덩쿨에 상처를 주면 근압으로 수액을 유출하는 경우다. 자작나무의 수액은 포도당과 과당의 농도가 1.5% 정도이다.

근압根壓은 잎이 없어 증산 활동이 없는데, 뿌리의 삼투압에 의하여 능동적으로 수분을 흡수하여 생기는 뿌리 내의 압력이다.

수간압樹幹壓은 낮에 줄기의 세포에 CO_2를 축적하여 압력이 증가하면, 상처로 CO_2와 함께 수액이 유출되고, 밤에는 압력이 감소하면 뿌리에서 물을 흡수하여 도관에 채운다. 고로쇠나무, 단풍나무에서 수액을 채취하는 원리이다. 이런 현상은 겨울철 증산작용이 없을 때만 있고, 수액 유출은 잎이 자라면서 멈춘다.

35

모든 기능을 물로 다스리다
<수분 스트레스와 상승>

　수분 스트레스는 수목이 토양에서 얻는 수분보다 증산되는 수분의 양이 크면 체내 수분이 적어 생장량이 줄어드는 현상이다.
　수분 스트레스를 받으면 세포가 팽압을 잃고 기공이 닫힌다. 광합성이 정지되어 탄수화물 대사와 질소대사가 원만하지 않아 생장이 늦어진다.
　수분 스트레스의 원인은 과도한 증산작용이므로 여름철 한낮에 자주 보인다. 이 결과로 잎이 작아지고, 줄기 생장이 저조하며 결국은 증산량도 광합성 능력도 줄어 생장이 둔화된다.
　수목의 직경생장은 수분에 매우 민감하다. 목부의 세포수, 직경생장의 지속 기간, 목부와 사부의 비율, 춘재에서 추재의 이행시기 등 수분이 중요한 역할을 한다. 여름철 강우량이 많으면 춘재의 양이 증가하지만, 세포벽이 얇고 세포가 커 조직의 강도는 연해진다.
　수분 스트레스를 받으면 세포가 작아지고 춘재비율이 적어지면서 추재로의 이행을 촉진한다. 수분부족 현상은 잎에서 발생하여 줄기를 통해 뿌리로 전달된다. 뿌리는 수분 스트레스를 가장 늦게 받고 제일 먼저 회복하는 조직이다. 반면, 잎은 수분 스트레스를 가장 먼저 받고, 제일 늦게 복구한다.

뿌리의 생장 정지는 수분과 무기양분의 흡수가 줄면서 지상부로 전달된다. 기공을 닫는 기작은 앱시식산Abscisic酸 식물호르몬이 증가하며 관여한다.

뿌리에서 빨아올린 물이 잎까지의 이동 학설은 응집력설이다. (가) 도관을 통하여 물기둥이 끊어지지 않고 연속적으로 연결될 수 있는 힘은 물분자 간의 강한 응집력 때문이라는 논리이다.

수액 상승의 과정은 먼저 기공에서 증산작용을 개시한다. 엽육세포의 수분이 이탈되고, 도관의 수분이 엽육세포로 이동되면 도관이 탈수되어 밑의 물을 당겨 물기둥 장력이 생겨 아래 도관 내의 수분이 딸려 올라가므로 뿌리 속으로 토양의 수분이 순차적으로 움직이게 된다.

지구상에서 제일 큰 나무는 대부분 침엽수인데, 가도관은 직경이 작고 세포마다 끊어져 기포 발생이 억제되어 수분 상승이 원만하다. 수분이 이동하는 길은 죽은 세포지만, 속이 비어 수분이동에 저항이 적은 편이다.

수목의 몸체인 중심부의 심재는 기능이 거의 없고, 변재의 일부만 수액이동 통로로 사용된다.

사부수액이란 사부를 통한 탄수화물의 이동액을 말하고, 일반적인 수액이라 함은 목부수액으로 무기염, 질소화합물, 탄수화물, 효소, 식물호르몬 등이 용해된 묽은 용액이다.

탄수화물의 농도는 겨울철과 이른 봄이 높고, 주성분은 설탕, 포도당, 과당이다. 자작나무의 수액은 과당과 포도당이며, 고로쇠나무는 수액 주성분이 설탕이다.

수액의 상승 속도는 증산작용이 없는 야간에는 아주 느리다. 낮

12시부터 3시까지가 가장 빠르게 움직인다. 나무 꼭대기의 중력과 세포의 저항에 반한 수분이동의 한계가 있기 때문이다.

　한계 부분의 높이에서는 수분 부족에 따른 광합성이 제대로 이루어지지 않는다. 수목에서 120m 이상의 높이에서는 수분이 절대적으로 부족하다.

36

양분의 공급과 움직이는 통로는
<수목 체액의 이동>

  수목의 몸체에서 이동하는 순환 물질은, 뿌리에서 흡수한 물과 무기양분이 있다. 또 잎에서는 광합성의 결과로 탄수화물이 생산되며, 각종 호르몬은 뿌리와 잎, 열매에서 만들어 필요한 곳으로 수시로 이동한다.

  수목의 체내에는 사람의 심장처럼 물질을 순환시키는 별도의 기관이나 조직이 없다. 통도조직이라는 통로가 있어 물과 양분이 각각 다니는 길이 따로 있을 뿐이다.

  뿌리에서 잎과 열매로 보내는 물질은 수분, 무기양분, 식물호르몬*이다. 무기양분은 물을 흡수할 때 이온^{Ion} 형태로 함께 따라간다. 식물체 내부 이동 시에도 물에 녹아서 같이 이동한다. 식물호르몬 중 지베렐린, 사이토키닌, 엡시스산, 에틸렌 등은 뿌리에서 만들어져 목부를 통하여 위쪽으로 이동한다.

  잎에서 뿌리 또는 열매로 보내는 물질은 탄수화물과 식물호르몬이

---

* **식물호르몬(植物 Hormone)** 식물체 내에서 생산되고, 외부 환경에 대처하여 생장과 생활을 조절하는 유기 화합물로 옥신, 지베렐린, 시토키닌, 엡시스산, 에틸렌 등이 있다.

다. 탄수화물은 광합성의 산물이며, 잎에서 녹말전분** 형태로 저장한다. 필요시 설탕으로 전환하여 내보낸다. 탄수화물을 뿌리와 열매로 보낼 때는 반드시 안정된 설탕 물질로 바꾼다. 설탕의 이동 길은 사부의 통도 조직이다. 또한 잎에서는 옥신, 지베렐린, 에틸렌 같은 식물호르몬을 만들어 아래로 전달한다.

식물호르몬은 특정한 곳에서만 생산되는 물질이 아니다. 뿌리와 잎, 열매 등에서 만들고 목부와 사부, 유세포를 통하여 온몸으로 순환한다. 식물 몸체에서 일어나는 각종 정보를 필요한 곳으로 배달하는 메신저 역할을 한다.

탄수화물의 이동원리는 잎에서 탄소동화작용으로 만들어진 탄수화물을 이동하기 쉬운 구조인 설탕으로 바꾸는 것이다. 압력이 높은 잎에서 압력이 낮은 뿌리 쪽으로 삼투압***이 발생하면서 사부 조직을 통하여 수동적으로 밀려간다. 그러므로 공급원잎에서 수용부열매와 뿌리로의 이동은 에너지가 필요없이 일어난다.

삼투압은 잎에서 고농도의 설탕액이 반투과성 막으로 물을 유입하여 저농도 설탕액을 가진 뿌리 부분으로 같은 압력이 될 때까지 계속 이동하는 과학적 원리다.

뿌리의 물이 위로 이동하면, 잎에서 증산작용으로 빼앗긴 물 만큼 도관 내부에서 부(-)의 장력이 생긴다. 공변세포의 개폐로 기공이 열리고, 기공으로 증산 활동이 계속되면 물은 자동으로 빨려 올라온다. 이 과정에서도 에너지가 소모되지 않는다.

** 전분(澱粉) 녹색식물의 엽록체 안에서 광합성으로 만들어져 뿌리, 줄기, 씨앗 등에 저장되는 탄수화물로 맛도 냄새도 없는 백색 분말이다. 포도당을 구성단위로 하는 다당류(多糖類)이고, 찬물에는 녹지 않는다. 인간과 동물에게 열량원(熱量源)으로 중요한 영양소이다.

*** 삼투압(滲透壓) 삼투 현상이 일어날 때에 반투성의 막(膜)이 받는 압력인데 용액의 농도 차이와 절대 온도에 비례한다.

뿌리와 열매 같은 조직에서, 설탕을 사용하면 삼투압이 줄어들며 물질이 보충된다. 수용부에 도착한 설탕은 다시 전분 형태로 저장되거나 호흡작용에 쓰여 항상 낮은 농도로 존재한다.

광합성으로 만들어진 탄수화물은 녹말(전분)로 잎에 저장하다가, 이동 시는 설탕으로, 뿌리와 열매인 수용부에서는 다시 전분으로 이용되거나 저장된다.

생산지(잎)에서 사용지(뿌리)까지의 설탕액의 이동은 단순한 농도 차에 따라 이동하므로 에너지 소모는 없다.

37

骨利水 뼈에 이로운 물이다
<고로쇠 수액과 건강>

　이른 봄철 고로쇠나무 수액이 음료로 인기다. 고로쇠나무 밑동에서 나온 나뭇물이다. 나무의 아래 줄기에 구멍을 내어 식물이 자라기 위해 뿌리에서 흡수하여 올라가는 물을 인간이 빼앗는 것이다.
　줄기 내부의 압력과 대기압의 차이가 생기기 때문에 가능한 일이다. 나무줄기에서 잎이 자라기 전에 먼저 줄기의 끝에 있는 겨울눈까지 물이 오르는 에너지는 근압과 수간압 때문이다.
　근압根壓은 식물이 증산작용을 하지 않는 야간에 뿌리에서 삼투압으로 수분을 많이 흡수함으로 생기는 뿌리 내부의 압력이다. 근압은 주로 초본식물에서 많이 관찰된다. 밤에 뿌리에서 물을 충분히 빨아올려 이른 아침에 잎의 끝부분에 이슬처럼 물방울이 대롱대롱 맺힌다. 이러한 일액현상溢液現象*은 개체 스스로가 근압을 해소하기 위해 잎에서 외부로 남는 물을 버리는 생리적 현상이다.

＊ **일액현상(溢液現象)**　식물체의 배수 조직에서 수분이 물방울 형태로 배출되는 현상이다. 토양 수분이 많고 지온이 높으면, 뿌리에서 수분 흡수가 왕성해지는데 기온이 낮고 공중의 습도가 높으면 증산작용이 억제되어 이러한 현상이 나타난다.

목본식물에서는 근압根壓 현상은 거의 없지만 포도나무와 자작나무에서 보인다. 겨울철에 잎이 없어 증산작용을 하지 않았음에도 뿌리의 삼투압으로 흡수되면 발생한다. 자작나무는 4월과 11월경에 근압으로 수액이 밖으로 나오지만 봄에는 잎이 자라면서 자연스럽게 해소된다.

수간압樹幹壓은 줄기에 생기는 압력이다. 단풍나무류에서 흔히 관찰된다. 아직 잎이 나지 않은 2월부터 3월까지 낮에 기온이 올라가면 줄기의 세포 간극에 이산화탄소가 축적되어 줄기 내의 압력수간압이 올라간다. 이때 줄기의 일부가 상처구멍가 생기면 몸속에 있던 수액이 밖으로 나온다. 밤에는 수간의 압력이 감소하여 뿌리에서 물이 오르면서 도관을 채운다. 주간과 야간에 번갈아 일어난다.

고로쇠나무는 야간의 온도가 영하이고 주야간의 온도 차이가 10℃ 이상일 때만 수액이 밖으로 나온다. 밤과 낮의 온도 차가 클수록 얻을 수 있는 수액의 양이 많다. 날이 흐리거나 바람이 심하면 나오지 않는다. 비가 와도 마찬가지다. 그런 환경은 수간압이 약해져 수액이 외부로 분출되지 않기 때문이다. 그래서 고로쇠나무 수액 채취 기간은 경칩양력 3월 5일경을 전후로 한 달이 적기이다.

고로쇠나무 외에 홍·청단풍과 당단풍, 신나무, 은단풍, 복자기 등 단풍나무과의 수목에서 비슷한 현상을 보인다. 단 수액설탕의 당도가 조금씩 달라 맛의 차이가 있다.

조경수 중에서 근압으로 생기는 자작나무나 포도나무와 수간압이 발생하는 단풍나무류의 시기를 알고 전정을 해야 수액의 손실을 억제하여 수세의 약화를 줄일 수 있다.

나무에서 채취되는 수액은, 단풍나무류 외 일부 수종에서 휴면기에 나무 몸체에서 외부로 나오는 액체로, 주성분은 설탕이다. 생육에는 큰 지장이 없으나 탄수화물의 유출로 성장은 감소한다. 뚫린 구멍 상처는 1~2년에 새살로 다시 채워진다.

고로쇠나무는 단풍나무과로 늦가을에 노란 단풍색이 무척 곱다. 이 나무는 단풍보다는 수액채취용 나무로 더 알려졌다. 산지 계곡에서 20m까지 자라는 낙엽성 교목이다. 고로쇠나무에서 수액을 받아먹은 기록은 신라시대 화랑들이 산에서 수련활동 중에도 있었으므로 오랜 관행이다. 나무의 이름도 뼈에 이로운 물이라 해서 골이수骨利水라 하다가 고로쇠로 바뀌었다는 설이 있다.

지리산 자락에서는 매년 2월 중순부터 3월 중순까지 약 한 달 동안 수액 채취를 한다. 고로쇠나무 수액은 설탕 성분이 낮은 농도로 함유되어 달착지근한 맛이 난다. 자작나무 수액은 포도당과 과당이 주성분이다. 모두 2% 전후의 함량이나 지역과 개체에 따라 약간의 차이가 있으며, 미국에서는 설탕 농도가 4%에 가까운 단풍나무 품종을 개발했다.

북미 동부지역의 인디언들은 설탕단풍나무에서 수액을 채취하여 농축한 후 메이플 시럽Maple syrup을 생산한다. 이 설탕의 독특한 향기를 음식물에 활용하기도 한다.

수액을 받기 위해 작은 구멍을 내지만 나무가 자라는데 별다른 지장을 주진 않는다. 다만 해충의 침입 방지와 빠른 상처 치유를 위해 구멍을 막고 상처도포제를 발라 주어야 한다. 1년이 지나면 상처 구멍이 모두 메꾸어지지만 고령의 수목은 상처 복원력이 좀 더디다.

식물에는 동물의 신경조직이 없어 고통을 느낄 수 없다. 수액도 자연 자원이지만 지나친 채취는 삼가야 한다.

38

무기물 흡수 수문장이 허락
<양분의 흡수와 이동>

잎, 줄기, 뿌리의 도관은 서로 연속적인 물기둥으로 서로 연결되어 있다. 잎에서 증산작용을 시작으로 도관을 따라 물이 오른다. 이때 뿌리 주변 토양에 있는 무기양분*은 물에 녹아있는 이온ion의 상태로 물과 함께 뿌리 안으로 들어간다.

먼저 뿌리 표면을 통과하여 피층을 지나 내피의 세포벽인 카스파리안대Casparian strip라는 특수 조직층을 지나야 도관으로 들어간다. 식물의 실뿌리 조직 내 카스파리안대라는 조직에서 개별적으로 무기물**의 흡수를 선별한다.

이 방수층은 조밀한 세포구조로 매우 치밀하여 무기양분이 도관으로 함부로 드나들 수 없는 조직이다. 이곳에서 운반체 단백질을 이용

---

* 무기양분(無機養分) 식물체의 성장에 있어 양분으로 사용될 수 있는 물질 중에 탄소를 포함하지 않은 성분이다.
** 무기물(無機物) 생명을 지니지 않은 물질을 통틀어 이르는 말로 물, 흙, 공기, 돌, 광물 등이 있다.
※ 무기질(無機質) 무기 화합물의 성질이나 그 성질을 가진 물질로 주로 생명체의 골격, 조직, 체액 등에 포함되어 있는 칼슘·인·물·철·요오드 등을 말한다. 생체 유지에 없어서는 안 되는 영양소이다.

하여 내피에서 필요한 무기양분만 뽑아 받아들인다. 사람의 콩팥 기능이다. 내피의 카스파리안대는 무기양분의 무분별한 침투를 차단하는 수문장 격이다.

운반체 단백질은 식물이 필요한 14가지 무기양분을 식별하는 기능이 있다. 각 원소마다 고유 운반체 단백질이 14개의 키^{Key}를 가지고 있어 자물쇠처럼 개별적으로 열어줘야 들어간다. 이런 방식으로 식물이 필요로 하는 무기양분만 골라서 흡수할 수 있다.

토양 속에 있는 중금속이나 다른 오염물질이 흡수될 수 없다. 간혹 중금속이 식물체 내에 축적되는 것은 뿌리의 상처를 통하여 일부가 들어간 경우다.

토양 중의 필수영양소^{무기염}는 뿌리를 통하여 물과 같이 빨아들인다. 뿌리 표면에서 흡수하여 뿌리 내 축적하였다가, 목부조직으로 횡적 이동하여 줄기로 간 후 수액의 상승과 함께 필요한 조직으로 전달된다.

뿌리의 표피에서 흡수된 무기염이 내피에 도착한다. 내피세포에 카스파리안대$^{Casparian\ strip***}$는 완전히 한 바퀴를 감싸있어 무기물의 이동이 자유롭지는 못하다. 카스파리안대는 수분이 잘 통과되지 않는 지질 성분으로 무기염도 함께 막는다. 식물체에서 필요한 무기염만 선택적으로 흡수한다.

뿌리 내의 무기염의 농도는 토양용액보다 훨씬 높다. 뿌리의 호흡

*** **카스파리안대(Casparian strip)** 뿌리에 흡수된 무기염이 내피에 도착하면 자유공간이 없어진다. 무기염은 카스파리안대라 불리는 띠 모양의 조직에 의해 차단된다. 고리 모양의 밴드(카스파리안대)는 리그닌(Lignin)과 수베린(Suberin, 모전질)과 같은 불침투성 물질로 구성되어 있으며, 일반 세포벽은 리그닌만으로 이루어져 있다. 카스파리안대는 제초제와 같은 유해한 화학물질에 대한 장벽을 만들어 냄으로써 통과할 수 없다. 또한 해로운 미생물이 식물에 침입하여 감염을 일으키는 것을 방지한다. 카스파리안대는 토양으로부터 물과 영양소의 흡수를 조절하고 식물 방어에 적극적인 역할을 한다고 한다. 식물이 얼마나 많은 물과 미네랄을 토양으로부터 흡수하는지를 조절할 수 있게 해 주는 긴요한 기능을 한다.

이 중단되면 무기염의 흡수도 제한된다.

　식물이 필요로 하는 무기양분은 + 또는 - 전하를 띤 이온형태로 토양용액에 존재한다. 식물의 양분 흡수능력은 양이온치환용량이 좌우한다.

39

공기 구멍으로 숨을 쉬다
<기공과 호흡작용>

    식물도 호흡^{숨쉬기}을 한다.

    동물처럼 일정하게 들숨과 날숨을 반복하는 것은 아니지만, 대기 중의 산소와 이산화탄소 등을 기체 형태로 받아들인다. 잎의 표피조직에는 기공^{숨구멍}이 있다. 기공의 입구에 두 개의 공변세포로 여닫는다. 건물로 들어가는 현관문이다. 숨구멍의 모양과 크기, 분포밀도는 식물 종마다 다르다.

    기공의 수는 쌍자엽식물은 잎의 앞면보다 뒷면에 더 많고, 단자엽식물은 대체로 양면에 비슷하게 분포한다. 수면에서 자라는 가시연이나 마름 같은 부유식물은 잎 면이 물 위에 떠서 자라기 때문에 윗면에만 기공이 있다. 수중식물은 잎이 대기와 접촉하지 않아 아예 기공이 존재하지 않고 물속에서 물 분자를 분해하여 해결하며 살아간다.

    활엽식물의 기공은 잎의 뒷면에 주로 분포한다.

    수목의 기공 분포밀도는 $1mm^2$당 100~630개로 수종별로 다양하다.

    기공은 식물에 있어 대기와 가스를 교환하는 곳으로 생리학적으로 매우 중요한 역할을 한다. 광합성을 하기 위한 탄산가스를 흡수하고 산소를 기공 밖으로 방출시킨다. 동시에, 대기 중으로 수분을 잃어버리는 증산작용을 함께 한다.

잎에서 기공의 크기와 분포밀도는 반비례한다. 기공의 분포 빈도가 큰 수종은 기공의 크기가 작고, 빈도가 적은 수종은 기공의 크기가 크기 때문에 전체적인 호흡량은 큰 차이가 없다.

다만, 건조 토양에서 잘 자라는 아까시나무의 경우는 기공도 작고 분포밀도도 적다. 척박한 환경에서의 생존전략이다.

공변세포를 둘러싼 반족세포의 도움으로 삼투압을 조절하여 기공을 개폐한다.

CO_2가 부족한 고산지대는 기공의 밀도가 늘어난다.

기공의 개폐 기작은 공변세포가 수분을 흡수하면서 열리고, 수분이 빠져나가면 삼투압이 증가하면서 닫힌다. 기공은 햇빛에 의해 아침에 해가 뜰 때 1시간에 걸쳐 천천히 열린다. 저녁에는 해가 지면서 서서히 닫힌다. 음수는 좀 더 빠르게 움직인다. 엽육조직 내 CO_2의 농도가 낮으면 열리고 높으면 닫힌다. 수분이 부족하거나 대기 온도 30~35℃가 너무 높아도 닫힌다.

피목은 수피 겉부분에 세포가 느슨하게 배열되어 공기가 드나들 수 있는 특수한 조직이다. 느티나무와 벚나무의 줄기에 옆으로 약간씩 돋아있는 피목皮目도 기공으로 숨구멍이다.

조직이 살아있는 지구상의 모든 생물은 호흡하며 활동하도록 에너지를 공급해야 한다.

모든 생물의 호흡은 열량을 가진 물질을 산소로 산화시켜 에너지를 발생시키는 과정이다. 그리고 그 부산물로 이산화탄소CO_2가 발생한다.

산소를 이용하여 포도당, 아미노산, 지방산을 산화시키면 호기성 호흡이라 한다. 단세포 생물인 박테리아부터 동물과 식물의 호흡이 이와 비슷한 생화학적 단계로 진행된다.

　진화론에서는, 38억 년 전 처음에 바다속 혐기성산소없이 호흡함 박테리아가 다세포 생물을 거쳐, 해수면과 육지로 이동하여 고등식물과 고등동물까지 발전했다고 주장한다.

　생물의 호흡작용은 복잡하지만 가장 효율적으로 에너지를 생산하고 소비하는 체계다.

40

광합성을 이산화탄소가 말하다
< 이산화탄소와 광합성 >

CO_2의 농도는 식물의 광합성에 직접적인 영향을 준다. 햇빛이 충분할 때 광합성을 제한하는 요소이다. 대기 중에는 농도가 낮고, 수분이 부족한 가뭄기는 기공의 폐쇄로 잎의 내부 확산이 쉽지 않다.

이산화탄소의 농도는 자동차의 매연과 여러 산업활동의 오염원 때문에 도시지역에서는 점차 증가되고 있다.

수목이 많은 지역에서 밤에는 호흡으로 이산화탄소가 증가하지만, 낮에는 광합성으로 다시 줄어든다.

토양에서도 상당한 이산화탄소를 발생한다.

공기 중에는 질소^{N_2} 78%, 산소^{O_2} 21%, 아르곤^{Ar} 0.9%, 이산화탄소 CO_2는 고작 0.039%^{390ppm} 뿐이다. 그 밖에 수소^{H_2}와 헬륨^{He}이 미량 분포한다.

수목의 잎에 있는 기공의 분포밀도는 1mm^2당 100~600개로 수종별로 다양하다. 대기 중의 이산화탄소를 많이 흡수하기 위해서다. 이산화탄소의 농도에 비례하여 광합성량은 늘어난다.

결국 광합성의 양은 광량과 온도, 이산화탄소의 3요소로 결정된다.

밀폐된 온실 내에서, 원예식물 재배 시는 자주 환기를 통해 대기의 이산화탄소를 제공하거나 이산화탄소의 발생기를 설치하여 생육을 도울 수 있다. 폐쇄된 공간에서 식물은 이산화탄소가 늘 부족하다.

이산화탄소의 농도를 높여주어 생산량을 2배까지도 촉진한 농작물 재배의 실험 결과 사례도 있다.

그러나 이산화탄소량의 증가는 온 지구의 평균기온 상승과 불규칙적인 이상기상의 빈도가 늘어, 생물 생태환경의 교란은 물론 괴질병의 확산 등 더 큰 악화를 부른다.

지상에서 가장 위대한 자연현상은 식물의 광합성이다. 지구의 모든 에너지의 출발은 태양에서 비롯되었다. 수목의 나뭇잎은 잎과 잎이 서로 겹치지 않도록 거리와 각도를 스스로 조절한다. 햇빛을 잘 받기 위해서이다.

광합성의 양보다 호흡량이 많아지면, 나무 전체의 효율이 떨어지는 가지는 스스로 버린다. 짐이 되는 가지 삭정이다.

41

수목의 발육 성장 결실의 총사령관
<식물호르몬>

　식물의 호르몬은 식물의 생장, 분화 및 생리적 영향 물질로 동물의 호르몬과 비슷한 기능이 있다.
　식물호르몬은 유기물이며 각각 하는 일이 다르다. 정해진 부위에서 생산하여 이동되며, 생리적 반응을 하고 낮은 농도로 작용하는 화합물이다. 각 조직 간의 내적 연락물질이고 외부자극에 감응하는 역할을 한다.
　옥신과 지베렐린, 사이토키닌은 생장촉진제로 쓰이고, 앱시식산과 에틸렌은 생장을 억제한다.
　옥신은 어린 조직인 줄기 끝 분열조직, 자라는 잎과 열매에서 생산된다. 옥신의 이동은 목부나 사부가 아닌 유관속 인근의 유세포로 한다.
　옥신은 뿌리의 형성층 분열을 개시한다. 뿌리의 생장과 정아우세를 촉진하고 낮은 농도에서 세포의 신장을 도모하지만 높은 농도에서는 제초제로 활용한다. 줄기 생장에 비례하여 함량도 증가한다.
　지베렐린^{GA}은 벼의 키다리병에서 추출하여, 줄기의 신장을 도와준다. 종자에서 생산되며, 미성숙 종자에 고농도로 존재한다. 뿌리 끝에서도 생성된다. 줄기의 신장과 개화 및 결실, 휴면타파와 종자발아, 과실의 품질향상 등 여러 효과가 있다.

사이토키닌은 뿌리에서 생성되어 식물의 세포분열을 촉진하고 잎의 노쇠를 지연시킨다. 분재에서는 정아를 억제하고 측지를 촉진하는데 처리제로 이용한다.

앱시식산ABA은 생장을 억제하고 노화를 촉진한다. 휴면을 유도하고 잎과 꽃, 열매의 탈리현상을 일으킨다.

에틸렌은 과실의 성숙을 촉진하고 저장에 영향을 준다. 종자식물의 모든 살아있는 조직에서 생산된다. 에틸렌의 독성은 잎의 황화현상, 줄기의 신장억제와 비대촉진, 잎의 말림과 탈리현상이 생긴다.

봄철 형성층의 생장 개시는 눈에서 생산된 옥신으로 시작하여 어린 잎에서 생산된 GA가 형성층의 세포분열을 자극한다. 봄철 줄기 생장기에는 옥신이 생산되어 춘재가 만들어지고, 여름철 생장 정지기에는 옥신이 감소하면서 추재가 형성된다.

42

저온 처리로 계절을 만들다
<춘화처리>

춘화처리春化處理는 농업에서 농작물의 싹이나 씨를 고온 또는 저온으로 처리하여 발육에 변화를 주어 수확기를 조절하는 방법으로 연구되었다. 인위적으로 자연환경을 치르게 하는 것이다.

수목의 개화는 대부분 광주기光週期 반응에는 별 영향을 받지 않는다. 그러나 일장日長을 조절하면 개화 시기를 달리할 수 있다.

일장이 길어지면 개화가 이어지고, 일장이 짧아지는 늦가을이면 개화를 중단한다. 일장의 영향으로 개화하는 식물은 인공적으로 개화기를 바꿀 수 있다.

무궁화는 장일성식물로 여름에 주간의 해가 길어지면서 꽃을 피우기 시작한다. 일장이 길어지는 5월에 꽃눈의 원기가 생겨 7월부터 개화하는 특성이 있다.

겨울에 무궁화꽃을 보려면 11월에 30일 정도의 춘화처리를 하고난 후 온실에서 적정기온과 일장을 늘여가며 키우면 약 70일 뒤인 2월에도 꽃을 볼 수 있다.

가을부터 먹는 딸기도 마찬가지다. 겨울을 지내야 꽃을 피우고 열매를 맺는 식물은 이론적으로 모두 가능하다. 어린 묘를 창고에서 저온 처리를 거친 후 심어 키우면 봄으로 인식하고 꽃을 피우는 현상이다.

 반면에 가을에 늦게까지 꽃을 보고 싶으면 꽃이 피고있는 8월부터 지속적으로 일장을 연장시키고 온도를 높게 유지한다. 꽃눈이 계속 생기면서 10월 이후까지도 개화가 지속된다.

 때로는, 초본류에서 저온처리춘화처리를 하지 않고 지베렐린을 처리하여 개화를 유도할 수도 있다.

Part **4**

생육과 생존

43

1년에 자랄 만큼만 자란다
<고정생장과 자유생장>

 식물은 5℃ 이상이면 기본적인 체내의 대사작용과 세포조직의 활동을 개시한다. 동물과는 달리 식물은 생장이 더디거나 양분이 부족해도 몸체가 줄어드는 일은 없다. 즉 야위거나 홀쭉해지지는 않는다. 다만 식물 자체가 수세가 약해 보이고, 잎의 활력이 떨어지며 엽색이 연한 황색을 띠며 자람이 늦다.
 생장은 세포분열, 세포신장, 세포분화로 생물체가 커지거나 무거워지는 것이다. 줄기와 형성층, 뿌리가 자라는 영양생장과 꽃을 피워 종자를 맺거나 무성번식으로 다음 세대를 만드는 것은 생식생장이다.
 고정생장 수목은 수고생장이 늦다. 수고생장은 정아頂芽의 유무와 새 가지의 생장주기에 많은 영향을 받는다. 나무의 키와 수관의 폭은 매년 가지 끝에 있는 눈이 자라서 그 나무의 외관수형을 만들어 간다.
 새 가지가 자라나는 시기와 속도는 수종에 따라 다양하다. 환경적인 영향도 있지만, 이미 유전적으로 고정되어 있다.
 가운데 중심줄기의 끝에 정아가 있어 줄기의 생장을 하는 것을 유한생장이라 하고, 소나무와 같은 침엽수가 대표적이다. 양버즘나무처럼 중심줄기나 정아를 만들지 않고 측아(곁눈)가 수시로 자라나는 생장을 무한생장이라 한다. 봄부터 늦가을 서리가 올 때까지 계속 자란다.

소나무는 봄에 순을 내어 6월까지 자란 후 겨울눈을 만들고 키는 더 자라지 않는 고정생장형이다. 한 번 자라고 멈춘다. 그래서 대부분 성장이 느린 편이다.

성장을 멈춘 7월 이후로는 자라지 않기 때문이다. 생육환경이 열악한 토양에서는 1년 동안 몇 cm도 못 자란다. 봄에 겨울눈이 트면서 순이 자라 한 번에 죽순처럼 자라 올라간다. 이른 여름에 생장을 멈추고 겨울눈을 만들어 월동 준비를 한다. 이런 고정생장을 하는 수종은 봄잎만을 만들며 4월에서 6월까지만 자라 수고생장이 느리다.

고정생장은 바늘잎나무 중에서 소나무, 잣나무, 백송, 전나무가 있다. 활엽수에도 참나무류, 목련과 동백나무 등이 고정생장을 한다. 다만, 봄부터 자라는 속도가 빠르지만 일찍 멈추고, 광합성으로 영양보충을 하여 월동양분을 일찍부터 챙긴다.

자유생장 수목에는 생장이 빠른 느티나무, 포플러 같은 활엽수가 있다. 봄에 새 가지가 나와 자라면서 여름과 가을까지 계속 키가 자라는 생장형이다. 봄잎은 겨울눈이 만들지만 자유생장 수목은 자라면서 여름내내 여름잎(하엽)을, 가을엔 가을잎과 새 가지를 만들면서 자란다.

은행나무, 낙엽송, 주목, 포플러, 자작나무, 단풍나무, 버드나무, 아까시나무, 사과나무, 배나무, 감나무, 포도나무, 사철나무, 회양목, 개나리, 쥐똥나무, 등, 느티나무 등이 자유생장을 하며 자란다.

고정생장을 하는 소나무는 한 해에 한마디만 자라므로 생장도 느리지만 자란 나이를 확인할 수도 있다. 중심줄기의 마디 수를 세어보면 금방 추정할 수 있다.

자유생장하는 나무의 여름잎이나 가을잎은 자라는 기간이 짧아 크기도 작고 연녹색에 가까워 쉽게 비교된다. 담쟁이덩굴의 봄잎과 여름잎은 크기 차이가 많다.

봄에 자라는 잎은 늦게 나올수록 점점 면적이 커진다. 잎마다 크기가 다르다. 생육여건의 차이다.

침엽수는 줄기순가 자라는데 2개월 걸리지만 잎은 3개월이 넘게 자란다. 활엽수는 줄기와 잎이 같은 속도로 자라난다.

유한생장은 1년에 한 번 또는 두세 번 정아가 신장하고 멈춘다. 소나무류, 가문비나무류, 참나무류, 층층나무가 있다.

자유생장하는 식물이 고령화하면 생장이 느려지는 이유는, 고정생장으로 바뀌면서 짧은 가지短枝가 되기 때문이다. 단지는 주로 꽃눈을 맺는다. 고령의 정자수들은 후손 번식을 위해 항상 많은 씨앗을 달고 있다.

직경생장은 줄기가 자랄 때 이루어지며, 줄기 생장이 정지하면 곧 정지된다. 고정생장 식물의 경우는 줄기 생장이 여름에 일찍 정지하지만 직경생장은 더 늦게 가을까지 계속된다.

44

수목에서 최고 기록 Ⅰ
<최거목과 최장수목>

　장수목은 삶에서 수많은 버림과 상실을 쌓으며 자기의 하늘을 열었다. 잎과 가지를 버리고, 원치 않는 외부의 바람과 눈, 벼락 등의 상실은 아픈 운명의 결과이다. 버림은 삶을 성장하거나 유지키 위한 자발적 구조조정이다.
　오래 사는 장수목은 그들만의 휴식을 즐기기 때문이다. 인간에게도 휴식은 새로운 삶의 가치와 차원을 높일 수 있는 시간이다.
　단일 개체로 세계에서 가장 큰 부피를 가진 생물은 단연 나무이다.
　학계의 보고에 따르면 가장 큰 수목의 이름은 거목 세쿼이아 Giant sequoia*다. 이 나무는 미국 캘리포니아주 세쿼이아국립공원에서 자

＊ **세쿼이아(Sequoia)** 낙우송과의 상록 교목. 중생대 쥐라기에서 신생대 마이오세 사이에 지구상에 번성한 것으로 추정되며 세계 여러 곳에서 화석이 발견되지만 현재는 미국 캘리포니아주와 오리건주의 해안 가까운 산지에서만 레드우드(Redwood)와 빅트리(Bigtree) 두 종이 자란다. 암수한그루로 재목이 가볍고 잘 썩지 않으며 세공하기 쉬워 건축·가구재로 쓰인다. 키는 50~100m이며, 잎은 어긋나고 송곳 모양의 작은 잎은 깃털 모양으로 길게 줄기 아래까지 난다. 열매는 구과(毬果)로 타원형이다. 미국 오리건주의 남부로부터 캘리포니아주의 산지(山地)에 걸쳐 남북으로 띠 모양으로 분포한다. 잎은 서로 겹쳐 나선형으로 나고 푸른 녹색이다. 1,500~2,500m의 높은 곳에서 자생한다.

라고 있다. 외모로 근원직경이 11.1m, 수고는 83.8m, 부피 1,487m³, 무게 1,256t, 수령은 2,300~2,700년으로 알려졌다. 최고 3,500년까지 알려진 장수 나무이다.

  이 나무는 우리나라에서 자라는 낙엽성 메타세쿼이아와는 달리 상록성이며 생장이 빠르고 맹아력이 뛰어나다. 밑동과 줄기에 상처가 생기면 혹으로 감싸 곧 회복하며, 나이가 많이 먹어도 원줄기가 죽으면 밑동에서 새순이 잘 돋아난다. 새로 나온 줄기끼리 서로 붙어가며 자라기도 한다. 화석식물로 이 나무에서 기생하는 병해충들도 오랜 세월 동안 대부분 멸종해 병충해의 피해도 별로 없이 잘 자란다.

  이 나무의 생존전략이 독특하다. 산림에 가뭄으로 가끔 산불이 나면 오히려 살아가기 좋은 도움이 된다. 주변에 생존경쟁 수목을 모조리 태워 없앤다. 정작 이 나무는 껍질이 두꺼워 겉껍질만 일부 타고 만다. 살아가는데 아무런 지장이 없다. 게다가 불의 열기로 솔방울이 모두 열리면서 그 안의 씨앗이 나올 수 있는 절호의 기회. 많은 씨앗이 마침 산불로 새 생명으로 탄생할 수 있다.

  산불로 인하여 수목에 축적된 유기물이 소실되고, 다른 나무들이 죽은 다음에 떨어진 종자가 성공적으로 싹이 나서 그 지역을 점령하게 된다.

  참고로, 산불의 열이 있어야 열매의 출구가 열리는 폐쇄성 솔방울을 가진 나무는 리기다소나무와 방크스소나무가 있다. 평시에는 솔방울의 날개가 펴지지 않아 씨앗이 그 안에 갇혀있다. 솔방울의 외부온도가 뜨거워야 겨우 열리는 시스템이다. 이런 나무들에게는 산불이 더 고마운 셈이다.

  세계에서 가장 통이 큰 나무는 멕시코의 옥사카 지방에서 자라는 낙우송류로 나무 둘레가 42.0m (직경으로는 14.05m), 키는 35.4m이고, 나이는 약 1,500년으로 추정한다.

　수액樹液은 항상 중력의 반대 방향으로 이동한다. 뿌리에서 흡수하여 나무의 끝자락까지 올라가야 하기 때문에 물리적인 제약이 많다. 자연현상 1기압 하에 진공상태의 가는 관에서 수은주의 높이는 76cm까지 올라간다. 목부에서 물관의 물기둥 세포 흡수력에 의한 높이는 10m까지 알려져 있다. 그렇지만 대개 나무는 10m 이상 크는 나무가 많으므로 물을 더 높이 올리는 또 다른 힘이 필요하다.

　수목의 조직은 가는 관으로 뿌리부터 줄기를 통한다. 가지 끝잎까지 연속적인 가는 물기둥으로 이어져 있다. 낮에 증산작용을 하면서 잎에서 탈수 현상이 생기므로 부족한 물을 채우기 위해 아래에서 물을 끌어당긴다. 물을 끌어 올리는 힘은 연속된 물기둥을 따라 뿌리까지 전달되며, 결국 뿌리 속의 물이 줄기를 타고 중력에 반하여 위로 이동된다. 식물체의 몸속에 형성된 물기둥은 마치 고무줄을 당기는 장력이 위로부터 생기는 것과 흡사하다. 문제는 높을수록 위에서 당기는 장력보다 아래쪽으로 당기는 중력이 커질 경우 물기둥은 끊어진다. 끊어진 물기둥은 다시 회복되지 않고 수목은 생리현상이 멈추며 결국 고사한다.

　세쿼이아의 경우 물기둥의 높이가 115m 전후로 물이 더 이상 올라가지 못해 나무의 꼭대기 끝부분은 물 부족으로 잎이 마르거나 죽는다. 일반적으로 높이 자란 나무의 잎 구조를 보면 높이 올라갈수록 작고 건강하지 못하다. 수분과 무기양분의 공급이 부족하기 때문이다. 따라서 광합성량이 점점 줄어 나무가 자랄 수 있는 한계 높이는 120m 정도로 알려져 있다.

　물기둥이 중력에 큰 방해 없이 올라가는 힘은, 더 가는 관인 가도관을 가진 침엽수가 유리하다. 활엽수의 도관物관은 더 넓어도 수분의 이동은 어렵다. 세계적으로 큰 나무들이 침엽수인 까닭이다.

세계에서 가장 키 큰 나무는 미국 서부에서 자라는 해안세쿼이아 Coast redwood로 키가 115m다. 우리나라에서 자라는 중국원산의 화석식물 메타세쿼이아Metasequoia의 유사종이다. 상록성 침엽수로 일 년 내내 자랄 수 있다.

2006년 레드우드 국립공원에서 측량된 세쿼이아 가슴높이 반지름 4.63m이고 키는 115.6m, 나이는 1,200~1,800년으로 추정한다. 이 지역에서 자라는 나무 중 흉고직경이 8.9m나 되는 개체도 있다고 한다.

레드우드 국립공원은 기후가 온화하다. 연간 강우량이 1,700mm 이상으로 식물이 자라기에 적합한 환경이다. 특이점은 여름철 가뭄 기간에도 거목의 숲속에서는 매일 새벽안개가 있어 이를 흡수하여 수분을 보충한다. 이런 수목들은 계곡 부위의 강가 근처에서 자라면서 수분을 풍부하게 공급받는다. 홍수 시에는 물 빠짐이 좋고 위쪽에서 떠밀려온 비옥한 양분으로 성장에 지대한 도움을 받는다. 계곡에서 자라면서 태풍의 영향도 적고 밀집된 공간에 뿌리가 서로 엉켜있어 바람에도 잘 견딜 수 있는 조건이다.

세쿼이아가 이 지역에서 터줏대감처럼 순림純林을 이루면서 번성하는 데 산불의 도움이 크다. 캘리포니아 지역은 매년 여름철 가뭄으로 산불이 자주 생긴다. 세쿼이아는 90cm정도의 두꺼운 수피가 감싸있어 이런 산불에 잘 견딘다. 껍질이 얇은 다른 나무들은 대부분 타 죽고 세쿼이아종만 남아 자라게 된다.

다음으로 큰 나무종은, 호주의 태즈메니아 지방의 계곡에서 자라는 유칼립투스Eucalyptus로 키가 100.5m로 기록됐다.

세 번째 랭킹 수목은, 미국 오리건주에서 잘 자라는 미송으로 키는 99.7m로 알려졌다.

45

수목에서 최고 기록 Ⅱ
<최고령목>

    나무에게 주어진 평균수명은 없다. 사람의 경우 심장이나 폐, 간처럼 필수적인 기관은 정교한 구조로 일정한 세월이 지나면 기능이 떨어진다. 수명을 관장하는 염색체도 제 역할을 할 수가 없어 결국은 그 기능을 멈추게 되어 죽는다. 그러나 나무의 세포 기능은 단순하다.

    고등식물은 잎, 줄기, 뿌리, 꽃, 열매, 종자의 6개 기관으로 분화되어 있다. 봄에 가지의 끝에서 새순이 돋아 자라면 살아있는 것이다. 매년 반복적이지만 겨울눈이 자라 새 가지와 잎을 내고 자라면서 계속 살아가는 것이다. 수피의 안쪽에 있는 형성층은 영원한 분열조직이다. 줄기가 썩지 않는 한 계속 살아 세포분열을 하면서 직경이 굵어지고 자신의 몸체를 지탱한다.

    외부의 갑작스러운 환경에 의하여 줄기가 훼손되거나 썩지 않고 바람에 넘어지는 등의 사고만 없으면 무한대로 살 수 있어 정해진 수명은 없는 셈이다.

    다만, 수령이 많아지면 한 군데 고착되어 살다 보니 주변의 양분도 고갈되고 인근의 다른 나무의 해가림도 생긴다. 화재도 있을 수 있는 등 그 나무가 원하는 조건을 모두 충족하기는 어렵다.

우리나라에서 키도 크고 장수하는 나무종은 대부분 정해져 있다.

은행나무, 소나무, 곰솔, 느티나무, 굴참나무, 팽나무, 회화나무 등이다. 그중에서 대표적인 나무가 은행나무다. 은행나무는 중력을 거스르며 반듯하게, 어느 지역에서도 잘 자라는 편이다. 적응력이 매우 강하다.

경기도 양평의 용문사에 있는 은행나무가 가장 큰 나무로 기록되어 있다. 키 39.2m, 밑동 둘레가 15.2m, 가슴높이 둘레가 11.2m로 알려졌다. 암나무로 추정 나이가 1,150년이고 건강한 편이라서 현재도 많은 양의 은행 열매를 맺는다. 천연기념물 제30호로 지정 보호하고 있다.

낮은 개울가에서 자라, 물 부족 없이 좋은 조건이라 거목으로 장수하는 것으로 판단된다. 석축과 복토로 뿌리의 일부가 죽어 안타깝다. 나무를 보호하기 위한 배려가 잘못된 것이다. 작업 전에 충분한 전문가의 의견이 중요하다.

이 나무는 신라시대 경순왕의 세자인 마의태자가 망국의 한을 품고 금강산으로 가던 길에 손수 심었다고 전한다. 세종대왕은 이 나무에 정3품에 해당하는 당상직첩을 하사한 기록이 남아 있다.

국내의 최장수 나무는 강원도 정선군 사북면 두위봉에 있는 주목으로 천연기념물 제433호로 지정 보호받고 있다. 학계에서 1,400살의 나이와 흉고 직경은 1.6m로 검증받았다.

지구상에서 가장 장수하는 수종은 미국 네바다주의 화이트마운틴 고산지역에서 자라는 롱가에바 잣나무 Pinus longaeva로 알려져 있다. 나이테로 측정한 결과 5,000년이 넘었다. 오엽송인 잣나무 계통이다. 키가 4m도 되지 않는다. 새잎이 나오면 30년 이상 살아간다. 불편한 환경이지만 생명력이 지독하게 질긴 나무이다.

　나무는 몸체의 일부만 살아 있어도 생존으로 본다. 뿌리나 밑동의 일부분만 살아 있어도 생존 나무로 보기 때문에 때로는 인정여부로 논란이 있기도 하다.

　합리적인 나이테는 중심줄기에서 확인해야 하는데, 장수목의 특이점은 심재부분이 모두 부패되거나 비어空洞있어 연령 측정이 불가능하다.

　세계의 어느 나라나 3,000m 이상의 고산지대는 암벽과 자갈의 척박지이지만 이런 곳이 장수목의 진정한 삶터이다. 일년내내 바람이 있고, 잦은 눈으로 깊이 덮이며, 길어야 생육기간은 1년 중 2개월도 채 되지 않는 삶이다.

　100년 동안 직경이 2cm도 못 자란다. 오래 살아남는 비결은, 생육환경은 최악이지만 고산의 기후 특성상 병균이나 해충이 없다는 점이다. 열악함을 극복하는 저항인자가 오히려 삶을 지켜준다.

　영국의 서리지방에 4,000년의 수령을 가진 유럽 주목도 있다고 전하고, 스웨덴에서 독일가문비나무의 뿌리 수령이 9,550년이라는 조사가 있었다. 미국의 캘리포니아 모하비사막에서 11,000년 된 관목을 발표한 바도 있다. 이런 경우는 수명을 나이테로는 증명할 수 없고, 탄소 동위원소법*으로만 추정이 가능하다.

---

* **탄소 동위원소법**　나무의 나이를 측정하는 방법으로 나이테를 직접 세어보는 방법이 있다. 이 방법은 나무의 밑동을 베어내거나 드릴로 중심부까지 뚫어 조직을 떼어 확인할 수 있다. 나이가 몇백 년을 넘어가면 확인이 곤란하다. 이 경우 방사성 동위원소(C_{14})법으로 세포의 나이를 비교적 정확하고 과학적인 방법으로 측정이 가능하다.

46

울릉도 이천 년의 세월을
<장수목의 특징>

우리 땅에서 약 1,500종의 수목이 자란다.
관목보다는 교목이, 활엽수종보다는 침엽수종이 더 오래 산다.
장수하는 수종의 몇 가지 공통적인 특징이 있다.

줄기에 상처가 생기면 새살을 만들어 상처를 감싸는 능력이 빠르다. 또 두껍고 단단한 수피로 물리적 충격이나 산불, 기상변화에 잘 적응한다. 그리고 상처가 생기면 항균성 또는 내충성 대응 물질을 만들어 목질부를 잘 보호한다.

국내에서 수백 년씩 장수하는 수종은 침엽수로 향나무, 주목, 은행나무, 소나무, 곰솔, 백송이 있고, 활엽수는 느티나무, 회화나무, 팽나무, 왕버들, 굴참나무 등이 대표 선수들이다. 이 수종들은 장수 조건을 모두 갖춘 나무이다.

우선, 가지가 부러지거나 전정을 하면 상처가 생기고 이를 통하여 병균이나 해충이 침입하게 된다. 장수하는 나무들은 상처를 새살로 감싸는 유합조직Callus의 생성력이 빠르다. 또한, 상처로 침입한 부후 곰팡이는 줄기를 통해 사방으로 퍼지는데, 이러한 곰팡이의 확산을 막기 위해 부패부위를 가두어 놓는 구획화^{CODIT} 능력도 다른 수종보다 우수하다. 다시 말해서 병균이 침입하면 쉽게 방어체계를 갖춘다.

그리고 단단하고 두꺼운 수피를 가져, 상처가 잘 생기지도 않으며 산불에도 잘 견딘다. 여름철 고온과 겨울철 저온은 물론 가뭄에도 인내 능력이 뛰어나다. 향나무나 주목은 항균성 물질을 만들어 부패를 막아낸다. 소나무는 송진으로 구멍을 막아 공기의 흐름을 차단하여 해충의 피해를 스스로 예방한다.

주목도 대표적인 장수목이다. '살아 천 년, 죽어 천 년'이라는 말이 있다. 노목은 대부분 고산의 서늘한 곳에서 자란다. 수령이 1,400년으로 알려진 주목이 있고, 울릉도에는 2,000년이 된 향나무가 있다. 우리나라에서는 최고령 장수목으로 알려진 나무들이다.

은행나무도 장수목이 많은데, 본래의 수형이 굵은 원줄기와 가지의 흐름이 예각으로 만세를 외치는 모습이라서 가지 부러짐이 적은 편이다. 수피가 두껍고 심각한 병해충이 거의 없다. 심근성 수종으로 바람에도 잘 견디고 건조에도 강하다. 오래 살아갈 수 있는 조건을 죄다 갖추고 있는 나무이다.

공원의 입구나 도로변에 아름드리 벚나무를 흔하게 볼 수 있다. 안타깝게도 가지를 자른 자리가 썩어 큰 구멍이 나 있고, 이런 곳으로 여러 해충의 침입이 용이하다. 보기에도 흉물스럽고 쇠약하여 수명이 길지 않다. 벚나무는 절단하면 상처가 잘 아물지 못해 병충해의 피해가 커서 오래 살지 못한다.

문화재청에서는 정기적으로 노거수를 조사하여 장수 개체 중에서 문화적 가치를 고려하여 천연기념물로 지정하여 보호하고 있다. 또한 각 지방자치단체에서도 보호가치가 있는 고령의 수종을 엄선하여 보호수종으로 지정 관리한다.

현재 남한지역에서 가장 오래 살고있는 나무는 주목朱木이다. 강원도 정선군 사북에는 수령이 1,000년을 넘는 3그루의 주목이 있다. 두위봉 해발 1,280m의 경사지에서 자라 키가 17m, 밑동 둘레 5.85m, 흉고 둘레 4.32m다. 수관 장폭이 10.7m로 나이는 1,400년이며, 인근 두 주목의 나이도 각각 1,100년, 1,200년으로 판단했다.

이 경우 산림청에서 나이테 채취법으로 확인하여 천연기념물로 지정했지만, 대부분의 노거수는 단순한 기록이나 전해오는 구전과 전설, 역사성 등에 의하여 나이를 추정한다. 두위봉의 주목은 생물학적 특징을 근거로 나이를 증명한 것이다.

울릉도 도동에 1,000년 이상 수령의 향나무 군락이 있다. 그중 2,000년 이상의 개체도 존재한다고 한다. 사람들의 발길이 아직 닿지 않은 산림의 깊숙한 지역에서는 고령의 거목들이 더 자라고 있는지도 모른다. 우리 땅의 고귀한 자원이다.

47

좋아하는 게 아니라 잘 버틴다
<음수와 양수>

나무는 대다수가 햇빛이 많아야 좋은데, 그렇지 않아도 잘 사는 나무가 있다. 햇빛의 양과 생존과의 관계로 양수陽樹와 중성수中性樹, 음수陰樹로 구별한다.

어느 나무나 햇빛이 있어야 광합성을 하고, 생장에 필요한 에너지를 얻는다. 광합성량은 빛의 광도에 비례한다. 햇빛은 식물의 자람에 핵심 인자이다.

수종별로 살아갈 수 있는 최소한의 광도는 그 수종의 내음성耐陰性에 달렸다. 내음성은 나무가 살아가면서 그늘에서 삶을 견디는 성질이다. 주목, 금송, 회양목, 사철나무 등은 전광全光*의 3% 이하의 짙은 그늘에서도 잘 사는 극음수다. 내음성의 최강자로 뛰어나다. 이런 수종은 광량이 적은 특이환경에서 최적화된 적응종만 가능하다.

전나무, 솔송나무, 단풍나무류, 칠엽수 등은 전광의 10%에서 살 수 있어 음수로 본다. 숲속 그늘에서 서서히 자라는 수종들이 이에 속한

---

* 전광(全光) 하짓날 대낮에 아무 그늘 없이 최대한으로 비추는 광이다.

다. 식생천이植生遷移**의 마지막 단계에 그늘에서부터 자라 올라가 숲을 최후에 점령하는 숲 지킴이 수종이 음수이다.

잣나무, 참나무류, 철쭉류, 개나리, 목련 등은 전광의 10~30%로 중성수이다.

소나무, 은행나무, 향나무, 느티나무, 벚나무 등은 햇빛을 좋아하는 양수이며, 전광의 30~60%를 필요로 한다.

낙엽송, 자작나무, 버드나무 같은 수종은 햇빛 없이는 못 사는 극양수이다. 전광의 60% 이상에서 살아간다. 내음성이 거의 없다. 그늘에서는 살기 부적합한 별종이다. 〈표 4〉 참조

〈표 4〉 조경수종의 양 · 음수 분류표

분류	수광률	침엽수종	활엽수종
극음수	1~3%	개비자나무, 금송, 주목, 나한백	굴거리나무, 백량금, 사철나무, 호랑가시나무, 회양목, 자금우
음수	3~10%	비자나무, 가문비나무류, 솔송나무, 전나무류	단풍나무류, 서어나무류, 칠엽수, 함박꽃나무, 녹나무, 송악, 너도밤나무
중성수	10~30%	잣나무류, 편백, 화백	개나리, 노각나무, 느릅나무류, 때죽나무, 동백나무, 마가목, 목련류, 물푸레나무류, 산나무, 산딸나무, 생강나무, 수국, 은단풍, 참나무류, 철쭉류, 탱자나무, 피나무, 회화나무
양수	30~60%	낙우송, 메타세쿼이아, 삼나무, 소나무류, 은행나무, 측백나무, 향나무류, 히말라야시다	가죽나무, 과수류, 느티나무, 등나무, 라일락, 모감주나무, 무궁화, 배롱나무, 벚나무류, 산수유, 오동나무, 오리나무, 위성류, 이팝나무, 자귀나무, 주엽나무, 쥐똥나무, 층층나무, 백합나무, 플라타너스
극양수	60% 이상	낙엽송, 대왕송, 방크스소나무, 연필향나무	두릅나무, 버드나무, 붉나무, 자작나무, 포플러류, 예덕나무

※ 수광률은 전광 대비율이고, 전광(全光)은 햇빛이 아무 그늘도 없이 최대로 비칠 때의 광(光)이다.

** **식생천이(植生遷移)** 한 지역에서, 시간의 흐름에 따라 일어나는 식물 군집의 변화가 점진적으로 일어나는 일이다.

자유공간인 숲속에서는 각자 살아가는 방식대로 존재한다.

대체로 모든 나무들은 햇빛양이 많을수록 건강하고 또 잘 자란다.

실내 조경에서 나무의 건강은 조도로 좌우한다. 실내 조도는 2,000럭스 이상이라야 좋다. 조도가 부족한 실내에서는 햇빛이 있는 창가 쪽으로 배치하고 화분의 방향을 자주 바꾸어 햇빛을 고루 쪼여야 균형적으로 식물이 잘 자란다.

우리가 상식으로 아는 '음수는 음지에서 더 잘 자라는 나무'로 착각하고 있다. 사실과 다르다. 햇빛을 더 좋아하지만 음지에 견디며 자라는 능력이 있다는 뜻이다.

양수와 음수의 간단한 분류기준은 그늘에서의 내음성 정도다. 햇빛의 정도 차이가 아닌 그늘에서 견디는 성질로 정한다.

양수陽樹는 산불이 난 곳이나 새로 개간하여 햇빛이 잘 드는 곳에 선구수종先驅樹種***이다. 이들이 임야의 개척자이다.

양수나 음수의 구별은 조경설계에서 매우 중요하다.

햇빛의 정도나 건물의 좌향에 따라 수종도 다르게 적용된다. 최근에 대형단위의 산업단지, 농공업 단지, 아파트단지, 도심공원 등을 조성하면서 자연의 풍광을 재현하려는 조경의 시도는 새로운 시사점을 준다.

큰 면적의 조경에서 어린나무의 밀식과 양·음수의 분별없는 혼식, 계절감을 경시한 혼재, 색채의 부조화 등 문제점이 있다.

*** 선구수종(先驅樹種) 초기 천이의 나지 혹은 초지에 먼저 침입하여 정착하는 나무를 말한다.

48

심을 자리를 보고 골라야
<양수와 음수의 구별>

정원을 조성함에 있어 심을 자리를 제대로 잡기만 해도 절반은 성공이다.

모든 식물은 햇빛을 좋아한다. 햇빛은 모든 에너지 생성의 근원이다. 양수는 그늘에 살 수 없고, 음수는 음지에서 잘 견디므로 양지와 음지에서 모두 살 수 있다. 그늘에서 자라는 양수는 수관이 엉성해 단박에 구별할 수 있다.

양지에서 자라는 식물은 충분한 햇빛으로 광합성 작용이 활발해 탄수화물을 만들어 생장이 왕성하고 건강하다. 잔가지와 잎이 많고 수관이 풍성하다. 잎은 탄수화물을 만드는 공장이다. 잎이 많아 광합성량도 늘고 당연히 영양분이 많아지니 더 잘 자랄 수밖에 없다. 광합성의 생산물이 형성층의 세포분열을 촉진하고 잉여 에너지를 저장하여 몸통이 굵어진다.

광합성 생성물인 탄수화물은 지상부의 생장을 먼저 지원한다. 그리고 일부 에너지는 지하부의 대사활동에 전달하여 근계발달을 촉진하고 더 많은 양분과 수분을 흡수하는 데 쓰인다. 지상부의 성장과 지하부 뿌리의 근계확장에 우선 사용된다. 그래도 남는 생산물은 생식기관인 꽃과 열매에 쓰인다. 나무의 건강이 좋아야 가을철 탐스러운 열매를 볼 수 있다.

수목의 전반적인 세력이 약하다면, 꽃과 열매를 제거해 영양분의 손실을 줄여줘야 수세 회복에 도움이 된다.

그늘에서 자라는 나무는 긍정적인 연쇄반응에 약하다. 광합성이 부족해 필요한 에너지가 적어 기본대사가 항상 부족하다. 생장이 저조하며, 외관이 부실하고 외부의 자연환경에 취약해진다. 가지와 잎의 수가 적어 수관이 빈약하다. 뿌리의 발달이 약해지면 수분과 무기양분의 흡수도 줄어 꽃과 열매의 건강도 부실해진다. 쇠약의 악순환이다.

나무가 한겨울 추위를 잘 극복하려면, 가을에 많은 생체 에너지를 모아 설탕, 지방, 수용성 단백질로 전환하여 세포 내에 축적해야 한다. 영양분이 충분히 쌓여야 추위를 견딜 내한성耐寒性도 높아진다. 수액樹液의 농도를 높여야 빙점氷點이 낮아지므로 혹한에도 잘 견딜 수 있다.

따지고 보면, 나무의 생장과 형태를 결정하는 가장 중요한 외부요인이 햇빛이다. 토양과 기후는 인위적 조작이 불가능하지만, 나무가 하루에 받는 햇빛의 양은 전지나 옮겨심기 등으로 여건을 바꿔줄 수 있다.

조경에서 수목관리Arboriculture라는 분야가 있다. 심을 곳의 생육조건을 판단하여 알맞은 수종선택과 배식, 식재 간격, 솎아내기, 전정을 통하여 나무의 일생을 계획적으로, 건강하고 아름다운 모습으로 가꾸는 일련의 총체적인 일이다. 중요한 분야로 세심한 전문성이 요구된다.

인간복지와 동물복지에 이어 식물복지가 대두되고 있다. 최근에 사회적으로 좋은 반응을 보인다. 함께라는 전제로 삶을 아우르면 사람의 행복도가 높아진다.

49

음지를 좋아하는 나무는 없다
<음수의 성질>

 음수의 성질은 우리가 알고 있는 내용과 좀 다르다.
 대다수의 사람들이 햇빛이 쨍쨍한 양지보다는 음지를 더 좋아하고 잘 자라는 수종으로 인식한다.
 음수도 양수처럼 햇빛을 좋아하고 햇빛 아래서 더 건강하게 자란다. 다만, 양수와 다른 특징은 음지에서도 잘 자란다는 사실이다.
 식물에게 햇빛은 에너지를 생성하는 가장 소중한 요소이자 광합성의 주체이다. 어떤 식물도 그늘을 선호하는 종은 없다. 그저 잘 적응할 뿐이다.
 그늘에서 견디는 능력耐陰性에 따라 양수陽樹와 음수陰樹로 분류한다. 양수는 그늘에서 살아가기 어렵다. 음수는 양지뿐 아니라 음지에서도 잘 살아갈 수 있는 수목이다.
 주목이나 잣나무처럼 일부 수종은 발아幼苗 시 강한 햇빛보다는 음지를 선호하는 경우가 있다.
 음수도 양지에 심으면 건강하고 수세가 좋게 자란다.
 나무의 건강 정도는 광합성의 효율과 직결된다. 햇빛을 받아 탄수화물로 만들어진 합성물로 항균성과 내충성을 키운다. 월동기에는 세포 안에 설탕의 농도를 높여 어는점빙점을 낮춰야 겨울을 잘 견딘다. 대기오염에 견딜 저항물질의 생성, 상처 치유력 모두 수세와 비례한다.

실제로, 개나리와 철쭉류는 중성수이지만 햇빛을 충분히 받아야 더 선명한 꽃을, 그리고 더 많이 피운다. 그늘에서는 꽃의 수도 적지만, 작게 피며 화색이 선명하지 못하다.

음수도 그늘에서 오래 자라면 잎의 수량이 감소하고, 수관도 볼품이 없다. 줄기도 가늘어 쇠약해진다. 그늘에서는 햇빛 부족으로 광합성이 저조하고, 탄수화물이 부족하여 줄기나 뿌리의 발달이 미진하다.

빈약해진 뿌리는 무기양분과 수분의 흡수력이 약해 병해충의 저항력이 낮고, 내·외부의 환경적응성이 떨어진다.

처음 계획단계인 배식 설계부터 세심하게 조경수의 개별 속성을 살펴서 결정해야 한다.

음수 중에 극음수極陰樹는 전광의 3%에서도 살 수 있는 수종이다. 개비자나무, 금송, 나한백, 주목, 백량금, 사철나무, 식나무, 호랑가시나무, 회양목이 있다. 그래도 하루에 1~2시간은 빛이 들어야 한다.

음수는 전광의 10%에서 살 수 있는 나무로 가문비나무, 비자나무, 솔송나무, 전나무류, 단풍나무류, 서어나무류, 칠엽수, 함박꽃나무가 있다. 이들 수종의 특이성을 고려하여 식재하면 된다.

조경수의 식재는 관리자의 선호도에 맞는 기본설계가 가장 중요한 포인트Point이다.

50

이파리도 음양에서 다르다
<양엽과 음엽>

식물은 자라면서 잎이 많아지며 더 큰 그늘을 만든다.

한 개체의 모든 잎들이 더 많은 햇볕을 받기 위해 방향과 크기를 달리한다. 그 많은 잎들은 가지에 달려 있지만 똑같은 방향과 크기를 한 잎은 단 한 개도 없다고 한다. 자연의 섭리이다. 수관이 커지면서 잎끼리 겹쳐져 아래에 있는 잎은 햇빛이 늘 부족하게 된다. 흐린 날은 빛이 더욱 적다. 식물은 이러한 문제를 보완하기 위해 애초부터 양엽과 음엽을 나누어 만든다.

양엽陽葉은 수관의 외부 쪽에 분포하고 있어 항상 햇빛을 마음껏 받으며 자라는 잎이다. 잎의 크기가 작고 두껍다. 잎을 작게 하는 이유는 배려다. 아래 가지에서 자란 잎에게 햇빛이 더 가도록 하기 위해서다. 수분 증산을 줄이려고 잎 표면은 두꺼운 왁스층으로 코팅을 한다. 또한 엽록소 함량이 많아 짙은 녹색을 띤다.

양엽은 여름철 더위를 낮추기 위해 담쟁이덩굴이나 가새뽕나무의 잎처럼 결각缺刻*의 형태도 있다. 양엽은 음엽보다 광포화점光飽和點**

---

* **결각(缺刻)** 식물 잎의 가장자리가 깊이 패어 들어간 부분으로 무나 가새뽕나무 잎에서 볼

이 높아 맑은 날 음엽의 2배 이상 광합성을 한다. 양엽은 광량이 많아야 광합성이 활발하지만 음엽은 광량이 적은 곳에서도 활발하다.

음엽陰葉은 수관의 안쪽 그늘에서 처음부터 만들어진 잎이다. 잎의 면적이 크고 얇다. 더 많은 광을 받기 위해서다. 얇은 왁스층으로 엽록소 함량이 적어 연록색을 띤다. 음엽은 원래 광포화점이 낮아 평소 그늘에서도 정상적인 광합성을 한다. 특히 흐린 날 광도가 낮을 때는 양엽보다 오히려 광합성이 50% 정도 많다고 한다.

한 개체의 식물에서 양엽과 음엽의 분화는 햇빛의 강도로 결정된다. 잎이 만들어질 때 햇빛을 충분히 받으면 양엽으로 분화된다. 반대로 수관의 안쪽 그늘에서 만들어지면 음엽으로 만들어진다.

햇빛을 충분히 받으면서 자란 나무는 양엽과 음엽의 적정한 분포로 양지나 음지에서도 적응하며 효율적으로 광합성을 할 수 있다.

건강한 성장이 수목 간 경쟁에서 훨씬 유리하다. 자연의 생태계서도 마찬가지이다. 자연의 이치이자 또한 자연의 명령이다.

날씨가 맑은 날은 양엽이, 흐린 날은 음엽이 광합성 가동을 극대화한다. 음수의 대표 수목인 주목은 그늘에서도 잘 자라지만 양지에서 더 건강하고 풍성하게 자라며 미적 외형을 갖춘다는 사실로 확증한다.

아파트 실내의 따뜻한 그늘에서 자라던 엽관목을 봄에 햇빛으로 내놓으면 수일 내로 잎이 가장자리부터 누렇게 변하거나 낙엽이 된다. 누런 잎은 햇빛에 탄다고 하여 일소현상日燒現象이라 불린다.

식물이 갑작스럽게 강한 햇빛을 받으면 식물의 잎, 과실, 줄기 등의 조직에 이상이 생긴다. 새잎보다는 기능이 노화된 묵은 잎에서 먼

수 있다.
** 광포화점(光飽和點) 식물의 호흡작용에서 빛을 더 강하게 비추어도 광합성량이 증가하지 않는 한계 시점으로 빛의 세기로 최대 광합성을 하는 작용시점이다.

저 심하게 나타난다. 음엽에 과도한 햇볕이 문제의 발단이다.

햇빛으로부터 옮겨져 자라 나온 잎은 잘 적응하면서 자라 멀쩡하다. 그늘에서 오래 자란 식물은 서서히 조금씩 햇빛에 노출 시키면서 옮기면 피해를 줄일 수 있다.

요즘, 아파트나 사무실 실내에서 키우는 벤자민은 뽕나무과의 무화과나무이다. 작은 열매가 무화과다. 잘 자라고 기르기 쉬워 누구나 선호하는 식물이다. 벤자민은 햇빛을 좋아하지만 그늘에서도 별 탈 없는 음수 또는 중성수로 분류한다.

벤자민은 여름에 야외에서 처음부터 기르면 햇빛에 노출되어 모든 잎이 양엽으로 자란다. 겨울에는 실내에서 살면서 햇빛이 부족해 새 잎이 아예 음엽으로 태어난다. 벤자민을 양지에서 음지로, 음지에서 양지로 옮기면 잎이 떨어지거나 마르는 이유이다.

이런 변화를 줄이려면 2개월 전부터 반그늘로 적응시켜 음엽을 중성 잎을 만들어 환경을 바꾸어 주면 된다. 다른 수목도 마찬가지이다. 나뭇잎에게 햇빛 적응 기간을 넉넉히 주어야 한다.

Part 5

수목 관리

51

큰키나무 아래는 비워야
< 교목과 지피식재 >

교목喬木의 입장에서 보면, 뿌리는 땅속 깊은 곳에서 자란다.

지면에서 자라는 잔디나 관목이 물과 공기, 양분을 먼저 빼앗는다. 교목의 뿌리 호흡에 지장을 주므로 성장 발육에 당연히 저해가 된다.

수목의 잔뿌리는 연중 새로 만들어진다. 숨을 쉬기 때문에 산소공급이 용이한 겉흙 근처인 지표 20cm 이내에 집중분포한다. 땅의 겉면은 빗물을 흡수하기 좋고, 계속 낙엽이 쌓이고 썩어 생긴 무기양분도 많다. 항상 촉촉하며 수분과 양분의 흡수에 모두 유리한 토양이다.

최근에는, 정원을 조성하면서 보기 좋다는 이유로, 교목 아래에 잔디, 초화류, 관목을 심어 복잡하게 꾸미는 추세이다. 잔디나 초화류, 관목의 뿌리 바로 밑에 교목의 잔뿌리도 있다는 사실을 무시한 경우이다.

교목에게는 물을 줄 때나 시비 시에 불리하다. 위에서 다른 식물이 대부분을 흡수하여 그 아래까지는 내려가지 않는다. 또한 교목은 그 아래에 뿌리가 있어 공기 호흡에도 불편하다.

큰 나무의 생장과 건강을 위해서는 교목 밑에 다른 식물을 심지 않는 것이 좋다. 미적인 효과를 위해서는, 교목의 바로 아래는 일정 둘레를 낙엽이나 바크수피 등으로 멀칭을 한다. 또는 보기 좋은 조경 재료로 울타리를 만들어 가급적 하층식재는 제한하고, 토양의 답압을 막아야 좋은 식재 방법이다.

 교목의 관수는 땅속 아래 60cm 깊이까지 흙이 충분하게 젖을 양을 주면 자주 관수할 필요가 없다. 조경수의 건강한 관리를 하기 위해서는 수시로 물과 거름을 주어야 하고, 때로는 제초도 해야 하므로 일정 공간을 비워야 한다.

 바람과 햇빛이 제대로 소통되어야 토양이 건강하다. 조경수목은 관리하기 쉬워야 수세의 건강을 유지하고 아름다운 수형으로 가꿀 수 있다.

52

또 다른 天上庭園을 탐하다
<옥상 조경>

요즘은 건물의 옥상에 미관조경을 하는 사례가 늘고 있다. 보기도 좋지만 동·하절기 온도 조절 기능도 있다. 제일 먼저 건물의 인내하중을 따져봐야 한다. 다행스럽게 가벼운 인공토양이 있어, 자연토양과 적절히 혼합하여 이용한다.

옥상은 배수도 관건이다. 옥상은 지면보다 높은 부분에 있어 바람이 많다. 바람에 견딜 키 작은 식물관목, 초화류을 고르고, 겨울을 견디는 식물 종으로 심어야 한다. 요즘 다육식물의 일부 식물이 가능하다.

옥상조경 조성의 걸림돌은 바닥의 방수 처리와 배수, 바람, 토량의 무게이다. 바닥 방수는 고무시트 방수, 우레탄 방수, FRP 방수법 등이 있다. 식물의 뿌리가 방수층을 뚫고 들어가는 것을 막기 위해 방근 시트로 방근防根 처리를 한다. 방근시트에는 뿌리가 기피하는 구리 화합물이 들어 있다.

배수는 장마철 과습으로 뿌리가 부패됨을 막고, 호흡을 증진시켜 성장을 좋게 한다. 바닥은 물 기울기인 물매경사가 중요하다. 플라스틱 재질의 내압 배수판을 깔고, 그 위 배수층으로 펄라이트, 화산석을 5cm 두께로 덮는다. 다시 그 위로 투수용 시트나 부직포를 깔고 토양을 채운다.

토양은 가벼운 인공토양을 섞은 개량토양을 넣는다. 인공토양은 비중이 작고 보수력과 통기성이 좋다. 질석, 펄라이트, 유기질 비료와 완숙퇴비를 적정비율로 섞어 사용한다.

천연토양은 식물이 필요한 무기양분을 공급할 산흙, 마사토, 모래를 혼합하여 넣는다. 옥상조경은 흙의 깊이가 깊지 않아 바람에 약한 교목은 좋지 않다. 반송, 철쭉, 조팝나무 같은 관목이나 배롱나무, 자목련, 무궁화 등 아교목 수종도 키를 낮추어 심는 것이 바람직하다.

관수도 중요하다. 옥상에는 바람과 햇빛이 많아 쉽게 토양이 마른다. 수시로 확인하고 듬뿍 물을 주어야 한다. 점적관수나 타이머를 붙인 스프링클러로 아침에 관수하면 식물에게 이롭다.

인공토양에는 식물이 필요로 하는 양분이 거의 없어 유기질 비료나 퇴비로 무기양분을 별도로 공급하여야 한다.

부엽 퇴비나 액비液肥 물비료를 사용해도 좋다.

53

도로에 심은 가로수도 조경수다
<가로수 조건>

　도로의 주변에 줄지어 심어진 교목喬木이 가로수이다. 숱한 소음과 대기오염 등 수난을 겪어가면서 잘도 견딘다.
　대로의 양쪽에 우람한 가로수가 도열되어 있으면 도심지의 격이 높아 보인다. 심지어 그곳에 사는 사람의 의식 수준을 가늠하는 기준처럼 보이기도 한다. 실제로 문화인이 생활하는 도시의 가로수는 거리와 건물의 정서에 잘 어울려야 한다. 잘 정돈된 도로는 그만큼 사람의 손길이 있어서 가능하다.
　현대 도시는 유휴공간과 녹지공간 확보가 새로운 평가의 척도이다. 가로수는 큰키나무喬木로 식재된다. 간혹, 폭이 넓은 도로의 중앙분리대에 심겨진 나무는 영산홍이나 반송, 배롱나무, 소형 측백나무·향나무 등 관목을 섞어 이국적 분위기를 주기도 한다. 계절별로 꽃과 단풍이 주는 아름다움은 보너스다.
　가로변에 심는 나무는 까다로운 조건에 적합해야 한다. 도시의 독특한 오염환경에 탈 없이 적응하여 가지를 잘 뻗고 짙은 녹음도 지녀야 한다.

이식 후 활착력과 맹아력, 상처 치유력, 기후 적응력, 내병충성, 내공해성을 골고루 갖추는 것도 기본이다. 만능적인 존재력이다. 게다가 그 지역의 향토성이 있으면 그 지역의 이미지 홍보에 커다란 도움이 된다.

실제로 가로수로 살아가는 식물에게는 고통이다. 이로움이 별로 없기 때문이다. 예전에는 대부분의 수종이 플라타너스, 포플러, 은행나무, 벚나무 등 한정 수종 위주였다. 요즈음은 각 지방자치 단체마다 특정 수목으로 조성하고 있다. 다양성이 커 바람직하다.

이팝나무, 회화나무, 꽃개오동, 소나무, 곰솔, 느티나무, 단풍나무, 팥배나무, 산수유나무, 마로니에 등이 있다. 심지어 영동에 가면 감나무 가로수가 있고, 예산에는 사과나무, 논산 연산에는 대추나무 등 지역 특산 과수종의 가로수도 있다. 이들 나무들은 가로수로도 손색이 없다. 역사와 문화적 향수가 얽힌 나무들이다. 점차로 수종이 늘고 있어 지역마다 거리마다 특색이 있고 지역을 알리는 일등공신이다.

가로수로 키우려면 몇 가지를 갖추어야 한다.

교목으로 자라며, 지하고는 2m 이상, 양묘가 용이하고, 활착 생존율이 높아야 한다. 초기 생장이 빠르고, 맹아력, 짙은 녹음이 있어야 합격이다. 더불어 더위, 추위, 건조, 과습에 잘 버티고, 심근성 뿌리가 좋다. 잎과 열매에서 불쾌한 냄새와 알레르기성, 가시가 없어야 한다. 단풍이 있으면 계절감을 주고 가을이 더 아름답다.

암꽃에서 나는 종모나 열매로 미관을 해치면 가로수나 조경용으로는 은행나무처럼 수나무만 선택하는 것을 권장한다.

그간 우리나라에서 가로수의 변천사가 있다.

가장 흔한 나무로 플라타너스양버즘나무와 포플러, 버드나무로 시작해서 해방 이후 은행나무와 느티나무가 도입되었다. 이후로 벚나무,

단풍나무, 메타세쿼이아, 백합나무, 회화나무, 칠엽수로 수종이 확대되었다. 최근에는 화려하게 꽃 피는 이팝나무, 배롱나무, 무궁화 같은 화목花木 수종을 선호하는 편이다. 지역별 특산종 과수도 많이 늘고 있다. 한반도 삼천리가 조금씩 조금씩 금수강산이 되어 간다.

플라타너스Platanus는 버즘나뭇과의 낙엽 활엽 교목이다. 높이는 40~50m이다. 나무껍질에 흰무늬가 있고 버즘나무에 비하여 잎이 얕게 갈라지고 열매는 한 개 또는 두 개씩 달린다. 주로 가로수로 심는데 북미가 원산지이다. 우리나라에서도 가로수로 가장 많은 이유가 구비조건을 모두 갖춘 표준나무이기 때문이다. 역할에 충실했고 애환이 많은 도입종이지만 우리 땅에서 토착종보다 더 널리 알려진 조경수이다.

도시의 공원은 미세먼지의 저감과 도심지의 열섬현상 억제, 산소 공급을 한다. 대기오염물질은 잎의 표면에 흡착 또는 흡수한 뒤 잎이 지거나 강풍, 강우에 세정하는 과정을 자연적으로 반복한다.

플라타너스는 도시의 공기정화기이다. 도심의 가로수는 공해나 매연에 찌든 도시의 공기를 정화하는 효과가 있어야 한다. 잎의 겉면에 매우 작은 솜털이 촘촘하여 공해와 매연을 빨아들이는데 뛰어난 능력이 있다.

소나무는 맹아력과 공해, 병충해에 취약하여 가로수로 부적합하지만 일부 지역에 식재된 것을 볼 수 있다. 장점보다는 단점이 많아도 수종의 다양화, 상록수, 수형의 아름다움 등 한민족의 정서에 부합하는 수종이다. 소나무는 가로수보다는 공원수로, 독립수가 아닌 군식에 더 멋지게 어울리는 나무이다. 더 깊은 관심과 보살핌이 절실한 수목이다.

현재 전국의 가로수 분포 순위는 왕벚나무, 은행나무, 이팝나무, 느티나무, 무궁화 순으로 랭킹 5위까지 서열이다.

식물에게는 봄과 여름, 가을을 감지하는 센서가 있다. 식물 진화의 산물이다. 온도의 변화보다는 낮의 길이가 짧아지거나 길어지는 일장 日長의 변화로 감지한다. 잎에는 피토크롬Phytochrome* 색소가 밤의 길이를 측정하여 길어지면 겨울 준비를 한다.

가로등은 가로수의 사이에서 야간에, 높은 조도로 낮의 길이를 연장하는 일장효과가 있어 수목의 생리적 변화를 줄 수 있다. 식물에게는 여름이 이어지는 것으로 착각을 준다. 문제는 늦은 가을까지 자란 연약한 줄기는 겨울이 오면 심한 동해를 입는 것이다.

가로등 불빛으로 인한 수목의 생리활동에 미치는 영향은 적다. 반면에 초본식물은 더 예민할 수 있다.

겨울철에는 모든 나무가 휴면 중인데, 줄기에 꼬마전등 줄을 친친 감고 있는 것을 볼 수 있다. 수목은 기온이 낮으면 휴면상태가 계속된다. 대기의 기온이 5°C가 넘으면 나무 체내에서 반응한다. 겨울눈이 세포분열을 하고 상록수는 광합성과 증산작용을 개시한다.

꼬마전등으로 나무는 일장효과로 감지할 수는 있으나 조도가 낮고 열량이 적어 영향은 거의 없다. 나무의 휴면을 깨우거나 일장효과를 줄 만한 자극은 되지 않는다. 그러나 적정한 정도가 현명하지 않을까?

길에서 만나는 나무는 그 길의 상징이다. 만남 이상의 의미가 있다. 단풍나무길, 회화나무길, 은행나무길, 배롱나무길 등 기억할 소재가 있으면 그 지역의 특징이 돋보인다. 길가의 나무에 색다른 이미지를 입히는 것이다. 동넷길골목길에 이미지메이킹Image making을 한다.

지역을 상징하는 나무로 가로수를 심으면 거리를 지나는 사람들에게 그 지역의 향수를 자극할 수 있다. 지역주민의 자긍심을 높여주고 지역색을 돋보일 수 있다.

---

* **피토크롬(Phytochrome)** 식물의 단백질 색소의 하나로 빛의 유무, 일조 시간, 빛의 특성에 따라 식물의 성장과 발육을 제어한다.

54

適地適樹 개별적인 선택
<조경 수종의 선정>

　내가 좋아하는 조경수를 고르는 일은 쉽지 않다. 그 개체의 속성과 일생을 미리 알아야 관리 할 수 있기 때문이다. 그 지역의 적응성과 초기 활착력도 중요하다. 제대로 알지 못하면 거부감이 먼저 생긴다.
　외국의 공원이나 가정의 정원에는 아름드리 정원수가 몇 그루씩 있다. 선대부터 몇백 년씩 오래 가꾼 나무들이다. 한 그루의 나무를 심더라도 긴 안목으로 결정하여야 한다. 정원수는 단순한 생각으로 판단하는 생활 소모품이 아니라 살아있는 생물체이다. 정서가 깃든 나무이다.
　조경수를 기본적인 설계에 따라 식재하는 것은 철칙이다. 다만 어린 치수를 초기에 밀식하면, 우선 보기에는 어울릴지 모르나 성장하는 과정이나 성목이 되었을 때 수관을 충분히 감안한 간격과 수종 간 어울림에는 아쉬움이 남게 된다.
　밀식되면 가지끼리 서로 부딪쳐 그늘이 되고 통풍이 어려워진다. 당연히 병충해가 서식하기 알맞은 환경이 되어 피해를 입는다. 조경수끼리 경쟁수가 되어 수관마저 망가진다.

도심의 가로수 밑하층식재에 심는 관목은 사철나무, 쥐똥나무, 회양목, 꽃댕강나무, 개나리가 대표적인 사례이다. 처음 심은 상태 그대로 자라 너무 빽빽하다. 생장도 저조하고 햇빛을 제대로 받지 못하고, 물도 양분도 없어 약할 수밖에 없다. 지저분해지고 가로수와 어울리지도 않는다.

최근에는 중부지방에서 조경수로 배롱나무, 대나무, 동백나무, 은목서, 홍가시나무, 남천 등을 늘려가고 있다. 남부지역에서 잘 자라는 나무들이다.

우리나라도 점차 온난화의 영향으로 동절기 평균기온이 높아지고 있다. 10년간 잘 자랐지만 한 번 추운 겨울을 맞으면 모두 얼어 죽는다. 최근에 날씨가 따뜻해지더라도 내한성이 약한 수종은 불안하다. 변덕스러운 기온을 예측하기도 어렵고, 미리 알아도 후속 방안이 별로 없다. 내한성은 해당 지역에 맞게 최소 10년 정도 과거의 사례와 빈도로 예측하여 판단하여야 한다. 조경수는 그 개체의 생육 특성에 맞는 여유로운 공간과 토양 및 환경이 고르게 갖추어져야 제대로 자란다. 건강한 개체에서 멋진 잎과 꽃, 열매를 볼 수 있다. 자연에서도 공짜는 없다.

정원을 조성함에 있어, 가장 이상적인 경관의 상록수와 활엽수의 비율은 4:6이 무난하고, 건강한 생태 조경을 위해 자연스러운 교목과 관목의 층위가 이루어져야 한다. 수평적 수직적 층위가 어울려야 한다.

키큰 나무층, 중간층, 키작은 나무층, 하층 식생 등 입체적인 층계가 요구된다. 현재의 조경은 활엽수 위주로 이루어지고 있으나, 상록성 침엽수의 다양한 혼식이 조경미를 더해 준다.

수목의 수형, 잎의 크기와 색깔, 개화와 향기, 열매, 가을 단풍과 줄기의 조경미도 깊이 있게 고려하면 좋다. 〈표 5〉 참조

〈표 5〉 월별 수종별 개화기

월	활엽수		상록수		만경류
	교목	관목	교목	관목	
2월	매실	풍년화			
3월	매실, 복사, 생강	개나리, 산수유, 영춘화	동백		
4월	아그배, 목련, 산벚, 살구, 왕벚, 이팝	개나리, 명자, 미선, 박태기, 병아리꽃, 산수유, 산철쭉, 수수꽃다리, 앵두, 옥매, 자목련, 조팝, 진달래, 철쭉	동백	만병초	으름덩굴
5월	때죽, 백합, 산딸, 오동, 일본목련, 쪽동백, 층층	가막살, 땅빗싸리, 모란, 병꽃, 장미, 쥐똥, 철쭉	홍가시		등, 인동덩굴, 줄장미, 찔레
6월	참중	산수국, 석류, 수국, 빗살, 조팝		왜철쭉, 차자	으아리
7월	노각, 배롱, 모감주, 자귀	무궁화		겹치자, 유엽도	능소화, 으아리
8월	배롱, 자귀, 회화	무궁화, 싸리			능소화
9월	배롱	싸리			
10월		장미	금목서, 은목서, 호랑가시		

※ 나무 이름 뒤에 '나무'는 생략표기(매실나무 → 매실)

　조경수는 나무의 수관을 제 모양으로 만들기 위해서는, 심는 거리를 넓히고 수종에 알맞은 전문적인 전정을 하며, 적극적인 비배 관리를 해야 한다.
　전문성을 신장시켜야 경제적 부가가치를 올리는 조경수를 생산한다.
　짧은 기간에 대량생산 체제를 갖추고 상품화하여 소득과 연계되고, 조경미를 창조할 수 있는 기술을 고급화하여야 한다.
　조경수의 전망은 대중성의 유무, 자생수종 여부, 이식력의 강약, 지속 공급의 여부, 병충해 저항성 유무, 시장 공급률, 지역별 선호도 등을 면밀히 고려해야 한다.

55

수목 간 공간분할이 식재 美
<수목의 식재거리>

　정원수나 과수는 관리적 차원에서 키를 낮추고 옆 가지를 늘린다. 충분한 간격이라야 통풍과 채광이 좋아 제 모습으로 건강하게 자란다.
　목재생산을 목적으로 심은 나무는 다소 밀식돼야 곧게 자란다. 나무 간에 경쟁을 유도하여 옹이 발생을 억제한다. 자라는 정도에 따라 간벌하여 주면 훗날 훌륭한 목재가 된다.
　과수는 좋은 열매를 얻기 위해 심었기 때문에 많은 꽃눈을 유도하려면 햇빛을 충분히 받을 공간이 필요하다. 사람이나 농기계가 움직이며 작업할 공간이 있어야 한다. 봄철에 피는 과수 꽃눈의 원기原基는 대부분 전년도 여름철에 생성된다. 1년 전 여름의 광합성과 건강상태가 다음 해의 과실까지 결정한다.
　정원수는 아름다운 수형과 하절기 그늘이 중요하다. 그늘은 자연의 여백이자 쉼터이고 공간을 분할하는 척도가 된다. 여유로운 공간과 수목의 위치는 다 자랐을 때를 가정하여 심으면 된다. 가지끼리 서로 겹치면 생육에 지장이 있다. 정원수는 겉으로 보이는 모습이 독립적이며 선명하여야 한다.

감상하는 관점View-point은 전체수형이 제일 먼저 눈에 들어오지만, 봄에는 꽃과 돋아나는 연록엽, 여름에는 진록의 잎과 신초新梢의 자람, 가을에 열매와 단풍, 겨울엔 낙엽 후 가지 뻗음과 특성있는 수피 등 사계절 철마다의 감상 거리대상가 있어야 한다.

가로수는 규정상 6~8m 간격으로 심고 있으나 사실은 좁다. 소교목은 문제가 되지 않지만, 느티나무나 플라타너스 같은 수관이 큰 나무는 너무 가까워 아랫 가지가 겹친다. 답답하게 보이기도 하지만, 가로수 양쪽을 분리하는 이미지를 주기도 한다.

숲에서 기르는 임목의 경우, 어린나무는 밀식하여 곁가지의 발생을 억제하며 키워야 곧게 자란다. 커 가면서 간벌과 가지치기로 나무 간의 거리를 조절하여 주면 다 자란 후 훌륭한 목재가 될 수 있다.

조경 시 배식 설계의 적정비율은 국내종과 도입종은 6:4, 상록수와 활엽수는 4:6을 제안한다. 황금비율은 아니지만 적정한 수종별, 수형별로 조합을 이루면 조경미가 돋보인다.

자연스러운 조경수의 키에 맞게 층위 구분과 하층식재가 조화로우며, 주변과 어울리는 적절한 전지와 전정을 해야 올바른 수형을 유지한다. 지역 특성화를 위하여 자연미와 지역색을 살린 향토수종도 섞어심기를 권장한다.

56

수목의 몸살 3년 간다
<이식 적기>

　수목의 지하부 뿌리는 더 많은 수분과 양분을 흡수하기 위해 넓게 자란다. 식물의 잔뿌리는 어린 세포로 세포분열이 왕성하여 호흡을 많이 한다. 산소가 필요하여 표토 가까이에서 수평으로 자라면서 필요한 것을 얻는다. 지표 20cm 이내로 90%가 분포한다.
　이식을 위한 근분根盆은 잔뿌리가 많도록 만들어야 한다. 굵은 뿌리는 나무가 수직으로 지탱하는 역할이 우선이다. 근분의 모양은 굵은 뿌리보다 잔뿌리가 더 중요하기 때문에 밥사발보다 국그릇 모양이 낫다. 수목이 천근성 일수록 분모양은 접시 모양에 가깝도록 해야 한다.
　근분의 크기가 클수록 몸살이 적어 나무에게는 좋지만 작업의 한계가 있고 이동의 어려움 등 효율성을 감안하여 적절한 크기로 한다.
　근분직경은 수목 근경이 5cm 이하면 10배 정도로, 30cm 이상이면 5배 정도가 적당하다. 근분의 직경과 높이 비율은 3:1이 가장 이상적이다. 실제로, 1:1에 가까운 비율인 좁은 밥사발형으로 작업한다. 몸살이 길어지고 활착률이 높지 않다.

수목의 이식 적기는 이식 후 스트레스를 최소화하는 시기이다.

뿌리가 휴면상태면 지상부도 정지되어 옮겨심기에 적정하다. 다만 겨울철에는 땅이 얼고 날씨가 추워 작업도 불편하므로 봄철에 땅이 녹은 후가 작업하기에 수월하다.

뿌리는 보통 토양 온도가 5℃가 넘으면 자람을 준비한다. 지상부에서는 싹트기 2~3주 전쯤 된다. 따라서 이식 적기는 겨울눈의 움직임으로 판단하는 것이 바람직하다. 예외종으로 대추나무, 배롱나무, 무궁화, 능소화, 아까시나무는 움이 늦게 튼다.

수목 이식은 이른 봄이 좋다. 토양이 녹으면서 온도가 상승하면 뿌리가 세포분열을 개시하고 모근에서 새 뿌리가 나온다. 일평균 적산온도가 5℃를 넘으면 겨울눈이 움직이기 시작한다.

봄에 겨울눈이 트기 전에 뿌리가 자라는 현상은 수종과 지역에 관계없는 온대지방의 공통적인 수목의 생리다. 따라서 뿌리가 자라기 이전에 시행한다.

지금은 지구온난화로 서서히 봄철이 빨라지므로 나무를 옮겨심는 시기도 앞당겨져야 한다. 최근의 기후 환경으로 볼 때, 4월 5일을 식목일로 유지하는 것보다는 중부지방 기준으로 3월 중순이 더 적절하다.

나무에게 봄과 가을 중에 어느 시기가 더 좋은가는 우리나라의 계절 기후로 봐서 봄이 더 안전하다. 가을 이식은 겨울 동안의 건조와 동해의 위험이 따른다. 바로 지구온난화로 비롯된 따뜻하고 건조한 특성이 문제이다.

특히, 나무의 뿌리가 왕성하게 자라는 5월 중순경은 기온이 20℃를 넘기 시작하면 잘린 뿌리와 수분부족으로 고사율이 높다.

수목의 이식 과정에서 죽쑤기라는 게 있다. 나무를 옮길 자리에 심은 뒤 되메우기 흙으로 물과 죽을 만들어 뿌리에게 충분한 수분도 공급하고 흙속의 공기를 빼는 일이다. 그래야 토양속의 미세한 물길이 모세관현상毛細管現象*으로 연결된다. 이식된 수목이 필요시 수분을 흡수할 수 있는 물의 통로이다.

근분을 감싼 고무바는 모세관을 단절시키므로 제거해야 한다.

죽쑤기는 물과 흙을 동시에 넣어가며 이루어진다. 식재 후 죽쑤기를 제대로 하지 않아 구덩이 안에 공기주머니가 생긴 경우나, 며칠 후 물집이 마르면서 물집 안에 균열이 생기면 뿌리로 바람이 들어 마를 수 있다.

물주기로 물을 머금은 근분이 흔들리면서 깨질 수 있다. 이 나무를 다시 옮기는 것은 죽일 확률이 매우 높으므로 조심스럽게 다루어야 한다. 나무를 이식하고 되메우기한 흙을 대충 넣고 밀착되지 않으면, 엉성한 흙 사이로 바람이 들어 쉽게 마른다. 물길 모세관이 끊어져 수분이 근분으로 이동하지 못한다.

큰 나무를 이식하면 필히 밑동 둘레에 물집을 만들어 수시로 관수해야 한다. 철에 관계없이 장마철을 제외하고는 물을 충분히 주어야 한다. 요즈음 식재법은 뿌리 주변에 유공관을 여러 개 묻어 뿌리에 공기도 공급하고, 물이나 비료 줄 때 요긴하게 사용할 수 있다.

---

* **모세관현상(毛細管現象)** 가는 대롱을 액체 속에 넣어 세웠을 때, 대롱 안의 액면이 대롱 밖의 액면보다 높아지거나 낮아지는 현상으로, 고저의 정도는 대롱의 반경이나 액체의 밀도에 반비례한다. 식물의 뿌리에서 물이 올라와 가지나 잎의 구석구석에까지 퍼져 들어가는 것은 이 현상 때문에 일어나는 것이다.

57

이식 전 올바른 준비는
< 뿌리돌림과 분뜨기 >

수목의 활착률을 높이려면 산채목보다 훈련목으로 심는 것이 좋다. 큰 나무는 1~3년 전부터 연차적인 뿌리돌림으로 잔뿌리를 유도하면 이식 활착률이 훨씬 높다. 그래서 뿌리돌림을 한 나무와 훈련목은 고가로 취급한다. 뿌리돌림 작업은 나무의 크기별로 다르다.

직경이 작은 소경목5cm 이하은 대체로 잘 활착한다. 나무가 클수록, 고령목일수록 이식이 어렵고 활착 확률이 낮다.

야생 수목산채목, 아라끼은 이식 몇 년 전에 농장으로 옮겨 훈련목모치쿠미으로 적응시키면 이식 성공률이 높다. 큰 나무들은 자연에서 존재하던 뿌리의 80~90%가 잘린다. 그러면 지상부도 비례하여 전지와 전정을 해야 하지만 현실은 그렇지 못하다.

수목을 옮겨심기 위해서는 뿌리돌림이 매우 중요하다. 특히 야생에서 수십 년씩 자란 나무는 가는 뿌리가 중심에서 모두 멀리까지 뻗어 있다. 근경이 30cm가 넘는 대경목은 2~3년 전부터 매년 균등하게 나누어 대칭적으로 뿌리돌림단근작업을 하여 가는 뿌리를 근부 중심 가까이에 많이 발생하도록 하여야 한다.

단근작업은 추후에 근분을 만들 것을 감안한 크기보다 안쪽으로 하여 새로 생긴 가는 뿌리가 추후에 분뜨기 근분에 포함되어야 한다. 단근은 근경의 4배 정도를 원형으로 작업을 한다.

실제로 이식분을 만들 때는 새로 나온 세근이 자란 부분까지 분뜨기에 포함하여야 하므로 근경의 5배 크기로 작업한다.

세근細根을 유도하기 위해 뿌리돌림을 하면서 수직 유공관과 부직포를 만들어 주고, 부직포 인근에 유기질 비료, 펄라이트, 모래를 섞어 넣어주면 효과가 있다. 굴취 시는 매설된 부직포까지 감싸면 가는 뿌리의 손상이 없이 이식할 수 있다.

단근작업 중 뿌리 직경이 5cm 아래는 절단하고, 그 이상은 환상박피하여 발근촉진제를 처리하면 박피된 곳에서 새 뿌리가 또 자란다. 작업 후 되메울 때는 부엽토, 유기질 비료, 퇴비, 화학비료 등을 잘 섞어 넣는다. 뿌리돌림만으로도 나무의 단근 스트레스를 줄이고, 이식 성공률을 훨씬 높인다.

뿌리돌림의 장점은 우선 이식률이 높고, 수형을 크게 줄이지 않아 기본 수형을 유지할 수 있다. 큰 수목은 반드시 단근을 미리 해야 된다.

수목의 단근 초기에는 더 많은 탄수화물 공급으로 뿌리 발달이 촉진된다. 단근 시기는 봄이 가장 좋다. 이때가 뿌리 발달이 왕성하기 때문이다. 가을에는 광합성량이 적어 뿌리로 전달되는 탄수화물이 적어 뿌리 발달이 약하다.

단근 처리는 보통 이식하거나 뿌리돌림을 위해서 하는 작업이다. 남부수종은 봄 이식에 강하고, 북방 수종은 겨울 동해 저항성이 있어 가을 이식도 가능하다.

나무를 가을에 이식하는 경우가 있을 수 있다. 가을 이식은 잘린 뿌리로 겨울 한풍에 동해의 우려가 있다. 낙엽수는 겨울철에도 줄기의 피목으로 증산작용을 하므로 수분이 공급되어야 한다. 상록수인 소나무, 잣나무, 주목, 향나무는 겨울철에도 대기 온도가 5℃가 넘으면 광합성과 증산작용을 하여 수분 흡수에 지장 없도록 근분이 커야 한다.

옮길 곳의 식재 공간, 토양 상태, 배수성, 햇빛 관계, 주변 관련성 등을 사전에 면밀하게 살핀다. 나무가 이식 후 자랄 여유와 인근 건물과의 거리와 위험 요소를 관찰하고 적지를 고른다.

가지치기는 적게하는 게 좋으며, 엽량을 줄이기 위해서는 가지치기 요령에 따라 고르게 실시한다. 작업과 이동 중 가지가 부러지므로 가지정리는 심기 직전 후로 전체 모양과 균형을 잡아 최종 정리한다.

수관이 많이 퍼진 경우는 끈으로 묶어 당기거나 제거한다.

수피를 보호하기 위해 마대, 부직포, 새끼나 비닐로 감아 수피 상처를 예방한다. 뿌리가 잘리어 수분 스트레스가 심해진 수목은 천공해충의 피해가 심하므로 수피에 살충제를 뿌리고 수간 피복 하여야 한다.

다음은 불가피하게 여름철에 수목을 이식할 경우는 과도한 증산작용으로 수세가 급격히 약해진다. 증산 억제제를 굴취 전에 잎에 뿌리면 효과가 있다. 이 약은 잎의 표면에 얇은 막을 덮어 일시적으로 증산을 억제하거나 기공을 닫히게 하는 작용을 한다.

활엽수는 많은 가지치기 보다는 잘린 뿌리에 비례하여, 잎을 일부 훑어 주면 증산을 줄여 이식 초기 몸살을 줄여 준다. 이 방법은 잎이 잘 나는 단풍나무에 적용할 수 있다.

분뜨기 며칠 전에 물을 흠뻑 주어 토양에 수분이 있어야 하나 물 빠짐이 안되면 흙이 연약해져 분만들기가 어려워 토양수분이 어느 정도 빠진 후 작업을 한다.

58

옮겨심은 후 마무리는
< 물집과 지주설치 >

수목의 이식 과정에서 분이 깨지면 낭패다. 요즈음 고무바는 짚으로 만든 새끼 대신 널리 쓰고 있는 조경재료이다. 값도 싸고 사용하기도 편리하다. 땅속에서 수년 이내로 삭는 천연 밴드로 대체하기도 한다.

기존 고무바는 부패하지 않아 오랫동안 토양의 모세관을 막는 것이 결정적인 단점이었다. 고무바를 너무 촘촘하게 감은 나무는 뿌리의 자람이 아주 늦고 여름 가뭄에 취약하여 바람에도 위험하다. 도로변이나 공원에 심겨진 나무의 근분이 수년을 지나면서 겉흙이 씻겨 고무바와 철사가 뒤엉켜 묶인 모습은 답답하고 안쓰럽기만 하다. 최상의 방법은 모두 벗겨주는 것이다.

지주목은 이식한 나무의 버팀용으로 1~4개를 사용한다. 3각 또는 4각으로 세우고, 지주는 45° 각도가 가장 큰 힘을 받는다.

수고 4m 이상이나 직경이 8cm 이상의 나무는 당김줄과 조임틀 Turnbuckle 3개 또는 4개로 당겨 고정한다.

지주목은 보통 2년 뒤에는 제거하여야, 나무가 바람의 버팀으로 밑동이 굵어진다. 뿌리가 발달 되도록 스스로 버티는 능력을 키워 줘야 한다. 수목은 바람이 많을수록 자신이 견디기 위하여 수고생장보다 직경생장을 더 도모한다. 즉 초살도가 커 안정감도 커진다. 바람은 뿌리의 발달을 촉진하여 근계를 확장시키는 역할을 한다.

10m 이상의 장송을 군식할 때는 이웃 나무끼리 일정 높이에서 서로 수평 방향으로 철사줄이나 대나무 등으로 서로 얽어매는 지주 연결법을 사용하면 안전하다.

주간이 Y형으로 자라 가지가 찢어짐을 예방하기 위해서는 두 가지에 구멍을 뚫고 쇠막대를 넣어 볼트와 너트로 쇠조임을 한다.

연약한 가지는 줄당김으로 보완할 수 있다. 가는 철사를 꼬아 만든 철선Cable을 이용하여 잡아당겨 보강하는 작업이다.

줄당김은 나무의 몸체끼리 서로 보강하는 장치다.

당김줄은 수간과 주변의 구조물과의 보강이다. 때로는 교목의 수간과 늘어진 가지도 당김줄로 보강하기도 한다.

물집의 설치 목적은 이식 수목 뿌리의 활착을 돕기 위한 물주기를 위해서다.

이식 후 물주기는 법적 문제가 하자로 이어져 다툼이 벌어지기도 한다.

이식 수목에 물집은 어느 정도 활착하는 5년 정도의 기간이 필요하고 수분이 부족하지 않도록 수시로 관수해야 한다. 또한 지주목을 대거나 당김줄로 흔들림이 없도록 고정함이 필수이다.

지구온난화와 겨울 가뭄은 수목에게 큰 고통을 주고 있다. 물주기는 겨울철에도 필수다. 그러므로 가을 이식보다는 봄철 이식이 바람직하다.

나무를 이식하려면 잘린 뿌리 비율로 지상부를 잘라야 하나 실제로 그렇지 않아 이식 후 수분과 영양부족에 시달린다. 관수가 부실하면 꼭대기부터 고사한다. 일부만 줄여서라도 살리는 나무의 생존 비법이다.

활엽수는 이식 후 잎 처짐, 황화, 왜소화, 조기 낙엽, 가지끝 고사, 수관 축소, 겨울눈 개화지연 모두 나무 건강의 적신호이다.

침엽수는 잎의 왜소나 가지 길이의 감소 외에는 이런 적신호가 초기에 잘 드러나지 않아 적정기를 놓치기 쉽다.

활엽수와 침엽수의 건강 상태를 형성층의 수분함량으로 측정하는 샤이고미터^{미국산}라는 기계가 있다. 두 개의 전극을 형성층에 꽂아 전기 흐름을 측정한다. 전기저항 숫자가 작을수록 물 흐름이 양호하며 건강하고, 값이 크면 물 흐름이 적다는 뜻이다. 나무혈압계쯤 된다. 국내에서 준스미터라는 유사기계가 개발되었다.

은행나무는 이식하면 개엽 지연, 잎의 왜소화, 단지短枝 등 이상현상이 보인다. 몇 년이 지나면서 이런 현상이 해소되면 활착되었다고 본다.

최근의 조경기술은 특정한 이식기가 따로 없다. 한여름에도 활엽은 잎을 따고, 침엽은 잔가지 정리, 증산 억제제, 발근제, 영양제, 토양 소독제 등의 약제를 활용하며 시행한다.

수종별로 이식한 뒤 활착도의 차이가 있다. 〈표 6〉 참조

〈표 6〉 수종별 이식 활착도

활착도	침엽수	활엽수
높음	야자, 은행나무	가죽나무, 개오동나무, 낙상홍, 느릅나무, 느티나무, 단풍나무, 매화나무, 무궁화, 물푸레나무, 박태기나무, 배롱나무, 버드나무, 벽오동, 사철나무, 수수꽃다리, 오동나무, 주엽나무, 쥐똥나무, 플라타너스, 피나무

활착도	침엽수	활엽수
중간	가문비나무, 곰솔, 낙우송, 메타세쿼이아, 솔송나무, 잣나무, 전나무, 주목, 측백나무, 향나무, 화백, 히말라야시다	계수나무, 돌배나무, 동백나무, 때죽나무, 마가목, 명자꽃, 모감주나무, 벚나무, 사과나무, 아그배나무, 칠엽수, 팽나무, 홍가시나무, 회화나무
낮음	눈잣나무, 백송, 삼나무, 섬잣나무, 소나무	감나무, 만병초, 목련, 산사나무, 산수유, 서어나무, 이팝나무, 자귀나무, 자작나무, 참나무류, 층층나무, 튤립나무, 풍나무, 피라칸다

토양의 건습도, 토질의 성상, 이식지 주변의 생육환경, 이식 분(盆)의 크기나 잔뿌리의 정도 등 다양한 원인도 작용한다. 그렇지만 활착도가 낮은 수종은 본래 세근의 발생이 적거나, 이식 작업을 위한 단근 이후 실뿌리의 발생이 늦어져 그럴 수도 있다. 따라서 활착률이 낮은 수종은 세심한 주의를 기울여 작업하여야 하고, 이식 후에도 양분과 수분이 부족하지 않도록 공급하여야 한다.

59

수관 만들기와 수형 다듬기 Ⅰ
<전지와 전정>

   나무의 수세가 건강하면 자람도 빨라진다. 수목은 각 개체의 생육 환경과 생리에 적합하도록 스스로 싹을 틔우고 자란다. 자연적으로 방치하면 수관이 제멋대로 자란다. 속성에 맞는 전정과 소독을 하여 아름답게 꾸며야 조경수로서 가치가 있다.

   일반적으로 침엽수는 이른 봄, 활엽수는 가을 낙엽 이후부터 이른 봄까지가 전정剪定의 알맞은 시기이다. 추위에 약한 수종은 가을보다 이른 봄이 좋다.

   큰 나무의 수형은 4~5년 정도 간격으로 전지를 해도 된다.

   고가의 조경수나 어린묘목은 더 잦은 손길이 필요하므로 1년에 여러 차례 전정 작업을 하기도 한다. 적절한 전정시기는 수목의 휴면기간 중인 입춘을 지난 2월 중순이다.

   전정으로 잘린 상처는 잎이 나오는 시기에 가장 빨리 아문다. 다만, 고사지, 병지 등은 연중 아무 때나 제거함이 좋다.

   활엽수는 가을에 낙엽이 진 뒤로부터 이듬해 새싹이 나기 전까지 휴면기간에 가지치기나 전정을 하면 된다. 침엽수는 이른 봄 움이 돋기 전에 좋다. 추운 지방은 가을 전정으로 절단 상처가 동해에 약하다.

단풍나무류와 자작나무는 수액 유출을 줄이기 위해 늦가을 또는 개엽이후로 해야 한다.

대부분의 나무에게 전정은 초가을과 늦은 봄을 피해야 한다.

늦봄은 물오름 때문에 수피가 잘 벗겨지고, 왕성한 생육으로 탄수화물을 빼앗겨 상처가 잘 아물지 않는다. 초가을은 월동 준비와 에너지 저장 시기로 상처치료가 늦다. 또 이즈음에 목재 부후 곰팡이 포자가 공기 중에 가장 많아 감염 우려가 높다.

날씨가 추운 지방이나 일찍 추위가 오는 지역에서는 여름 강전정을 피해야 한다. 자유생장 수종은 강전정 이후에 자라면서 에너지를 모두 소진하여 겨울을 대비할 수 없어 동해를 입을 수 있다.

전정의 빈도와 횟수는 정할 수는 없다. 나무의 크기와 수형, 수종에 따라 많이 다르다. 토피어리, 격자시렁, 미로화단 등 일정한 형태를 유지하려면 자주 돌봐야 한다.

주목은 자유 생장하는 식물로 적합한 수형을 유지하려면 연 2회 이상 전정을 한다.

고정 성장하는 나무는 봄에만 자라므로 연 1회 전정하면 된다. 자유생장 수종은 잎이 나오기 전과 왕성한 1차 생장 직후 각각 1회면 된다. 소나무류의 경우 자람이 활발하면 너무 웃자라므로 5월 말에서 6월 초순경 송순松筍의 일부를 적심摘心하면 좋다. 절간節間을 줄여 주고, 필요 없는 순은 따준다. 이때 적심을 하면 겨울눈이 제거되지만 다시 겨울눈이 생긴다.

꽃을 피우는 나무는 꽃눈의 원기가 만들어지는 시기가 수종마다 다르다. 그 시기를 알고 거꾸로 역산하여 전정시기를 선택해야 한다.

화목별 화아의 원기가 형성되는 시기를 알기는 쉽지 않다.

영산홍처럼 봄에 꽃을 피우는 화목은 전년도 여름철에 생기고, 무궁화처럼 여름에 피는 꽃은 그 해 봄에, 금목서처럼 가을에 피는 꽃은 같은 해 여름에 만들어진다고 알고 있다. 상식적인 수준이다. 수목별 세부 사항은 반드시 전문 서적에서 개화기와 화아 분화기를 미리 확인하고 전정을 해야 한다. 〈표 7〉 참조

〈표 7〉 화관목의 개화기 및 화아 분화기

구분	2월	3월	4월	5월	6월	7월	8월	9월	10월
매화나무	●	●					♣		
동백나무		●	●		♣	♣			
산수유		●			♣				
개나리		●						♣	
명자나무		●						♣	
백목련			●	♣					
라일락			●	●		♣			
왕벚나무			●			♣			
조팝나무			●						♣
단풍철쭉				●			♣		
등(나무)				●	♣				
만병초				●	♣				
모란				●		♣			
수국					●	●			♣
치자나무					●	♣			
무궁화				♣		●	●		
배롱나무					♣		●	●	

●는 개화기 / ♣는 화아 원기 형성기

봄에 화사하게 핀 영산홍을 장마가 지난 8월에 전정하면 이미 만들어진 내년에 피울 꽃눈이 모두 잘려 나간다. 이듬해에는 꽃을 볼

수 없어 원성을 산다.

예로, 등나무은 5월 개화 후 6월 초순에 꽃눈이 만들어지므로 개화 후 3주 내로 전정해야 한다. 백목련은 4월에 꽃이 피고 5월 하순에 꽃눈을 만들어 6주 이내로 전정을 마쳐야 한다. 다만, 눈이 큰 동백나무, 만병초, 목련류는 꽃눈이 식별되기 때문에 눈을 보고 전정할 수 있다. 참고로, 잎눈은 끝이 붓끝처럼 뾰족하고, 꽃눈은 외형 몸통이 통통하고 끝이 둥글다.

60

수관 만들기와 수형 다듬기 Ⅱ
<전지와 전정요령>

　키 큰 교목은 중심줄기가 1개여야 균형미가 생긴다. 원줄기를 중심으로 골격지가 사방팔방으로 적정한 간격을 유지하면 좋은 수형이 된다. 하나의 좋은 나무를 만들려면 어려서부터 전정과 거름, 소독 등 인위적 관리가 이루어져야 한다.
　외대의 수간樹幹을 기준으로 굵은 가지와 잔가지가 골고루 공간배치가 되도록 전정하며 키운다. 중앙에 원줄기는 쌍대 보다는 외대로 하여 맹아지, 고사지, 병든 가지이병지, 부러진 가지, 위로 곧추선 도장지를 먼저 잘라낸다. 가까운 중복지, 교차지, 쳐진 낙지나 약지도 잘라내야 한다. 길게 자란 세력지, 한쪽으로 자란 가지편향지도 세력의 균형을 위해 잘라내야 한다.
　다만 가로수는 지하고를 3m 이상 높여야 하는데, 어려서부터 밑동가지를 제거하면 직경이 잘 굵어지지 않으므로, 어느 정도 자라면 아랫가지를 매년 순차적으로 잘라 수간의 초살도를 키워야 한다.
　교목의 원줄기를 일정한 높이로 두목작업頭木作業을 한 곳에서는 여러 개의 맹아지가 밀생한다. 잔가지 수를 정리하지 않으면 바큇살 가지가 되어 미관을 해친다. 두목작업은 꼭 필요한 경우가 아니면 좋은 전정법이 아니다.

　가지터기는 오랜 기간 썩으면서 곰팡이가 침입하고, 유합조직이 자라도 감쌀 수 없다. 결국은 다 썩고 난 후 공동空洞이 생겨 목질부 안으로 점차 썩어들어 간다.

　가지를 자를 때는 가지터기를 남기지 말고 지피융기선을 따라 바짝 잘라야 한다.

　가지터기가 길면 썩는 데도 오래 걸리고 병해충에 취약하다. 잘린 부위에서 형성층이 자라도 남겨진 그루터기 때문에 상처가 아물 수 없다. 나중에는 그루터기는 썩어 없어지고 구멍공동이 남아 계속 목질부를 썩게 한다.

　공동은 빗물이 고이고 각종 부후균이 들어가 원줄기를 부패하게 하며 상처만 내부로 커진다. 고목의 가지가 쉽게 부러지거나 원줄기가 넘어가는 이유다.

　가지를 3번에 걸쳐 단계적으로 자르면 안전하게 바짝 자를 수 있다. 최종 잘린 부분이 타원형으로 나와야 정상이다. 자른 부위에서 원줄기의 형성층이 노출되면서 유합조직을 만들며 상처를 감싼다.

　새살이 돋아 아무는 속도는 나무의 건강과 직결되며, 이른 봄 전정하는 때가 적기이다. 자른 뒤 반드시 성처보호제 처리를 해야 한다. 왕벚나무와 단풍나무, 느티나무의 고령목에서 공동空洞이 생긴 모습은 흔히 볼 수 있는 흉물로 인간들이 만든 작품이다.

　일반적인 전정의 시기는 수목의 대사활동이 정지한 휴면기로 이른 봄이 가장 좋다. 이때는 이식하기도 좋은 시기다. 아직 수목의 수액이 이동하지 않아 뿌리나 가지가 잘려도 후유증이 심하지 않다. 몸살이 적은 때이다.

시기로 보면 중부에서 땅이 얼지 않았으면 입춘2월 4일경이 지난 2월 중순부터가 가장 적절한 날씨다. 잘린 상처가 아무는 형성층의 움직임은 싹이 돋을 때부터 시작된다. 싹이 나면서부터는 상처가 바로 치유된다.

활엽수는 가을에 낙엽이 진 뒤로 봄에 새싹이 나기 전까지 휴면기에 아무 때나 가능하다. 침엽수종은 이른 봄 순이 나오기 전이 좋은 시기이다. 그러나 봄에 수액이 나오는 자작나무와 단풍나무는 이른 봄보다는 늦가을이나 초겨울에 실시한다. 또는 잎이 다 나온 후 전정하면 수액이 유출되지 않는다.

너무 빨리 자람을 억제하려면 자주 전정을 하여 잎을 줄여 광합성량을 낮추면 된다. 6월경 생육이 왕성할 때 너무 강전정을 하면 위험하다. 멀쩡한 조경수를 많이 죽이는 시기이다.

가지치기를 피할 시기는 중간 봄과 초가을이다.

꽃피는 관목의 전정은 표194p 〈표 7〉를 참조하여 화관목의 개화시기와 화아원기 형성기를 반드시 알고, 꽃눈이 생기기 전에 전정을 마쳐야 이듬해에 꽃을 제대로 볼 수 있다.

예를 들면, 매화나무는 꽃은 2~3월에 피고, 화아원기는 8월 중순에 형성되므로 꽃이 진 4~7월 사이에 전정을 해야 내년에 꽃을 제대로 본다.

61

수관 만들기와 수형 다듬기 Ⅲ
< 밑가지와 3단 전지법 >

    나무가 자라는 데 가지의 역할이 중요하다. 무게중심을 사방으로 잡아주고 잔가지와 잎을 만들어 광합성으로 에너지를 모아 성장한다.
    목재 생산을 목적으로 하는 조림지의 나무는, 곧고 옹이가 없도록 관리하여 기른다. 밀식하여 경쟁을 유도하고, 밑가지를 어려서부터 제거해야 한다.
    밑가지의 기능은 나무의 무게중심을 아래로 두어 안정감을 주는 역할이 있다. 광합성으로 생성된 탄수화물을 아래 밑동으로 보내 직경을 굵혀 초살도를 키운다. 뿌리의 발달을 촉진하여 바람에 잘 견딘다.
    밑가지는 광합성으로 생산한 탄수화물을 위쪽으로 보내지 않으므로 수고생장에는 도움 되지 않는다.
    초살도가 크면 목재 가치로는 떨어진다. 전나무와 가문비나무는 초살도가 작아 목재 가치가 크므로 전봇대와 건축의 기둥재로 쓰인다.
    정원에서 자라는 조경수는 넓게 심어 가지도 넓게 자라 짙은 녹음과 감상미를 주어야 한다. 밑가지도 그대로 남겨야 안정감도 있고 자연스러운 경관을 만든다.

이상한 결과지만, 실험 결과로는 밑동 가지를 많이 제거할수록 오히려 수고생장도 저조했다. 광합성의 총량이 줄어듦의 결과이다.

가지치기는 결실촉진, 수형조절, 부패 방지, 상처치유, 수목이식에 필요하다. 수목의 가지치기는 휴면기간인 겨울철에 한다. 수피가 단단하여 작업이 쉽고 도장지 발생이 적다.

늦어도 형성층의 세포분열이 왕성한 5월 이전에 하여야 하고, 7월 이후에 하면 수액이 유출되고 치유 속도가 늦어진다. 밑가지는 엽면적이 작고 음엽이 많아 활력이 떨어져 호흡이 많은 형성층 조직비율이 높아 에너지 소모가 생산량보다 커지므로 제거함이 좋다.

굵은 가지는 3단계 가지치기 요령이 있다.

수목의 가지 굵기가 5cm가 넘으면 가지의 무게를 이기지 못하여 줄기의 수피가 찢어지는 경우가 있다. 이 부위가 쉽게 썩기 시작한다.

상록수의 경우는 겨울철이라도 잎이 달려있어 그 무게가 만만치 않다. 굵은 가지를 자를 때는 중심줄기의 상처 없이 제거해야 안전하다.

첫 번째 절단은 줄기에서 가지 끝 방향으로 30cm 오른 지점의 가지를 땅에서 하늘 쪽으로 가지 굵기의 직경을 아래에서 1/3쯤 자른다.

다음은 가지 끝 방향으로 약 3cm 위의 지점을 하늘에서 땅을 향하여 톱으로 천천히 잘라 가지를 제거한다.

끝으로 줄기에 붙어있는 가지터기*를 쉽게 잘라낼 수 있다. 세 번째 절단 톱은, 정교한 손톱으로 해야 잘려 남은 부분이 매끄럽다.

원줄기에서 남은 그루터기를 바짝 자르되, 지륭**을 남기고 지피융기선枝皮隆起線***을 따라 절단하면 된다.

---

* **가지터기** 나무의 가지를 자른 후 줄기에 붙어 남겨진 부분

** **지륭(枝隆)** 나뭇가지의 무게를 지탱하기 위하여 가지 밑에 생긴 볼록한 밑살 조직으로 목질부를 보호하기 위한 화학적 보호층이 있다.

*** **지피융기선(枝皮隆起線)** 나무의 두 가지가 서로 맞닿아서 생긴 주름살 모양의 선이다.

이런 요령으로 자르면 절단면은 거의 타원형이 된다. 상처 면은 최소로 하고, 노출된 형성층에서 새살이 원형으로 감싸면서 절단면이 덮어진다. 지륭이 제거되면 형성층의 새살 발달이 늦거나 절단면이 썩을 수 있어 잘리지 않도록 해야 한다.

두 가지가 자라면서 서로 맞닿아서 생긴 주름살 지피융기선이 보인다. 그리고 가지 아래쪽에는 가지를 지탱하기 위해 두툼하게 발달한 가지밑살 지륭枝隆이 있다.

가지치기에서 자를 부분은, 지피융기선의 위에서 지륭을 남길 바깥선으로 자르면 된다. 잘리는 각도는 중심줄기의 수직선에서 약간 어긋난다.

지륭은 가지의 무게를 지탱하기도 하지만 목질부를 보호하기 위한 화학적 보호층이 있어 이곳에서 새살을 감싸는 형성층이 있으므로 잘라내면 자른 부분이 감싸 오르지 않고 그 부분이 썩어 들어간다.

수종과 가지 위치에 따라 지륭이 없는 경우는, 줄기선과 일치하게 수직으로 잘라낸다. 침엽수와 활엽수의 지륭 모양이 조금 다르며, 침엽수는 지피융기선이 잘 나타나지 않고, 가지 밑살이 가지를 둥글게 감싸고 있으므로 지륭만 남기도록 수직으로 자른다.

필요에 따라 원줄기를 자를 때도 지피융기선을 남긴 채로 3단계 가지치기 요령으로 바짝 잘라내면 된다.

62

수종마다 개별 수형이 있다
<나무의 고유수형>

나무가 위로 자라는 것은 가운데 눈이라는 정아頂芽가 있어서이다. 정아가 있어 새로운 가지가 자라 위로 키를 키우고, 곁눈인 측아側芽는 옆으로 자라면서 전체적인 아름다운 수형을 유지한다.

식물에게 정아우세현상頂芽優勢現象이라는 게 있어 옆으로 자라는 것보다 위로 더 빠르게 자란다.

대부분의 수형이 원추형인 것은 이런 자연현상도 있지만, 겨울철 눈이 오면 덜 쌓이도록 자연이 고안한 직립모형이다. 이래야 나무가 자연에서 겨울나기에 수월하다. 눈의 무게를 견디지 못하고 부러지는 피해를 줄일 수 있다. 게다가 원추형은 햇빛을 골고루 받기에 절대적으로 유리한 형태이다.

대부분의 교목은 중심줄기원줄기, 주간가 있다.

원줄기에서 뻗은 굵은 가지골격지와 골격지에서 다시 갈려진 가지의 끝마다 가운뎃눈정아가 있다. 이들이 자라면서 측아를 만들어 함께 자란다. 정아우세현상으로 측아보다는 정아가 더 빨리 자라기 때문에 키가 먼저 큰다. 그 다음 옆으로 자란다. 이러한 현상에 의해 나무의 외형적 모양이 원추형圓錐形으로 자연스럽게 만들어진다.

　정아우세현상은 가운데 눈이 옥신Auxin 계통의 식물 호르몬을 생산하여 곁눈의 생장을 억제하며 나타난다. 가운데 눈정아이 죽거나 없어지면 곁눈을 통제할 수 없어지므로 곁눈이 대신 정아처럼 자라 올라간다. 새로운 정아가 되는 것이다.

　활엽수는 자랄 때 곧게 자라지만 어느 정도의 키로 자라면, 정아우세현상이 조금씩 없어져 곁가지측아지나 가운뎃가지정아지가 같은 속도로 자라면서 옆으로 수관이 넓어져 고령목은 거의 구형球形으로 유지한다.

　북반구의 추운 지방에서 적응한 침엽수는 폭이 좁은 원추형으로 모든 가지가 아래쪽으로 늘어져 있다. 많은 눈이 가지 위에 쌓이지 않도록 하여 넘어지지 않고 잘 지탱할 수 있도록 진화했다. 자연환경을 극복하며 살아남기 위해 현재의 환경에 유리한 선택을 했다. 독일가문비나무는 원산지가 노르웨이로 겨울철에 눈이 많아 어린 가지도 아예 밑으로 처져 자라므로 눈의 피해가 거의 없다.

　국내의 히말라야시다도 곁가지가 짧고 아예 아래로 처져 자라는 수형이 있다. 추운 지방의 적응형이다. 독특한 수형으로 오히려 조경적 가치가 있다.

　소나무과에 속하는 소나무속, 전나무속, 가문비나무속, 솔송나무속, 낙엽송속, 히말라야시다속, 미송속 등은 공통적으로 원추형 수관으로 자란다. 모두 온대지방에서 반듯하게 자라는 속성이 있어 목재로서의 가치로도 유용하다. 시각적으로 자연스러운 수관형이다.

　조경수의 아름다운 수형은 올바른 전지나 전정에 달려있다. 관리자가 원하는 나무의 모양으로 만들려면, 거름주기 조절과 가지자르기로 수세를 잘 살펴야 적합한 수목으로 가꿀 수 있다.

63

토양의 성질과 유기질 비료
<유기물과 수목 생장>

    유기물이란 탄소^{C}를 함유한 물질로, 생물체를 구성하는 기본 원소이다. 유기물은 토양에 혼재되어 물리적, 화학적, 생물학적 성질을 바꾸어 주는 역할을 한다.

    바위가 오랜 세월 풍화되면, 작은 알갱이의 무기질 토양이 된다. 동식물과 미생물이 썩어, 토양에 섞여야 유기물질로 탄소와 질소를 함유한다.

    자연계에서 탄소는 이끼류, 바위옷, 초본, 목본식물 같은 녹색식물의 광합성으로 만들어진다. 또 질소^{N}는 공기 중의 질소를 고정하는 바위옷과 콩과식물이 있어야 식물 체내에 합성할 수 있다. 경작토양의 비옥도를 결정하는 중요한 역할이다. 화산암에서 풍화된 오늘날의 토양은 수 천 년에 걸쳐 형성되었다. 지금도 풍화작용은 진행 중이다.

    유기물의 척도는 탄소와 질소가 존재하는 비율 즉, 탄질비$^{C/N}$률로 유기물의 썩은 정도를 나타낸다. 탄질비가 낮을수록$^{20:1\ 이하}$ 완숙 퇴비라고 한다.

    일반적인 토양의 유기물 함량은 부피 기준 3~5% 정도로 적다.

유기물이 토양 내에서 토양의 입단화, 공극과 통기성 증대, 온도완화, 보수력 증가, 양이온치환용량 향상, 무기양분 공급, 지렁이와 미생물 에너지 공급 등 농작물 재배와 수목의 수세 관리에 역할이 많다.

식물에게 종합 영영제로 부엽토와 완숙 퇴비를 사용하고 있다. 그러나 썩지 않은 생엽, 낙엽, 나뭇가지, 볏짚, 톱밥, 동물 배설물 등은 미생물이 이들을 분해하는 동안 뿌리 주변의 무기양분을 탈취하므로 주변 식물에게는 오히려 해롭다.

대부분의 유기물은 부패되면 검은색으로 부식腐植되며, 식물에게는 영양 공급원이자 비옥한 토양을 만드는 주체이다.

일반적으로 활엽수는 침엽수보다 생장 과정에서 더 많은 영양소를 요구하며, 침엽수 중에는 소나무류가 가장 적게 요구하므로 척박한 토양에서 잘 자라는 편이다. 산림에서 보면 소나무는 산 위쪽에서 거름기도 없는 건조한 곳에서도 잘 자란다. 〈표 8〉 참조

〈표 8〉 조경수종별 거름 요구도

요구도	활엽수	침엽수
높음	감나무, 느티나무, 단풍나무, 동백나무, 매화나무, 모과나무, 배롱나무, 벚나무, 이팝나무, 칠엽수, 피나무, 회화나무	금송, 낙우송, 독일가문비나무, 삼나무, 주목, 측백나무
중간	자귀나무, 자작나무, 포플러	가문비나무, 솔송나무, 잣나무, 전나무
낮음	등, 보리수나무, 오리나무, 참나무류, 해당화	곰솔, 노간주나무, 대왕송, 방크스소나무, 소나무, 향나무

토양의 이학적 조성 용적비율은 광물질 45%, 수분 30%, 공기 20%, 유기질 5%로 구성된다.

토양을 이루는 광물은 모래와 미사, 점토이며 이들의 구성비율로

진흙, 식양토, 양토, 사양토, 모래토양 등으로 나눈다. 정확한 토성은 '토성 삼각도'로 확인한다.

건강한 토양이지만 수목이 필요로 하는 양분을 고르게 주기 위해 인간의 목적에 의해 비료를 만들어 사용한다. 크게는 퇴비와 화학비료가 있다. 함유된 주요성분은 6대 원소이다.

퇴비의 원료는 계분, 돈분, 우분, 인분, 음식 찌꺼기, 풀잎, 나뭇잎, 농작물 등 다양한 농가의 부산물을 섞어 만든다. 필요시 요소나 복합비료를 조금 섞어주면 질소와 인이 추가되어 발효가 촉진된다.

여러 농수산 폐기물을 켜켜이 쌓아가며 물을 주고, 비닐로 덮어 습도와 온도를 높여 70℃ 정도 주면 분해가 빨라진다. 2년 만에도 유용한 퇴비를 만들 수 있다. 잘 썩힌 퇴비는 짙은 검은색이며, 원재료의 형체와 냄새가 없을 때 식물에게 줄 수 있는 상태이다. 풀잎과 낙엽으로 썩힌 퇴비를 부엽腐葉이라 하고, 무기양분의 함량이 적절하여 식물과 토양에 도움이 된다.

화학비료는 농작물을 재배할 목적으로 인위적으로 만든 비료이다. 효과가 빠른 속효성이라 웃자라기 쉽고 조직이 연하여 병충해를 부를 수 있다. 주성분은 질소, 인, 칼륨 비료의 3요소이며, 자주 사용하면 토양이 산성화된다. 장기적으로는 수목의 생장에 불리하다.

토양에서 유기물의 역할은 중요하다. 토양의 구조 개량, 공극과 통기성 증가, 토양온도의 완화, 보수력 증가, 무기양분 흡착력 증가 등 토양에 유익한 점이 많다.

64

물비료의 성분과 토양 및 엽면시비
<토양과 액비>

  액체비료는 많이 활성화하고 있는 추세이다. 식물에게 공급하기도 쉽고 원하는 효과도 빠르게 나타난다.
  토양관주는 땅속에 수용성 영양액을 주어 무기양분을 공급하는 방법이다. 수목의 뿌리에서 흡수를 잘하도록 하여 적은 양으로도 나무 건강회복과 증진에 효과적이다.
  식물의 뿌리가 밀집 분포하는 토양에 직접 주는 액비는 주로 다량원소 6가지를 함유한 화합물이다. 질산칼슘, 질산칼륨, 인산칼륨, 황산마그네슘 성분을 물과 희석하여 준다. 무기염의 총 농도가 0.5% 이하로 해야 된다. 용액 혼합물이 침전되지 않도록 사용 직전에 만들어, 고압분사기로 땅속에 직접 주입하거나 미리 구멍을 뚫은 뒤 천공시비법을 이용할 수 있다. 물에 고르게 섞이도록 계속 저어 준다.
  식물은 필요한 무기양분을 뿌리는 물론, 잎의 숨구멍(기공), 수피 표면, 피목에서 흡수한다. 무기양분은 이식 후 몸살과 뿌리의 기능 저하, 병해충 등으로 쇠약 시에 응급으로 공급하는 유용한 수단이다.
  식물에게 필요한 비료의 3요소는 질소, 인산, 칼륨이다. 질소와 인산은 단백질과 핵산의 주요 구성 성분이다.

식물의 필수 다량원소 6종인 질산칼슘, 질산칼륨, 인산칼륨, 황산마그네슘, 요소, 전착제 등을 혼합하여 주면 된다.

미량원소 중 철, 붕소, 아연, 망간, 구리의 결핍증 해소법으로는 엽면시비가 효과적이다.

엽면 시비액은 약액이 고루 섞이고 침전되지 않도록 살포 바로 전에 희석하여 사용하고 농도는 0.5% 이하로 해야 약해를 입지 않는다.

약제의 살포 시기는 증산작용이 왕성할 때가 좋다. 그러나 여름철 고온과 바람 부는 날은 금방 증발되므로, 구름 낀 날과 맑은 날 아침과 저녁이 바람직하다.

식물의 잎으로 무기영양분을 공급하는 것이 엽면시비이다. 대개 미량원소$^{Ca,\ B,\ Zn,\ Mg}$를 시비하며, 다량원소는 뿌리로 흡수하도록 지면으로 뿌려준다.

이식하고 건강이 나쁜 경우 빠른 효과가 있다. 수용성인 요소, 황산철, 인산칼륨 등 고압분무기로 살포한다. 잎의 큐티클층, 기공과 가지의 피목으로도 흡수된다.

엽면시비 시 전착제를 혼용하면 효과가 있다. 영양소의 농도가 약간 높으면 효과는 좋지만, 너무 진하면 염분 피해가 있다. 바닷물의 염도는 3.5%인데 안전한 영양분의 농도는 0.2~0.5%다.

시비량을 모래가 많은 사양토는 줄이고, 진흙이 많은 식토는 늘려야 한다. 일반적인 상식과는 다르다.

모래$^{직경\ 0.20\sim 2mm}$ 토양은 비료 성분을 흡착하는 능력이 적어 식물의 뿌리가 흡수하는 데 방해가 되지 않는다.

진흙은 입자$^{직경\ 0.002mm\ 이하}$가 작아 보수력이 좋으나, 통기성과 배수성은 나쁘다. 또한 양이온치환능력이 커 비료 성분이 진흙의 표면에 달라붙어서 식물이 흡수할 수용성 양분이 별로 없다.

그러므로 모래 토양에서 자라는 식물은 진흙 토양의 식물보다 더 적은 양(절반)의 비료를 주어야 한다. 다만 산림용 고형비료는 완효성이라서 피해를 주지 않는다.

65

식물의 수라상은 1벌 14찬

<필수영양소>

식물도 물을 포함한 영양분을 섭취해야 살 수 있다.

일반적인 수종에서 필요한 무기양분은 14종이 있다. 수목의 한 개체 건중량 기준 체내에 0.1% 이상 들어있는 6개 원소를 대량원소, 0.1% 이하 함유한 원소를 미량원소라 한다.

식물체 내에는 60여 종의 원소가 포함되어 있다. 모두 대기와 물, 토양에서 흡수하는 원소이다.

식물이 자라서 꽃을 피우고 건전한 종자를 맺으며 결실하는 생활사 완성에 필요한 원소는 모두 17종이다.

이 중에서 탄소^C·산소^O·수소^{H}는 이산화탄소와 물에서 얻을 수 있어, 실제로 토양을 통하여 얻는 무기양분^{미네랄}은 14종이다.

대량원소는 질소^N, 인^P, 칼륨^K, 칼슘^{Ca}, 마그네슘^{Mg}, 황^S 6개 원소가 이에 해당된다. 이 원소 중에서 질소, 인, 칼륨 3가지는 경작토양에서 쉽게 부족한 원소로 '비료의 3요소'라 하며 복합비료로 수요자에게 보급하고 있다.

지구상의 모든 생물은 C, H, O, N이 주된 구성물이다.

미량원소는 식물체에 0.1% 이하로 존재한다. 철^{Fe}, 염소^{Cl}, 망간^{Mn}, 붕소^{B}, 아연^{Zn}, 구리^{Cu}, 몰리브덴^{Mo}, 니켈^{Ni} 등 8종이 이에 속한다. 그중에서 철은 산성토양이나 알칼리토양에서 부족하기 쉬운 미량원소이다.

1970년대에 산림 전용 고형 복합비료를 '조개비료'라 하여 농가에 산림녹화 목적으로 배급한 적이 있다. 땅속에서 서서히 용해되는 완효성 비료이다.

무기양분은 미네랄^{Mineral}과 같은 말이다. 뿌리에서 흡수 시는 모두 이온 형태로만 물과 함께 흡수된다.

코발트^{Co} 원소는 질소고정 식물에서는 필수원소이다.

실리콘^{Si}은 벼에서 세포벽을 튼튼하게 하여 건강과 생산성을 높인다. 나트륨^{Na}은 일부 바닷가에 사는 식물의 삼투압 유지에 필요한 원소이다.

식물에게 필요한 무기양분은 14가지 중 어느 한 가지라도 부족하면 그 식물의 생활사를 완성하지 못하여 여러 질병에 취약해진다.

대량원소 6가지 중 질소, 인, 칼륨 3종은 식물의 대사 작용에서 핵심적 기능이 있어 더 중요하다.

질소^{N}는 아미노산, 단백질, 엽록소의 구성 성분이다. 식물체 내의 효소는 모두 단백질로 구성된다. 질소가 모자라면 세포분열, 광합성, 호흡 등 기본대사가 안 되어 자라지 못한다. 식물체의 가장 많은 함량이 질소이며 잎의 건중량의 1.5~2%이다.

인^{P}은 염색체의 핵산과 세포막의 인지질 구성 물질이다. 광합성과 호흡 등 에너지의 생산, 전달 등 여러 가지 대사를 주도하는 원소이다. 인은 질소 다음으로 부족한 원소로 중성의 토양에서 흡수가 잘된다. 잎에서 건중량의 0.2%이지만, 질소와 인산은 단백질과 핵산의 구성 성분이다.

칼륨^{K}은 가리, 칼리라고도 불린다. 칼륨은 잎에서 기공의 개폐에 핵심 역할을 한다. 기공을 만드는 공변세포에서 삼투압을 높여 기공이 열리게 하는 역할을 한다. 광합성, 호흡에 관여하는 효소, 단백질, 전분 합성효소를 활성화한다.

결국, 식물에게 필요한 17개의 원소 중 단 한 가지라도 부족하면 문제가 생긴다는 이론은 '최소량의 법칙'*에서 증명했다.

---

* **최소량의 법칙(最少量의 法則)** 식물의 생산량은 생육에 필요한 최소한의 원소 또는 양분에 의하여 결정된다는 법칙이다. 어떤 원소가 최소량 이하인 경우 다른 원소가 아무리 많이 주어져도 생육할 수 없고, 원소 또는 양분 가운데 가장 소량으로 존재하는 것이 식물의 생육을 지배한다는 주장으로, 1843년에 독일의 리비히(Liebig, 1803~1873)가 주장하였다.

66

수목 전염병 삼각형에 있다
<병해충과 저항성>

　자연에서 수목이 필요한 수분과 영양분을 얻어야 하나, 성장을 촉진하기 위하여 시비를 한다. 비료 성분의 종류에 따라 내병성도 다르다.
　질소^{N}는 어린 조직의 성장을 증진하지만 병원균의 유입이 쉬워진다. 내병성이 떨어지고 또 뿌리보다 줄기의 우선 생장으로 건조에 약해진다.
　인^{P}은 양분의 균형화로 내병성을 키우고, 칼륨^{K}은 상처치유와 오염과 고온 저항성이 있다. 칼슘^{Ca}도 세포벽을 강화시켜 병원균의 침투를 막아준다.
　시비施肥는 양분이 부족한 척박 토양에 효과가 있다. 광합성을 도와 성장증진과 내병충성 물질을 생성해 준다. 과도한 시비는 새로 자란 연한 조직에 진딧물, 깍지벌레, 응애 등 흡즙성 벌레를 생성시킨다.
　시비는 양면성이 있다. 질소는 식물을 잘 키우지만 내병성에 약하고, 다른 성분은 내병성에 도움이 있다.
　자주 또는 다량 시비보다는 결핍된 토양에 영양개선 목적으로 보완하는 것이 좋다. 질소질이 적은 완숙퇴비를 권유한다. 최근에는 수종에 필요한 수간주사, 엽면시비, 토양관주용 맞춤식 영양 보충 등 다양하여 수세회복에 도움이 된다.

수목에게도 스스로 병해충을 막을 화학물질이 있다. 잎에는 타닌이 있고, 줄기에는 페놀화합물이 있어, 초식동물과 곤충들이 먹이로 기피한다. 수피에 상처가 나면 형성층과 사부조직의 유세포가 커져 코르크조직의 껍질을 만들고 미생물이 분해하지 못하는 수베린을 축적한다. 침엽수는 송진 같은 수지樹脂를 분비하고 테르펜류와 페놀화합물로 방어막을 만든다.

활엽수 중 환공재環孔材* 수종인 참나무류와 음나무는 오래된 도관을 전충체로 막아 목재부후균의 이동을 막는다.

질병의 감염도 적정한 환경이 갖추어져야 일어난다.

병의 삼각형이 있다. 우선, 전염병은 병원체가 전염성이 있어야 하고, 기주식물이 감수상태이며, 적합한 환경이라는 3가지 요인이 딱 맞아야 발생한다.

환경의 변화로 수목의 저항성이 감소하면 병원균과 해충의 번식 전파가 쉬워진다. 기온이 오르면 탄저병과 균핵병이 생기고, 비가 오면 고습도로 불마름병과 모잘록병 같은 곰팡이 번식이 빨라진다.

장마철에는 잦은 비로 햇빛이 부족해지면서 광합성이 저조하여 내병성이 낮아진다. 4월 향나무의 녹병 포자가 사과나무, 배나무, 모과나무에 적성병을 일으킨다. 통풍이 좋지 않으면 습도가 많아 곰팡이가 흰가루병을 부른다.

태풍이 불면 잎과 가지의 상처로 병균인 소나무 송진마름병과 은

---

* **환공재(環孔材)** 나이테 물관 구멍이 동심원 모양인 목재로 낙엽 활엽수에서 수목이 비대 생장을 할 때, 비대 초기에 큰 물관이 몇 층 형성되고 나이테 가운데에 큰 물관 구멍이 동심원 모양으로 나타난다.

행나무의 페스탈노치아잎마름병이 찾아온다. 봄 날씨가 건조하면 소나무에 가지마름병이 생긴다.

해충은 덥고 건조한 여름철을 좋아한다. 진딧물과 응애 같은 흡즙성 해충과 솔나방이나 흰불나방 같은 식엽성 해충의 번식으로 피해가 커진다. 비가 자주오면 해충의 밀도가 감소한다. 빗물에 떨어져 죽기 때문이다.

토양이 건조하면 수목의 생장과 활력이 감소하여 2차적인 천공성 해충의 피해가 는다.

67

병해충의 생활사를 알아야
<진단과 구제>

수목의 병균과 해충은 생활사를 알면 방제도 쉬워진다. 취약한 시기나 친환경적인 시기가 있다.

화학적 방제가 효과적이다. 각 병균과 해충은 생활사가 달라 기주식물에 달라붙는 시기나 번식기 등 적기에 약제를 살포해야 한다.

배나무 적성병은 4월 중순 포자가 비산 전이 예방에 적기이다. 철쭉류의 잎녹병은 4~5월에 방제한다. 소나무 잎떨림병엽진병은 7~9월 1년생 새잎에 살포한다. 소나무좀과 향나무의 측백나무하늘소는 산란기인 3월 중순~4월 하순에 여러 차례 수간에 살포하여 방제한다. 소나무 솔잎혹파리는 6~7월에 수간주사를 이용하면 친환경적으로 구제할 수 있다.

흰불나방처럼 1년 2회 이상 발생 해충은 초회에 철저한 방제로 개체수를 줄여야 다음 방제가 쉽다.

적기를 놓치면 구제도 힘들지만 잘 듣지도 않고 장기간이 걸린다.

병징病徵 Symptom은 수목의 기관 중에서 환경변화에 가장 예민한 잎의 유세포에 집중되고 대사활동이 왕성하다. 병징은 해로운 병원균의 작용, 미량원소의 결핍과 공해 등의 원인에 의하여 기주식물에 나타나는 기능성 장애이다. 수목의 세포, 조직과 기관에 형태적, 생리적 이상이 외부로 나타나는 반응이다.

병징의 특성은 기주식물의 세포 수준에서 발생하여 진단과정에서도 쉽게 발견되지 않는다는 것이다. 대기오염물이 잎으로 들어가면 잎에서 점점 황화현상이 생긴다. 엽육조직의 괴사에서 시작되어 나타나는 병징이다.

나무의 병징은 저장물질의 이동, 수분과 무기염류의 흡수, 수분의 이동, 광합성 산물의 이동과 저장, 재생능력 등이 교란되어 나타난다.

예로 시들음, 가지마름, 잎구멍, 황화, 위축, 오갈, 빗자루 등이다.

표징表徵 Sign은 감염한 병원체가 제법 증식하여 병원체의 일부 또는 전부가 겉으로 드러나 확인이 가능한 상태이다. 표징은 드러나지 않는 경우도 있으며, 품종이나 부위별, 시기, 환경에 다르게 나타난다. 흰가루병, 그을음병, 녹병은 포자로 옮겨지는 표징의 예이다.

대기오염의 피해로 활엽수는 잎의 가장자리부터 황화현상이 생기거나 반점 등이 생기고, 침엽수는 잎의 끝부분이 적갈색으로 변하며 시작된다.

잎의 표면에 왁스층이 자연적으로 마모되기도 하며, 산성비나 대기오염은 마모를 돕는다. 왁스층이 없어지면 잎의 구성 성분이 용탈되어 결국 영양결핍을 보인다.

진딧물, 응애, 깍지벌레는 조경수의 '3대 흡즙성 해충'이다. 말만 들어도 지긋지긋하게 식물을 괴롭힌다. 진딧물은 국내에만 300여 종이 있어 조경수목 30종 정도에 피해를 준다. 대부분 가해 식물이 제한적이며, 한 해에 여러 세대를 증식한다. 목화진딧물은 1년에 24회까지 번식한다. 이들의 방제는 5월이 적기이다.

응애는 곤충이 아니라 거미류에 가까운 절지동물이다. 0.5mm 이하로 작아서 잘 보이지 않는다. 연 5~10회 번식하여 빠르게 번진다. 덥고, 건조하며 먼지가 많은 환경을 좋아한다.

진딧물과 응애는 몸집이 작아도 구제가 어렵다. 항상 알과 약충, 성충, 유시충날개 성충 등 다양한 형태로 동시에 존재하는데 알은 방제가 되지 않기 때문이다. 10일 간격으로 3회 이상 살포하면 알 깬 해충까지 잡을 수 있다.

응애는 약제살비제에 대한 내성이 있어, 같은 약제를 반복 사용하면 약효가 떨어진다. 계절마다 바꿔주어야 한다. 응애는 새로 자란 잎보다는 2년생 잎이나 이른 봄에 생긴 잎을 먹어 갈색으로 변화시켜 피해를 준다.

미국흰불나방은 기주범위가 넓어 플라타너스, 포플러, 벚나무, 단풍나무 등 활엽수 160여 종을 가해하는 잡식성 해충이다. 심지어 초본류까지도 해를 끼친다. 1960년대 이 나방과 솔나방을 구제하기 위해 나무줄기 아랫부분에 볏짚이나 녹화마대로 해충의 잠복소를 가을에 묶어 이듬해 봄에 철거하여 태웠다. 유충이 잠복소에서 고치형태로 월동하기 때문이다.

지금도 관행처럼 자연보호의 상징으로 설치한다. 최근의 연구는 잠복소 안에 해충보다 천적 곤충의 수가 많아 오히려 자연을 해칠 수 있다고 하여 권장하지 않는다.

수목의 천공성 해충은 나무좀류, 바구미류, 하늘소류, 비단벌레류 등이 있다. 해충의 크기별로 천공穿孔이 달라 성충의 탈출공脫出孔으로도 식별이 가능하다.

탈출공의 크기로, 나무좀류0.7~2.0mm는 작은 구멍이다. 소나무좀, 오리나무좀, 광릉긴나무좀 등이다. 바구미류는 3~4mm의 원형이다.

하늘소류는 5~9mm로 솔수염하늘소, 향나무하늘소, 알락하늘소, 뽕나무하늘소, 털두꺼비하늘소가 있다. 소나무재선충을 옮기는 솔수염하늘소와 북방수염하늘소의 탈출공은 6.1~7.2mm이다. 비단벌레류의 구멍은 10mm 내외로 가장 크고 타원형이 특징이다.

가해 습성별 수목 해충과 부위별로 주요 질병은 아래와 같다.
〈표 9, 10〉 참조

〈표 9〉 가해 습성별 수목해충

가해습성	일반 수목해충	조경수 해충
식엽성(잎)	대벌레, 메뚜기, 무당벌레, 잎벌레, 나방류, 박각시, 나비류, 거위벌레, 벼룩바구미	회양목명나방, 흰불나방, 풍뎅이류, 잎벌, 집시나방
흡즙성(수액)	노린재, 거품벌레, 매미, 선녀벌레, 나무이, 솜벌레, 면충	응애, 진딧물, 깍지벌레, 방패벌레
천공성(구멍)	하늘소, 바구미, 나무좀, 나방류	소나무좀, 노랑점바구미, 하늘소, 복숭아유리나방, 박쥐나방
충영성(혹집)	면충, 혹파리, 혹벌, 혹응애, 혹진딧물	솔잎파리, 진딧물류, 혹응애
종실성(열매)	나방류, 도토리바구미	도토리거위벌레, 밤바구미

〈표 10〉 수목의 부위별 주요 질병

발병 부위	질병명(한자명)	기주 나무
잎	갈색무늬병(갈반병)	자작나무, 가죽나무, 배롱나무
	붉은별무늬병(적성병)	모과나무, 사과나무, 배나무
	잎마름병(엽고병)	은행나무, 철쭉류, 동백나무
	잎떨림병(엽진병)	잣나무, 곰솔, 소나무
	떡병	철쭉류
	흰가루병(백분병)	배롱나무, 단풍나무, 진달래, 조팝나무, 장미
	그을음병(매병)	사철나무, 쥐똥나무, 배롱나무, 라일락

발병 부위	질병명(한자명)	기주 나무
잎과 가지	녹병	향나무
	빗자루병	오동나무, 대추나무, 쥐똥나무, 벚나무, 대나무
	불마름병(화상병)	벚나무, 산사나무, 과수
가지와 줄기	가지끝마름병(선고병)	소나무, 낙엽송
	가지마름병(지고병)	소나무, 곰솔, 잣나무, 전나무
	혹병	소나무
뿌리	모잘록병	묘포의 묘목
	뿌리썩음병(근부병)	소나무, 활엽수, 침엽수
	혹병(근두암, 혹선충)	벚나무, 활엽수, 침엽수
수목전체	재선충병	침엽수류

68

건강해야 충해를 이겨낸다
<수목의 내충성 향상>

    수목의 건강은 광합성량에 비례하며, 병해충의 저항성도 마찬가지이다.
    에너지의 근원인 탄수화물을 축적하여 오염 저항물질인 항산화물질, 항미생물질, 항균물질, 항해충 물질을 합성한다.
    천공성 해충은 송진과 검^{Gum}의 함량이 많은 건강한 나무에는 줄기에 구멍을 뚫고 들어가지도 못한다. 소나무좀도 건강한 나무는 접근하지 않는다. 송진은 이동통로를 막고 알의 부화나 유충의 생장을 방해한다.
    반면에, 이식하여 약해진 소나무는 피해를 보기 쉽다. 이식 소나무는 산란 기간인 이른 봄에 소나무좀 방제가 필수이다. 성충의 탈출구멍이 보이거나 수피 외부로 나무의 가루가 보이면 이미 늦었다.
    봄과 여름에 비가 자주 오면 곰팡이 포자발육과 균사의 생장으로 전염병이 증가한다. 배롱나무의 흰가루병과 장미과 수종의 붉은별무늬병^{적성병}이 대표적이다. 건조하면 식엽성 곤충 흰불나방과 흡즙성 곤충 진딧물이나 응애가 많이 늘어난다.

토양 중에 질소^{N}가 많으면 생장이 촉진되나, 조직이 연하여 병원균의 침입이 쉽고 흡즙해충이 선호한다. 인^{P}은 어린 조직의 병균 저항성을 높이고, 칼륨^{K}은 상처치유를, 칼슘^{Ca}은 세포벽을 튼튼하게 하여 내병성을 높여준다.

적절한 관수로 공중습도를 조절하고, 광합성 여건을 높여주는 것이 최선의 관리법이다. 결국은 햇빛이 최상의 답이다. 조경수는 병충해의 피해를 받으면 나무의 미적가치가 낮아진다.

이식한 지 얼마 되지 않은 수목은 당연히 병해충에 대한 저항성이 약하다. 특히 소나무는 솔잎혹파리, 응애, 진딧물, 솔나방, 솔껍질 깍지벌레, 재선충 등의 피해가 있다.

과수나 유실수는 녹음수보다 병충해에 더 취약하다.

은행나무, 향나무, 단풍나무, 목련, 튤립나무, 느티나무는 비교적 다른 수종보다 병충해가 적은 편이다. 야생성 수종이 더 저항성이 크다.

수종별로 병해충을 이기기 위한 진화과정이 달라 적응성 차이가 생긴다.

69

식물보호제 사용은 규정대로
< 보호제의 피해 >

'농약'이라는 용어가 '식물보호제'로 바뀌었다.

식물보호제의 종류는 제초제, 살균제, 살충제, 생장 조절제, 살비제 등이 있다. 사용 피해는 고농도 살포와 토양 건조, 기상 조건, 비대상 살포, 혼용 잘못 등이다.

조경수에서의 피해는, 주로 제초제와 살충제의 사용법 무지와 오남용에 있다. 식물보호제를 사용할 때는 해당 해충의 생태 습성을 이해하고, 적기에 적정량을 살포하여야 효과를 본다. 혼합하여 사용할 경우는 반드시 '혼용적부표'로 미리 확인하여야 한다. 사용설명서를 읽는 것은 필수이고, 주의사항을 반드시 지켜야 한다.

태풍이 지나간 후 잎에 마찰 상처가 많을 때와 그늘의 연한 조직은 약제 침투가 빠르다. 고온과 가뭄 시에도 탈수로 수분 흡수가 잘 된다. 이런 경우 적정 농도와 주의사항을 무시하면 상당한 피해가 예상된다.

약제 살포는 바람이 적고, 맑은 날 오전 또는 늦은 오후가 좋다. 더운 날 한낮 시간은 사람은 물론 수목에게 비효율적이므로 피한다.

식물보호제를 잘못 사용한 수목 피해의 증상은 잎의 말림, 뒤틀림, 기형화, 왜소화, 변색, 황화, 괴사와 낙엽현상 등 여러형태로 나타난다.

피해가 나타나는 시기도 수 시간 후부터 다음 해까지도 영향이 있는 경우도 있다.

자주 보이는 것은 제초제 피해이다. 그중 비선택성 제초제를 잘못 사용해서이다. 주변의 식물을 모두 죽이게 되는 경우이다.

약해 피해의 예로는, 새순의 가지 끝이 구부러지거나 잎이 황화현상을 띤다.

치료는 잦은 관수와 물로 잎과 줄기의 잔류 약액을 씻어내는 것이다.

겉흙을 신선한 토양으로 교체하거나 석회비료나 완숙퇴비로 잔류 약을 흡착시킨다. 무기양분을 토양관주를 하거나, 엽면시비로 수세를 회복시키는 것도 도움이 된다.

70

식물호르몬이 풀을 잡는다
<제초제>

제초제는 식물체에서 생성하여 대사되는 옥신호르몬과 유사한 역할을 하는 물질이다. 낮은 농도에서는 생장을 촉진하지만, 과다하면 대사작용의 교란으로 잎이 뒤틀려 죽게 한다.

제초제는 대부분 식물 호르몬이다. 과다하게 흡수하면 식물 체내의 대사에 치명적인 영향으로 조직을 괴사시키는 생리작용을 적용했다.

제초제는 선택성 제초제와 비선택성 제초제가 있다. 선택성은 식물의 형태적 생리적 차이로 외떡잎식물과 쌍떡잎식물을 선택적으로 골라 죽인다. 비선택적 제초제는 모든 식물을 대상으로 살포한다.

월남전에 사용된 고엽제枯葉劑도 식물 호르몬인 제초제이다. 적군의 은신처를 찾기 위해 열대림과 맹그로 숲에 다량의 고엽제를 비행기로 공중 살포하였다.

제초제 자체는 사람에게 피해가 없으나, 당시에 함께 희석한 다이옥신의 강한 독성이 인간에게 커다란 피해를 주었다. 인체 내에 축적되면 몇십 년까지도 신경 손상과 피부병, 암 같은 질병을 유발하는 것으로 알려졌다.

제초제의 역할은 많다. 넓은 면적의 많은 풀을 한꺼번에 제거하는 것은 쉬운 일이 아니지만, 제초제를 규정에 맞는 농도로 물과 섞어 살포하면 효과적이다.

독성이 강한 제초제는 인명을 빼앗기도 했다. 오래전에 시골에서 삶을 비관하여 목숨을 포기하는 사람들이 제초제를 음용하는 사례가 간혹 있었다. 지금은 맹독성 제초제 생산 및 판매가 금지되고 있어 유통이 불가능하다. 법으로 강력하게 규제한다.

제초제는 많은 일손을 덜어 획기적인 도움을 주지만, 인근에서 자라는 작물에 피해가 되고 잔류로 토양이 오염되고 있음을 경고한다.

Part **6**

재해와 처방

71

서리는 일러도 늦어도 피해를
<조상, 만상, 상렬>

　가을에 서리가 오면 수목의 연약한 끝부분이 얼어 죽는다. 아직 겨울 채비를 하지 못한 끝 순이다. 세포조직이 무르고 경화가 덜 되어서 결빙에 몹시 약하다.
　사람도 식물도 철부지가 있다. 늦여름까지 식물에게 물과 비료를 주면 양분을 흡수하면서 철이 늦도록 멈춤 없이 웃자란다. 가을에 첫 서리가 일찍 내리면 피해는 더 커진다.
　싹이 자라는 시기인 봄에는 늦서리 만상晩霜가 위험하다.
　저온에 의한 피해는 냉해冷害와 동해凍害가 있다.
　냉해는 식물이 자라는 기간 중 저온의 피해다. 동해는 식물이 휴면 중 동절기에 어는 피해이다. 또한 서리에 의한 피해는 상해霜害라 한다.
　생육기간 중 주로 밤에 일어나는 자연현상 들이다. 가을에 첫서리 조상 早霜는 갑작스러운 추위로, 자라던 줄기의 말단 부분을 얼리는 피해를 준다. 아직 월동 준비가 되지 않아서이다.
　겨울 준비가 되면, 줄기의 끝에 겨울눈을 만들고 성장을 멈춘다.

때를 지나 늦게 거름을 주거나 물을 자주 주면, 나무도 착각하고 늦자람을 계속하여 문제가 된다.

봄에 늦서리만상 晩霜는 4, 5월 따뜻한 날씨로 식물이 어느 정도 자랐을 때이다. 야간에 별안간 영하로 떨어지면 자라던 새순과 잎이 얼어 죽는다. 침엽은 붉은색으로, 활엽은 검은색으로 변하여 말라 죽는다.

목련, 백합나무, 모과나무, 단풍나무, 철쭉, 쥐똥나무, 영산홍 등에서 볼 수 있다. 주변에서 부지런 좀 떠는 수종들이다.

주목, 측백나무, 전나무, 가문비나무 등 침엽에서도 나타난다. 이 수종들이 새싹 또는 꽃을 일찍 피워서 그렇다.

봄철에는 모든 식물들이 생육을 서두르기 마련이다. 피해를 입더라도 곧바로 새 움으로 대체하여 전체의 생육에는 큰 지장을 주지 않는다. 새싹의 출발이 조금 늦어질 뿐이다.

자연현상으로 빚어지는 재해는 예측하기도 어렵고 넓고 큰 개방된 공간을 예방적 조치로 강구하기도 쉽지 않다. 그러나 미리 알면 땅바닥에라도 부직포나 비닐 등을 깔아주어 일부분 피해를 줄일 수 있다. 차밭의 상부에 선풍기를 설치하여 상부의 공기를 순환하거나, 스프링클러로 안개비를 주고, 공기층으로 연기를 발생시키는 것도 늦서리만상를 예방하는 사전 조치이다.

겨울철 피해는 상렬 霜裂이 있다. 겨울에 수간이 동결하면서 바깥쪽의 변재 부분이 안쪽의 심재보다 더 수축하여 두 부위 간 수축의 불균형으로 수간이 수직으로 갈라지는 현상이다. 목재가 건조하면서 균열되는 모습이다.

자주 발생되는 부분은, 낮에 햇빛에 의하여 온도 차가 큰 수간의 남서방향이다. 침엽수보다 활엽수가 심하고, 직경이 굵은 15~30cm 수목에 더 많이 발생한다. 겨울철에 보온재로 감싸는 것이 상책이다.

72

잎도 타고 껍질도 타고
<엽소와 피소>

여름 한낮 더위에 도로 옆 활엽수의 잎이 위쪽으로 말려 잎의 가장자리가 갈색으로 말라 있는 것을 볼 수 있다. 도로 표면이나 건물의 외벽온도가 50℃ 이상으로 잎이 견디지 못하고 나무의 잎이 마른 것이다. 증산량이 수분공급보다 많아 탈수되면 엽소현상葉燒現狀이 생긴다.

도심에서 주로 단풍나무, 층층나무, 물푸레나무, 칠엽수와 주목, 잣나무, 자작나무에서 나타난다. 관수를 자주 해서 주변 온도를 낮추어 주면 덜하다. 잎이 핀 후 이식하면, 수분부족으로 이런 현상이 생긴다.

더운 여름철 오후의 강한 햇빛은 수피가 얇은 단풍나무나 배롱나무의 남서쪽의 껍질을 위부터 아래까지 말려 죽인다. 보기 싫은 모습이 곳곳에서 눈에 띈다. 피소皮燒현상이다. 그늘이나 밀식되었던 나무를 햇빛이 많은 곳으로 옮기면 나타난다. 목련과 매실나무도 간혹 그렇다.

한낮에 약간의 그늘을 주거나 윗가지를 남겨야 수간에 그늘이 되므로 도움이 된다. 걱정되는 수목은 지상부를 어느 정도 테이프나 새끼로 감싸 주거나 황토흙을 발라 주면 예방할 수 있다.

건강한 수목에서 피소는 볕뎀에 의하여 생긴 상처로 유합조직이 자연적으로 형성된다. 빠른 치유를 위해서라면 들뜬 수피 부분을 말끔하게 제거하고 상처에 상처도포제를 발라준다. 이 도포제는 상처가 완전히 아물 때까지 매년 한 차례 바른다.

피소 상처는 매년 같은 부위에서 발생할 수 있으므로 상처의 가장자리 온전한 부위의 수피를 최소한으로 도려내고 도포제를 바른다. 줄기에 백색 수목테이프를 감거나 토양 멀칭하여 지면의 복사열을 줄이는 것도 도움이 된다.

피소의 빈도가 잦거나 약한 수종의 경우는, 그 수목의 남서 방향의 앞에 약간의 그늘을 줄 수 있는 활엽수로 한여름 한낮 동안 그늘을 만들어 주면 좋다. 피소된 나무가 건강해지면 그늘나무는 옮겨야 한다.

73

불에 탄 나무를 살려라
<화재 피해목 조처>

 불은 내서도, 나서도 안 되는 피해가 너무 큰 재해이다. 살아있는 수목은 열에 약하다. 다만 줄기는 수피로 어느 정도의 열에는 보호되지만 껍질의 두께에 따라 저항성이 다르다.

 수목의 천적은 화재이다. 특히, 산불은 모든 자연물을 원상복구(?)하는 본능이 있다. 처음부터 다시 시작해야 한다. 즐겁지 않은 세팅이다.

 수피가 얇은 백송, 배롱나무, 단풍나무, 모과나무, 벚나무는 불에 약하다. 반면에 은행나무나 소나무, 버드나무, 참나무류는 껍질이 두꺼운 편이라서 어느 정도의 불에는 제법 견딘다.

 불에 의한 피해는 수피에 있는 코르크형성층과 형성층의 손상 정도에 따라 치유 방법도 달라진다. 또 그 결과는 6개월 이상 기다려봐야 나타난다. 표피조직이 죽었으면 그 이후에 목질부에서 이탈되면서 외부로 피해 부위가 드러나는데 6개월 정도가 걸린다.

 완전하게 죽은 부분이 확인되면 모두 제거한다.

 형성층의 껍질을 분리한 후 상처치유제를 도포하고 유상조직이

재생하기를 기다린다. 외과수술 후에도 새살로 덮기까지 오랜 세월이 걸린다. 주변에 탄화된 목질부는 부패에 잘 견디므로 특별한 조치 없이도 자연 회복된다. 깨끗하게 정리하여 현재의 상태로 유지해도 된다.

가끔 여름철 장마 기간 중 벼락을 맞았다는 나무 소식이 들린다. 벼락은 수십만 볼트의 전기가 나무줄기를 타고 뿌리를 통하여 땅속으로 들어간다. 줄기를 따라 뿌리까지 수피에 길게 상처를 남긴다. 겨울철 상렬霜裂로 갈라진 외양과 비슷하다. 상렬은 수간의 남쪽 방향에 지상부만 생기는 것과는 다르다.

벼락 맞은 나무의 경우도 3개월 이상 지켜봐야 피해 정도를 알 수 있다. 확인 후에 죽은 수피를 벗겨내고 먼저 상처도포제를 바른다. 천공성 해충의 침입을 방제하고 상처 부위를 주기적으로 관찰하며, 외과수술 등 적절한 보호조치를 취하여야 한다.

수목의 외상이 확인되는 대로 빠른 조치가 최선의 방법이다.

74

빗물은 수목에 도움일까 해일까
< 대기오염과 피해 >

    대기오염은 대기 중에 떠 있는 오염물질로 정상 농도보다 많은 존재물이다. 석탄발전에서 나오는 아황산가스^{SO_2}가 대표다. 먼지나 분진도 잎 표면에 쌓여 햇빛을 차단하거나 기공을 막아 광합성과 호흡을 방해한다. 미세먼지$^{10\mu m\ 이하}$와 초미세먼지$^{2.5\mu m\ 이하}$는 직경이 작아 기공 속으로 들어간다. 요즘은 오존^{O_3}과 질소산화물^{NOx}을 주요 대기오염물로 본다.

    오존은 성층권에서 태양의 자외선을 차단하는 역할을 한다. 생물에게는 유해한 가스이다. 많은 유해가스가 자동차의 엔진에서 생성되고 대기에서 산화반응으로 2차 오염물을 생성한다.

    대기오염물도 경미하면 수목에 별 피해가 없다.

    오염물이 기공을 통하여 잎 속 조직으로 들어가 조직을 산화시키고, 광합성, 호흡, 무기양분의 흡수를 억제한다. 수세가 약해져 병해충에 감염되기 쉽다. 소나무의 대기오염 피해는 잎이 끝부터 갈색으로 변한다.

    산성비는 산도가 pH 5.6 이하의 비를 말한다.

    아황산가스와 질소산화물이 햇빛과 작용하여 각각 황산과 질산이 되어 빗물로 녹은 경우다. 일부는 비료 역할로 수목 생장을 촉진한다. 산성비가 계속 오면 토양이 산성화되고, 쌓이면 뿌리에서 원소의 흡수를 방해한다.

잎의 외층에 왁스 성질의 큐티클층이 있어 증산작용을 억제하고, 무기물의 용탈을 막아 준다. 잎 표면에 반짝이며 보이는 부분이다. 산성비는 왁스층을 녹이고 칼륨^{K}을 용탈시켜 강제로 증산을 촉진시킨다.

식물에서 대기오염 피해는 잎에서 제일 먼저 보인다.

잎의 황화현상과 반점, 조기 낙엽 등이다. 낮은 농도는 만성적으로 나타나며, 연녹색 황화로 잎이 작아지고 조기 낙엽이 된다. 상록수의 잎은 몇 년씩 오염물로 피해를 입어 낙엽수보다 저항성이 낮다.

가로수나 공원수는 대기오염에 어느 정도 이상은 잘 견뎌야 한다.

은행나무, 향나무, 플라타너스, 가죽나무, 버드나무, 양버들, 아까시나무, 팥배나무, 때죽나무, 쥐똥나무, 회양목, 사철나무 들이 대기오염에 강한 편이다.

상록형은 소나무, 가문비나무, 전나무, 잣나무, 측백나무와 활엽수로 단풍나무, 매화나무, 자귀나무, 벚나무, 진달래, 화살나무, 수국, 목련 등은 적응력이 약한 수종이다. 〈표 11〉 참조

〈표 11〉 조경수별 대기오염 저항성

저항성	침엽수	활엽수
높음	은행나무, 편백, 향나무류	가죽나무, 개나리, 느릅나무, 대나무류, 동백나무, 때죽나무, 물푸레나무, 버드나무류, 벽오동, 병꽃나무, 사철나무, 산사나무, 은단풍, 자작나무, 쥐똥나무, 층층나무, 팥배나무, 버즘나무, 피나무, 피라칸다, 회양목

저항성	침엽수	활엽수
낮음	가문비나무, 반송, 삼나무, 소나무, 오엽송, 잣나무, 전나무, 측백나무, 히말라야시다	감나무, 느티나무, 단풍나무, 라일락, 매실나무, 명자나무, 목련, 박태기나무, 벚나무류, 수국, 자귀나무, 진달래, 튤립나무, 화살나무

오존가스는 생육이 빠른 포플러, 느티나무, 단풍나무에 피해가 크다. 어린잎보다 성숙한 잎의 피해가 더 크다.

식물의 생장이 왕성하면 기공이 많이 열려 대기오염의 피해가 크므로, 생장 억제제를 주거나, 관수를 줄여 성장을 둔화시키면 도움이 된다. 질소비료를 줄이고 인과 칼륨과 석회질 비료를 주어 저항성을 키우면 좋다.

75

수목도 부드러운 사질토가 좋아
<심식과 답압>

 심식深植은 옮겨 심을 때 뿌리를 본 토양에서 자랄 때의 높이보다 깊이 심는 경우를 말한다. 지제부地際部가 더 깊게 묻혀 버린다. 바람에 버티는 힘은 좋아지지만 뿌리 호흡이 곤란해진다. 복토覆土와 똑같은 효과이다.
 뿌리의 호흡작용이 서서히 둔화되어 뿌리의 건강이 악화 되면서 지상부도 생장이 나빠진다. 밑동이 호흡 불량으로 점차 썩어들어 간다. 심식할 이유가 분명하다면 10cm 이내 최소로 해야 한다. 지상부가 흔들릴 위험은 지주목으로 대신하면 된다.
 복토도 똑같은 피해를 준다.
 살아있는 나무의 뿌리 위에 복토하는 것도 토양 속으로 산소공급을 방해하는 것이다. 뿌리 위의 공기 유입을 적극적으로 막는 것이다.
 또한, 나무를 심을 때 깊이 심는 심식深植과 마찬가지다. 복토와 심식은 수목에게 과도한 배려이다. 숨통을 막는 무식한 행위이다.
 토성이 어떤 흙이든 30cm 이상 복토하면 뿌리 생장에 지장은 불 보듯 뻔하다. 복토의 피해는, 땅속에 묻히면 뿌리의 생장 억제와 수피가 과다한 수분으로 썩기 시작한다. 잎에서 만든 설탕은 사부조직으로 이동하지 못하여 뿌리가 영양결핍으로 점차로 죽어 간다.

답압 토양에서는 배수성과 통기성이 나빠서 뿌리 호흡에 방해가 되고 뿌리가 자라지 못하여 지상부의 생장이 극히 불량해질 수밖에 없다.

굳어진 토양개량법으로는, 천공법은 토양에 구멍을 내어 모래나 유기물로 채워 준다. 구멍에는 모래, 펄라이트, 버미큘라이트, 피트모스, 우드칩, 톱밥, 퇴비, 수피 등을 넣는다. 또는 도랑을 파서 다공성 물질을 채운다. 토양 위로 멀칭하는 것이 효과가 크다.

더 이상의 답압을 막아 지렁이 등 소동물의 활동을 돕기 위해 낮은 펜스를 만든다. 유기질 멀칭은 굵은 수피, 우드칩이 좋다. 겨울에 얼고 풀리고를 반복하면 토양이 부드러워진다.

몇 년만 답압을 억제하며 관리하면 다시 본래의 토성을 회복할 수 있다.

76

마른 우물과 유공관 소통관
<복토의 영향>

복토覆土는 사람이 수목에게 주는 흔한 피해 현상이다. 이미 나무가 자라는 땅 위로 흙을 더 덮는 것이다. 땅속의 뿌리가 필요한 산소의 공급이 원활치 못해 부족현상이 생기며, 복토 피해의 정도는 덮은 깊이에 비례하여 증가한다.

나무의 잔뿌리 생명은 1년 정도로 겨울을 빼고는 연중 죽고 자란다. 세포분열로 새 뿌리를 만들면서 호흡을 해야 하고, 그 과정에서 많은 산소가 필요하다. 대부분 수목의 잔뿌리가 지표면 근처에서 자라는 이유이다. 지표면에 가까울수록 토양 내 산소가 많기 때문이다.

깊이 덮여 공기의 공급이 차단되면, 뿌리 전체가 서서히 죽어간다.

진흙의 복토는 죽는 속도가 더 빠르고, 일반 토양은 서서히 죽기 때문에 바로 나타나지는 않는다.

복토의 초기 증상은 잎의 황화, 왜소화, 가지의 성장 둔화로 시작된다. 영양결핍 현상과 유사하게 나타난다. 잎이 조금씩 갈변하고 조기 낙엽되며, 수관의 끝이 죽으면서 수관이 작아진다. 그런 정도면 깊은 뿌리는 이미 썩고 있다는 증거이다.

대표적인 피해의 예로, 충북 보은의 속리정이품송의 지제부 함몰의 경우와 수피가 썩어 고사한 천연기념물 보은 백송이 있다. 전문가의 진단없이 진행된 토목공사의 참혹한 결과이다.

피치 못하게 복토를 해야한다면, 숨 쉴 수 있는 조건을 만들어 주면 된다.

수간 밑동이 자라던 대로 노출되도록 벽돌이나 자연석으로 마른 우물 형태를 만들어 준다. 밑동 둘레로 가능한 한 넓고 둥근 모양으로 하고, 장마철에 물이 고이지 않도록 배수관이 있어야 한다.

그리고 수관폭 안으로는 복토지에 수직, 수평 유공관을 설치하여 공기의 유통을 도와주면 좋다.

유공관에는 외부에서 흙이 들어가지 않도록 부직포로 감싸고 뚜껑을 덮어 관리한다. 유공관은 평상시에는 공기의 출입구로 사용되지만, 가뭄 시에는 물을 주는 관로로, 거름이 요구되면 액비를 공급하는 통로로 요긴하게 활용할 수 있다. 대기와 인간과의 소통하는 길이다.

77

겨울철 도로변 침엽의 저항
<염화칼슘 튀김>

　겨울철에 눈이 많이 내리면 도로의 눈을 녹이기 위한 조치로 도로 위에 염화칼슘을 뿌린다. 점차 눈이 녹으면서 물이 된다. 지나는 차량의 바퀴로 인근 도로공원의 수목으로 그 물이 튕겨 나간다. 농도가 낮은 소금물이다.

　염분은 수목의 생장을 둔화시키고, 잎의 끝부분부터 죽인다. 심하면 수목 자체의 생존도 위험하다.

　도로변에는 내염성 수목으로 선정하여 식재하는 것도 대안이다.

　나트륨이나 염소는 일부 수목에 잎의 왜소화, 낙엽, 줄기의 고사 등 특정한 손상을 주기도 한다. 나트륨의 함량이 높아지면 토양구조가 변형되어 통기 불량과 수분공급이 늦어진다.

　일반적으로 염류의 토양은 삼투장력이 높아 수목이 이용할 수 있는 수분의 가용량이 줄어든다. 이런 토양은 물을 더 자주 주어 염분을 분산시켜 장기적으로는 염류를 줄여야 한다.

　지하수위가 높은 토양은 표면의 수분 증발과 식물의 이용으로 올라오면서 염분농도가 높아져 식물 생장이 둔화된다.

수목이 있는 도로변에는 염화칼슘을 뿌리지 않거나, 나무뿌리 위의 지표면을 비닐로 멀칭하면 효율적 방제가 되지만 많은 일손이 필요하다.

침엽수 잎의 소금물 피해를 최소화하려면, 증산억제제를 진한 농도로 잎의 표면에 뿌려주면 방수막이 만들어져 도움이 된다. 이때 사용하는 증산억제제는 겨울철 식물의 광합성에는 별로 지장이 없다.

대기의 온도가 얼 정도가 아니면, 바로 물로 피해 입은 잎과 토양을 씻어주면 좋다. 큰 도로변에 봄철이면 소나무나 스트로브잣나무의 잎이 붉게 마른 피해가 보인다. 피해는 잎끝부터 갈변하여 심하면 나무 전체가 말라가면서 고사하기도 한다.

78

전염병 잘 드러나지 않는다
<병징과 표징>

 자연에서 동·식물이 평생을 질병없이 자라서 일생을 보내기는 불가능하다. 다만, 주기적으로 사람의 건강 검진처럼 주의력을 기울이면 작은 보살핌과 경비로 큰 피해를 줄일 수 있다.
 병징病徵은 병에 걸린 나무에서 병환 부위에 비정상적으로 나타나는 색깔과 외부 모양을 말한다. 수목에 보이는 병징은 기생성 또는 비기생성 원인의 영향을 받아 저장물질의 이동, 수분과 무기염류의 흡수, 수분수송, 분열 능력, 광합성 산물의 이동과 저장, 재생능력 등이 교란되어 잎의 탈·변색, 시들거나 반점, 가지마름 등으로 나타난다.
 예를 들면, 왜화나 위축, 웃자람과 얼룩, 변형조직, 오갈 등이 있다.
 표징標徵은 병환부에 병원체의 일부가 또렷하게 노출되어 육안으로도 볼 수 있는 상태이며, 병의 종류를 식별할 수 있어 이러한 표징들을 잘 활용한다면 진단과정을 크게 단축하며, 정확성을 높일 수 있다.
 세균의 표징은 감염된 조직에서 밀려 나오는 세균 덩어리 및 그 건조물이다. 선충의 표징은 난괴알덩어리 또는 선충 그 자체가 표징이 된다. 기생식물의 경우는 기생식물 그 자체가 표징이다. 그러나 바이러스나 파이토플라스마와 같이 식물세포 내에 존재하는 병원체는 뚜렷한 표징도 없고, 일부 곰팡이와 세균도 표징을 갖지 않는다.

일반적으로는 균사나 포자, 버섯 등의 형태로 겉에 나타날 수 있다.

잎이 시드는 병징은 비전염성인 병에서도 흔히 볼 수 있으므로 병징만으로 전염성 병이라고 판단하지 않는다. 그러나 표징은 병원체의 일부가 겉으로 확인되어 전염성 병의 여부가 구체적으로 드러난다. 다만 표징도 곰팡이 병에서만 쉽게 알 수 있을 뿐이다.

수목병의 진단은 육안관찰법이 가장 빠르고 정확한 진단 방법이지만 고도로 숙련된 경우만 가능하다. 〈표 12〉 참조

〈표 12〉 수목 전염병 병원체의 분류

병원체	크기	특징	표징	감염도	질병명
바이러스	0.01~0.08㎛	- 세포구조 아님 - 핵산과 외피단백질로 구성	없음	극히 작음	포플러 모자이크병, 느릅나무 얼룩반점병
파이토플라스마	0.2~1.0㎛	- 세포질 유 - 세포벽 무 - 매개충 전파	없음	작음	대추나무, 오동나무, 붉나무 빗자루병, 뽕나무 오갈병
세균 (박테리아)	0.6~3.5㎛	- 세포벽 유 - 단세포생물	거의 없음	작음	과수 근두암종병, 불마름병
곰팡이 (진균)	2~10㎛	- 수목질병 대부분	균사, 포자, 버섯	가장 많음	엽고병, 녹병, 그을음병, 흰가루병, 엽진병, 떡병, 탄저병, 갈반병, 가지마름병
선 충	0.3~1.0mm	- 매개충 전파	없음	작다	소나무 재선충병, 뿌리혹선충
기생식물	30~60cm	- 남부지방 주로기생	비대	작다	겨우살이, 새삼

79

수간주사는 효과가 빠르다
<적용원리와 사용액>

    수목의 체내에서 수분과 무기양분은 뿌리에서 흡수하여 목부 조직으로 잎까지 이동한다. 반대로, 잎에서 만든 탄수화물은 설탕으로 전환되어 뿌리까지 사부 조직으로 내려온다.
    수간주사樹幹注射는 줄기의 목질부에 구멍을 뚫어 약액을 주입하여 물관부로 물과 함께 약액이 상부로 올라가는 원리이다. 뿌리 쪽으로는 약액이 이동하지 않으므로 수용성 무기양분과 침투이행성 약액만 가능하다. 필수원소 무기양분, 살충제, 살균제, 항생제 등이 사용되고 있다.
    수간주사는 뿌리의 흡수력이 미흡해 다른 대체법이 없을 때와 빠른 수세 회복을 필요로 할 때는 매우 효과적이다. 적은 양으로도 효과가 좋고, 환경오염이 없으며 적용이 간편하여 최근에 사용이 늘고 있다.
    주사의 위치는 지제부에 가깝게 하고 약액이 외부로 유출되는 것을 줄이기 위해 아래로 비스듬히 꽉 조이도록 바늘을 꽂는다. 또한 수액의 이동을 원활하게 하도록 최근에 자란 목질부에 깊이 2.5cm

정도로 뚫어 10시~14시 사이에 주입하면 좋다.

　주입방식은 압력식과 중력식이 있고, 압력식은 용기 자체를 수간에 눌러 박아 자체에서 생긴 압력으로 약액이 주입된다. 중력식은 약물을 윗가지에 걸쳐 중력으로 주입하는 방식이다. 약액의 총 무기염 함량은 0.2% 정도가 적당하다.

　수간주사의 주입 시기는 중력식은 수액을 따라 이동하므로 수액이 상승하는 시기만 가능하여, 4월 하순~10월 상순까지 하되 증산작용이 활발한 날 오전이 가장 좋다.

　주사할 구멍의 위치는 지제부에서 60cm 이내의 높이로, 수간에 형성층보다 2cm 안쪽 목부(변재부)까지 구멍을 뚫는다. 뿌리와 가까운 위치일수록 좋고, 지표면 위로 드러난 굵은 뿌리에 실시해도 좋으며, 낮은 위치의 상처가 쉽게 아문다.

　중력식은 약액의 농도가 낮거나, 약액이 많을 때 사용한다. 구멍보다 1m 이상 높은 가지에 약액 용기를 매어 중력으로 증산작용 시만 약물이 들어간다. 5%의 포도당 링거액에 무기염(미네랄)이 혼합된 용액이다.

　압력식은 연중 아무 때나 주입이 가능하다. 미량원소, 살충제, 살균제의 농축액을 용기 자체의 압력으로 주입한다. 소나무류는 송진으로 자주 막혀 압력식 주입으로 하는 게 좋다.

　침엽수는 수간을 돌면서 수액이 올라가 1개만으로도 약제가 잘 퍼진다. 반면, 활엽수는 곧바로 수직으로 올라가므로 양쪽에 2개 이상 주입하여야 효과가 있다. 약액의 이동 속도는 해당 수종의 수액 이동 속도와 같다.

　주사기를 꽂은 후 약액이 외부로 나오지 않도록 약액을 넣어 공기를 모두 빼고 꼭 맞게 끼운다. 용액 주입이 끝나면 상처보호제를 발라 병균과 빗물을 막아야 한다. 수간주사는 근경이 6cm 이상의 수목에게 실시해야 한다.

수간 주사법을 이용한 치료는 박테리아나 파이토플라스마를 항생제로 주사한다. 실제로 대추나무의 빗자루병에 적용하고 있다.

80

미생물 불침입 방어벽을 쌓다
<상처 방어력>

　수목들도 외부로부터 미생물 침입 시 확산을 억제하고 자율적인 방어벽으로 구획화CODIT하여 미생물을 가둔다는 사실이 밝혀졌다. 외과 수술 중에 이 방어벽을 제거하지 말아야 한다.

　활엽수는 전충체로 도관을 막고, 침엽수는 송진 분비 또는 막공을 폐쇄하여 가도관을 막는다. 미생물이 중심부로 침투할 경우 이를 막기 위해 추재에 방어벽을 형성한다. 그 외로 미생물의 이동을 차단하기 위한 여러 가지 방어벽으로 가두어 구획화한다.

　수목 체내에서 줄기를 따라 미생물이 이동하면 취약해 빠르게 썩기 시작한다. 고령목은 심재가 방어력이 약하여 대부분 썩는 바람에 속이 빈다.

　나무의 세포벽은 딱딱한 조직으로 못이나 쇠말뚝에 의한 세균감염이나 부작용은 거의 없다. 물과 양분의 흐름도 별로 지장이 없고, 형성층은 다시 자라 나와 방해물을 감싸 역할을 수행하는데 지장이 없다.

　동물은 못 같은 외부물질이 피부 안으로 들어오면 고통과 염증이 동반된다. 그러나 식물에는 신경조직이 없어 고통은 감지할 수 없다.

식물의 세포벽은 섬유소로, 일반 세균이 분해하지 못한다. 웬만한 상처는 썩어 커지지만 않으면 새살이 돋아 감싸면서 메꾸어진다.

분재에서 석부작은 이러한 자연현상을 모방하여 만드는 작법이다.

공원의 수목에서도 표찰을 못으로 박힌 모습이 자주 목격된다. 여하간 생체에 못이나 돌을 박은 것은 바람직하게 보이지 않는다. 목걸이형으로 바꾸면 어떨까?

벚나무는 가로수 및 공원수로 인기 수종이다.

실제로 가로수나 공원수로 은행나무나 플라타너스보다 더 많아, 현재는 가로수로 국내 랭킹 1위 수종이다. 봄에는 벚꽃과 가을 단풍이 군집으로 보기에 좋다.

하지만, 안타깝게도 수명이 길지 못하다. 병해충도 많지만 줄기에 상처가 생기면 자체 치유력이 약하다. 수형조절을 위해 가지를 자르면 잘 아물지 못하고 부후균의 침입으로 썩어 들어간다.

벚나무는 천공성 해충인 복숭아유리나방에 아주 취약해 줄기의 하단부로 침입하여 형성층을 가해한다. 몸체 안에서 부패하기 시작하면 회복되지 않는다.

장수하는 수목들의 공통점은 나름대로 자구책이 있다. 팽나무와 느티나무는 상처가 생기면 유합조직으로 빠르게 덮어 부패를 막는다. 주목이나 향나무는 천연방부 물질을 생산하여 부후균의 생장을 억제한다. 또 굴참나무같이 두꺼운 수피로 무장한 나무는 상처가 잘 생기지 않고 화재에 강한 경우다. 살아가는 방법이 제각각이다.

81

큰 상처는 외과 수술로
<상처처리와 외과처치>

수목의 외과수술은, 형성층에서 새살이 자라 상처 부위를 완전히 밀봉하여 더 이상 빗물이나 해충, 병균의 침입을 억제하는 시술이다.

수령이 오래된 큰 나무에 상처가 생기면 썩어들어 가면서 공동空洞이 생겨 심재 부분이 점차 넓어진다.

나무의 수명은 상처치유 능력이 크게 좌우한다. 상처 부위에 미생물이 침입하기 전에 새살이 더 빨리 감싸면 자연적으로 회복한다. 자연 회복력이 좋은 경우다.

최근에는 외과수술보다는, 썩은 조직을 제거하고 과습을 억제하며 소독 등으로 처치하여 부패 속도를 늦추는 간단한 관리법을 선택하기도 한다.

외과수술을 잘못하면 동공 내부가 더 습해져 부패를 부추기는 결과를 불러온다. 내부를 완전하게 밀봉하여야 하고, 공동의 가장자리 형성층을 노출 시켜 새살이 잘 자라도록 해야 한다. 탄력적인 실리콘 봉합제와 인공수피로 깨지지 않도록 하면 수명도 길어지고 외관의 모습도 자연스럽다.

지상부의 외과수술 목적은, 수간의 공동에 더 이상의 부패를 막고 수간의 물리적 지지력을 높여주며, 자연스러운 미관을 유지하는 것이다.

순서는 부패한 부분을 제거하고, 공동 내부의 소독과 건조 후 형성층을 노출 시킨다. 공동을 충전한 다음 인공수피로 피복하면 된다.

공동의 소독은 살균, 살충, 방수 처리를 거치고 충분히 말린다. 형성층은 예리한 칼로 껍질을 벗겨 새살이 자라도록 개방한다. 충전제는 폴리우레탄 폼을 널리 사용한다. 수피는 실리콘 봉합제가 접착력, 내구성, 방수성이 좋다. 표면에는 코르크 가루를 염료, 실리콘과 버무려 주변의 형성층보다 1cm 정도 낮게 발라야 형성층이 자라면서 자연스럽게 감싸 나간다. 외과수술 시기는 연중 가능하지만, 형성층의 발달을 위해서는 이른 봄이 가장 적절하다.

뿌리의 외과수술은 지상부가 심하게 상해를 입은 상태에서, 대부분의 뿌리가 죽어가는 것이 확인되면 살리려는 마지막 수단이다. 수관끝 수직 아래의 지면을 50cm의 깊이로 수간 중심부로 파면서 살아있는 수평근이나 수직근, 잔뿌리를 찾아낸다. 죽은 뿌리는 발견되는 대로 잘라 낸다.

살아있는 뿌리 부분을 예리한 칼로 환상박피 한 뒤 발근촉진제인 옥신을 분제(粉劑)로 뿌리고 상처도포제를 바른다.

토양 중에는 토양살균제와 살충제를 뿌려 소독을 하고, 토양을 개량할 석회, 모래, 완숙퇴비, 질석, 펄라이트를 섞은 토양으로 개선한다.

수직형 유공관을 묻어 토양공기 공급과 관수용으로 사용한다. 되메우기 후에는 유기물로 약 5cm 두께로 답압방지 멀칭을 하여 밑동을 보호한다.

뿌리의 외과수술 후에는 잔가지가 많이 발생하여야 수술이 성공적이라고 할 수 있다. 가는 뿌리가 다수 발생했다는 증거이다.

　수목의 껍질에 생기는 상처는 형성층까지 벗겨지면 문제가 된다. 내수피에 있는 코르크 조직이나 사부 조직의 상처는 자체적으로 재생이 가능하다. 들뜬 수피는 목질부와 격리된 부분만 분리하면 된다. 상처부위는 천공성 해충을 억제하기 위해서 가급적 빠른 치유가 요구된다. 상처 방부 및 보호용 도포제를 얇게 발라야 한다.

　성장이 왕성한 초여름에 물오름이 많아 수피가 외부 충격에 잘 벗겨진다. 이물질이 없이 그대로 수피를 붙이고 못을 박거나 테이핑하여 고정한 후 마르지 않고 햇빛이 들지 않도록 종이 타울이나 피트모스를 비닐 패드로 감아주면 상처가 아무는 데 좋다. 약 2주 후 유상조직을 확인한 후 비닐 패드를 벗겨내고 당분간 햇빛은 차단한다. 만약 수피가 죽었으면 수피까지 벗겨내고 깨끗하게 노출시켜 준다.

　수피가 최근에 벗겨졌으면 수피이식이 가능하다. 상처를 깨끗이 처리하고 위아래 정상조직의 수피를 2cm 정도로 더 벗겨낸다. 다른 건강한 나무에서 비슷한 두께의 크기로 벗겨온 수피를 덮고 움직이지 않도록 작은 못으로 고정한다. 젖은 천으로 패드를 덮고 비닐로 싸서 건조를 막아준다. 수피이식은 형성층이 세포분열을 가장 많이 하는 늦봄이 활착률이 높다. 사람의 피부이식과 유사한 과정이다.

82

목질부 썩는 속도가 다르다
<심재와 변재의 부패>

　나무의 몸통은 외부 수피^{껍질}가 있고, 안쪽으로 최근에 자란 변재^{邊材}와 중심부에 심재^{心材}로 목질부에 해당한다.
　변재의 외부는 형성층과 사부 조직인 살아있는 세포층이 많아 미생물의 침입을 막는 물질을 만든다. 변재는 죽은 세포지만 상부로 수분이 올라가는 길이다. 능동적이고 입체적인 방어벽을 만들어 부패균이 확산할 수 없다. 심재보다 색깔이 연하고 조직이 덜 단단하다.
　심재는 중심부 조직이다. 부패를 막기 위해 검이나 페놀이 축적되어 있으나, 대부분 죽은 세포로 능동적 방어 능력은 거의 없다.
　따라서, 살아있는 나무에서의 수피와 변재는 미생물에 잘 대처하지만, 심재는 방어 능력이 없어 변재보다 먼저 썩기 시작하며 공동^{空洞}이 생긴다. 가운데가 텅 비도록 썩어도 물이 오르는 목부의 변재와 설탕이 이동하는 사부^{껍질 안쪽}가 살아 있으면 겉으로는 멀쩡하다. 살아가는데도 별 지장이 없다.
　그러나, 부러진 나무나 베어진 나무는 바깥 부분의 변재 부분부터 썩는다. 껍질 안에 세포 원형질^{형성층}과 설탕이 있어 미생물의 확산이 빠르다. 수피와 변재가 먼저 부패한 후, 안쪽에 양분이 별로 없는 심재가 썩어 들어간다.

수목이 살아 있을 때는 심재가 먼저 부패하고, 베어져 죽은 경우는 변재가 먼저 썩기 시작한다. 잘린 직후 심재와 변재의 수분함량은, 거의 비슷한 포화상태로 꽉 차 있어 부패속도에 수분이 영향을 주지 않는다.

변재가 심재로 변하는 기간은 수종마다 다르며 수명에 비례한다. 2~10년 정도 걸린다. 심재는 형성층이 오래전에 만든 조직으로 생리적 역할이 없다. 방어막이 없어 쉽게 부패된다.

심재의 가장 큰 역할은, 살아서는 물리적인 지상부 몸체의 지탱이고, 죽어서는 아름다운 목재 활용 목적에 맞게 쓰이는 것이다.

심재 부분에 물결무늬의 나이테는 수종별로 크게 다르지만 대부분 고령목의 문양은 독특하고 단단하여 여러 용도로 인간의 삶에 기여한다.

Part 7

개화와 번식

83

산수국 자연 花類系 사기꾼
<헛꽃 이야기>

 산수국의 헛꽃 이야기는 몇 번을 들어도 솔깃하게 들린다. 침엽수의 헛물관가도관과는 이야기가 다르다. 진화의 결과이자 배려이다.
 땅수국과 산수국 등 약 300여 종의 수국이 있는데 해마다 6~7월에 공원이나 사찰, 수목원에 가면 쉽게 볼 수 있는 꽃이다. 꽃송이도 크고 탐스러운 공모양이다. 다양한 색과 모양으로 반기며, 개화기간이 길어 조금만 부지런하면 주변에서 쉽게 볼 수 있다.
 수국水菊은 이름에서 알 수 있듯이 물 수水자가 들어간다. 그래서 약간 그늘지고 축축한 습기가 많은 곳에서 잘 자라는 국화라는 뜻으로 수국水菊이라는 설도 있고, 비단으로 수繡를 놓은 듯한 둥근 꽃으로 '수구화繡球花'인데 수국으로 바뀌었다는 말도 있다. 한창 여름 더위로 숨고르기를 시작할 즈음에 덩이꽃으로 정열적으로 피워내는 강인한 생명이다.
 산수국도 산골짜기 바위틈의 습기가 많은 곳에서 잘 자라는 데 꽃이 좋아 사찰이나 공원 등에 관상용으로 즐겨 심는다. 산수국의 꽃은 여느 꽃과 달리 진짜꽃참꽃과 헛꽃으로 2세의 생명줄을 넘겨주고 있다. 자연에서 대부분의 꽃은 한 송이 꽃에 암·수술이 함께 있거나 양성화, 혹은 암꽃 수꽃이 따로 단성화 존재한다.

씨를 맺을 진짜 꽃은 꽃다발의 중심부에 깨알같이 모여있지만 아주 작아 먼 곳에서 잘 보이지도 않는다. 진짜 꽃처럼 둘레 가장자리엔 큼직한 꽃인 헛꽃 중성화, 무성화이 있다. 암술과 수술이 있는 진짜 꽃은 아주 볼품없고 작아 매개 곤충들의 눈에 잘 띄지 않는데 헛꽃은 멀리서도 곤충들이 알아보고 찾아오도록 유인하는 역할을 한다. 당연히 암·수술과 꿀샘이 없고 꽃잎만 크고 화려할 뿐이다.

그런데 이 현상의 내면에는 자연의 숨은 질서가 숨어 있어 더 재미있다.

개화기인 6월과 가을에 산수국 헛꽃을 자세히 살펴보면 신비롭다. 꽃을 피워 헛꽃으로 매개용 곤충을 불러, 참꽃의 수정이 끝나면 헛꽃의 임무는 없으니, 바로 꽃잎이 퇴색하면서 땅 쪽으로 뒤집혀 늘어진다. 이제부터는 할 일을 모두 마쳤기에 곤충들에게 이젠 나에게 오지 말고 다른 꽃으로 가라는 신호이다.

수국의 헛꽃은 암술과 수술이 없는 꽃의 형태를 모방한 불완전꽃이다. 꽃받침이 퇴화하여 생긴 것으로 암·수술이 없으니 자연히 씨도 맺을 수도 없어 중성화 또는 무성화라고 불린다. 늦가을에 눈내림을 지켜보는 헛꽃과 진짜 꽃은 이 세상에 가장 사이좋은 부부가 아닐까?

꽃 색깔도 다양하고 몸체가 작아 그리 많은 면적을 차지하지 않아 두 세포기 정도는 화분 또는 뜰 안에 길러봄을 권장한다. 다만 반그늘과 습기를 좋아하는 속성이 있어 가뭄과 햇볕을 많이 받으면 잎의 끝이 말리거나 갈색으로 말라 들어간다.

이와 비슷한 백당나무도 있다. 꽃의 가운데 부분에 연노랑 색으로 꽃술처럼 모여있는 부분이 진짜 꽃이고 가장자리의 하얀 꽃들은 헛꽃이다. 그 이름도 불가佛家의 뜰에 많이 심는 하얀 꽃이라는 유래가 있으며, 불두화는 백당을 개량한 종이라고 한다.

산수국도 수국과 마찬가지로 처음 필 때와 자라면서 색이 변해가는 게 매력적인 꽃이다. 막 꽃잎이 나올 땐 연한 녹색이나 미색에 보랏빛을 머금고 있다가 시간이 지남에 따라 꽃은 보랏빛으로 헛꽃은 보랏빛에서 흰색으로 변해간다.

헛꽃은 그 화려함으로 벌과 나비를 유혹하여 진짜 꽃이 수정하게 되면, 즉 자기 할 일을 끝내고 나면 하늘을 보고 있던 꽃잎을 스스로 땅을 향해 뒤집는다. 그뿐 아니라 색깔도 더 이상 화려할 필요가 없으므로 하얗게 퇴색하여 말라버린다. 자기에게 오는 영양분을 열매를 맺는데 쏟게 하기 위함이다.

누리장나무나 병꽃나무 등도 수정이 이루어지면 꽃받침의 색깔을 바꾸어 준다. 아직 수분이 되지 않은 꽃잎과 구분하여 매개자들의 수고를 덜어주기 위한 배려이다.

자신은 수정하지 못하지만 진짜 꽃을 위해 헌신을 다하고 생을 마감하는 헛꽃에서 숭고함마저 느껴지며 자연의 오묘함에 다시 한번 놀라게 된다. 대부분의 산수국은 둘레에 핀 장식꽃헛꽃이 수정을 못하는 무성화이지만 제주도에서 자생하는 탐라산수국처럼 암술과 수술을 갖춘 양성화인 산수국도 있다.

산딸나무 헛꽃은 가운데 파란 것이 진짜 꽃이고, 하얗고 넓은 건 벌나비를 유인하기 위한 헛꽃이다.

덜꿩나무와 산수국의 헛꽃과는 조금 다르다.

꽃들 중에는 진짜 꽃보다 더 예쁜 헛꽃을 가진 꽃들도 있고, 꽃받침이 더 예쁜 꽃들도 있다. 이들이 더 예쁜 이유는 진짜 꽃만 가지고는 곤충들을 유혹할 수 없기 때문인데, 헛꽃을 가진 꽃들을 가만히 살펴보면 참꽃도 그리 못 생기지는 않았다. 단지 좀 작을 뿐이다. 작아서 눈에 잘 보이지 않으니 옹기종기 모여있고, 옹기종기 모여있는 것도 모자라 헛꽃이나 꽃받침의 도움을 받는 것이다.

헛꽃은 곤충들을 유인하는 중요한 역할을 하면서도 진짜가 아니라는 점에서 어쩌면 서글픈 삶이지만, 참꽃을 위한 존재가 값진 몫이다.

헛꽃이 꽃처럼 생긴 꽃받침이 있었기에 그들은 명맥을 이어갈 수 있었을 것이다. 이러한 꽃들은 겉으로 보이는 것이 전부가 아니라는 것을 깨우쳐 준다.

자연에서 이 경계의 구분이 모호하고 애써 구별할 필요조차 느낄 수 없는 것은 누가 진짜냐를 다투지 않고 어우러져 아름다움을 만들어가기 때문이다.

84

개화기 꽃가루의 飛散
<수목 화분과 질병>

버드나무나 포플러는 버드나무과 수목으로 암수딴몸이다.

3월 중순경 꽃이 피면 숫나무로부터 꽃가루가 날린다. 꽃가루가 사람에게 알레르기를 일으키는 수종이 있다. 봄철 꽃가루 알레르기*, 화분과민증이나 건초열을 일으키는 수종은 소나무, 삼나무, 편백, 자작나무, 오리나무, 서어나무, 버드나무, 포플러, 칠엽수, 플라타너스, 피나무 등으로 알려져 있다. 그중에서 자작나무, 삼나무, 편백이 좀 심하다고 한다.

버드나무와 포플러는 수정 후 5월 초순경 종자 주변의 흰 털종모 種毛의 형태로 바람을 타고 비산한다. 민들레 씨앗도 비슷하다. 종모는 순수한 섬유소로 알레르기를 일으키지 않는다. 잘못 알려진 사실이다.

목화꽃에 달리는 섬유소와 같은 성분이다. 오래전에는 목화의 섬유가 귀했던 시절에 버드나무와 포플러의 종모털를 모아서 버선, 베

---

* 꽃가루 알레르기(Allergie) 바람을 타고 대기 중에 날아다니는 꽃가루를 흡입하였을 때 일어나는 과민 면역 반응성으로 비염, 결막염, 기관지 천식 등으로 나타나는 질병이다. 매년 일정한 계절이 되면 재채기, 콧물, 안구 충혈 등의 증상이 있다.

개, 방석의 속을 채워 사용했다고 전한다.

일제 강점기에는 우리의 국화인 무궁화꽃가루가 눈병을 일으킨다는 이유로 제거의 대상이었다. 주도면밀한 문화 말살정책의 서막이었다.

조선시대 양반 꽃으로 불리던 능소화의 꽃가루가 알레르기의 주범으로 언론에 등장한 적도 있다. 그런데 사실은 포장된 말로 불신만 키우면서 끝났다. 모두 사실이라면, 그런 꽃을 정원에 키우는 가족은 모두 개화기에 병원에 가야 정확한 단서가 되지 않을까?

꽃가루가 귀한 시기에 많은 양이 며칠 동안에 비산되니 여러 문제가 있을 수 있다. 평상시도 비염에 약한 사람은 감염의 우려도 있다. 외부 출입 후 자주 씻어 개인 위생관리에 만전을 기하는 게 중요하지 않을까?

85

곤충 활주로 알전구 발전소
<꽃과 유전>

식물에게 꽃받침은 암술과 수술이 닿기 위한 곤충들의 활주로이다. 꿀을 얻고 꽃가루를 옮겨주는 '기브앤테이크'이다. 대신 불완전을 극복하기 위해 한 번에 꿀을 모두 내어 주지는 않는다. 뒤에 찾아올 곤충의 보상을 남겨둔다.

커다란 나무에서 피는 꽃은 화려하지 않다. 느티나무, 소나무, 은행나무, 팽나무 등 죄다 실속 없는 꽃들이다. 그러나 이팝나무와 아까시나무는 사뭇 다르다. 눈처럼 하얀 꽃이 유난스럽다. 목련꽃은 그런 면에서 예외 종이다.

이른 봄부터 잎을 내지 않고 꽃을 먼저 피우는 것은 사랑의 조급함이다. 너무 이른 단식 선언이다. 꽃들은 그들의 언어로 바람에게 말을 걸고 동물에게도 이야기를 나눈다. 벌과 나비들과 소통한다. 때로는 동박새 같은 작은 친구들을 불러 자신의 소원을 이루어달라 한다. 꽃가루 심부름을 시킨다.

목련꽃은 봄의 전령이다. 흰 꽃인 백목련과 검붉은 자주색의 자목련이 있고, 노란 꽃을 피우는 황목련, 꽃잎이 가늘고 긴 별목련이 있다. 앞의 이름 순서가 꽃피는 순서이다.

꽃이 큰 목련은 '花開半 酒醉微'라는 말이 잘 어울린다. 꽃은 반쯤 피어 꽃잎이 살포시 열리며 보일 때가 가장 아름답다는 뜻이다. 술도 적당히 마시면 약이 될 텐데…….

'木之必花, 花之必實'은 나무는 꼭 꽃을 피우고, 꽃이 피면 반드시 종자를 맺으라는 말이다. 식물의 꽃은 자신의 씨앗을 만들어 후손에게 전할 유전자를 만드는 생식기관이다. 인간의 시선으로 보면, 꽃이라는 생식기의 아름다움을 보고 즐기는 것이다.

꽃들은 매개자들에게 자신의 꿀을 어디에 보관하고 있는지를 유색의 실선으로 매개충에게 안내한다 Honey guide. 꽃마다 특유의 색상과 모양이 다르다고 한다.

진달래와 철쭉이 개화시기를 달리함은 더 좋은 결실을 맺기 위한 결단이다. 이른 봄에 매개충의 바쁜 일과를 분산해야 꽃가루받이 성공률이 높아짐을 알아챘다.

꽃을 이루는 요소는 암술과 수술, 꽃잎과 꽃받침이다. 이중 한가지라도 빠지면 안갖춘꽃 또는 불완전화라고 부른다. 안갖춘꽃 중에는 꽃잎과 꽃받침이 모두 없는 밤나무와 버드나무꽃과 꽃잎이나 꽃받침 중 하나가 없는 경우도 있다.

봄꽃은 대부분 잎이 없이 꽃부터 피우고 나무에 비해 꽃이 크다. 수가 많고 화려하다. 작은 키에 그리 많은 꽃을 피우는 에너지는 어디서 솟구치는지 그야말로 놀랄 만큼 화려하고 찬란한 봄을 만들어 간다.

안도현의 시 '살구나무 발전소'에서 살구나무 어딘가에는 틀림없이 발전소가 있을 것이라고 했다. 그렇지 않고서야 그리 환한 꽃을 피울 수 있겠느냐고 그 환한 알전구 꽃 전등에 불을 켜려면 몸 어딘가 발전소가 하나쯤 있어야 할 것 같다는 시로 자연의 신비를 예찬한다.

86

꽃가루받이부터 2년 기다림으로
<수정과 개화생리>

 식물은 종자에서 자라기 시작하여, 유묘의 초기에는 영양생장만 계속한다. 묘목 단계를 거쳐, 개화 능력이 되면 성목이 된다. 성숙의 기준이다.

 유묘에서 영양생장만 하는 것은 빨리 자라야 햇빛 조건을 유리하게 하려는 생존전략이며, 유형기幼形期는 그 수종의 생존 기간에 비례한다. 영양생장이 긴 수종일수록 수명이 길고, 동물에서도 성장기가 긴 종이 평균 수명도 길다고 본다.

 유묘의 특징은 녹지삽목이 잘 되고, 가을 늦게까지 계속 자라므로, 낙엽도 늦게 지고 자라다가 서리도 맞는다는 점이다.

 식물에서 생식생장과 영양생장은 부의 관계다. 열매가 달리면 영양소를 독점적으로 빼앗아 가며, 줄기 뿌리와 형성층의 생장을 억제한다. 열매가 많이 달리면 잎이 작아지거나 정아가 죽는 경우도 있다. 줄기생장과 직경생장도 급격히 둔화되며 이듬해까지 영향을 준다.

 과수의 풍년과 흉년이 교대로 나타나는 격년 결실의 원인이다. 풍년에 과다하게 양분을 소모하여 영양의 불균형으로 다음 해 꽃눈의 발달이 억제되기 때문이다. 감나무의 해걸이가 이런 사례이다.

피자식물의 꽃턱구조는 벚꽃처럼 꽃받침, 꽃잎, 수술, 암술이 있어야 완전화이다. 양성화는 암술과 수술을 함께 갖는 꽃이며 벚꽃이 그렇다. 잡성화雜性花*, 일가화一家花**, 암수 딴그루의 은행나무, 주목 같은 이가화二家花***가 있다.

나자식물은 양성화가 없다. 소철류와 은행나무는 대표적인 이가화이고 솔방울을 맺는 구과목毬果目은 일가화로 암·수꽃이 한 그루이다.

화아花芽 원기原基****는 전년도에 이미 형성되어 월동 후 봄에 개화한다. 일반적으로 5월부터 7월 사이에 만들어진다. 194p〈표 7〉참조

봄부터 영양성장을 하다가 일시적으로 정지하면 눈의 일부가 꽃눈으로 전환된다. 다음 봄에 개화를 위한 꽃눈을 만들며 많은 에너지가 소모된다.

화아원기 형성기에 수분 스트레스를 주면, 어린나무에서도 개화가 촉진되는 때가 있다. 그러나 물주기로는 개화량이 늘어나지 않는다.

나자식물인 소나무처럼 암꽃은 주로 상단부에 달리고 수꽃은 수관부 하단부에 모여 달리는 것은 자연에서 풍매화로 타가수분을 하기 쉬운 구조이다. 바람이 불면 기류현상으로 이웃나무로 꽃가루가 날린다.

간혹 종자가 없는 열매가 성숙하는 단위결과單爲結果가 있다. 수정

---

* 잡성화(雜性花) 한 나무에 암꽃과 수꽃이 다 피는 꽃이다.
** 일가화(一家花) 단성 기관으로 이루어진 암꽃과 수꽃이 동일한 개체에 달리는 식물이다. 호박, 오이, 소나무 등이다. 암술과 수술이 한 개의 꽃 속에 같이 있는 양성화도 이에 해당한다. 자웅일가화(雌雄一家花)는 한 꽃봉오리 안에 암술과 수술이 모두 갖추어져 암꽃과 수꽃의 구별이 없는 꽃이며, 잡성일가화(雜性一家花)는 수꽃이나 암꽃 중 한 종류만 있는 꽃이다.
*** 이가화(二家花) 암꽃과 수꽃이 각각 다른 그루에 피는 단성화이다. 웅예이가화(雄蕊二家花)는 양성화와 단성화가 한 그루에 피지만 항상 웅성화는 각기 다른 그루에 피는 꽃이고, 잡성이가화(雜性二家花)는 수꽃과 암꽃의 두 종류가 같이 있는 꽃을 말한다.
**** 원기(原基) 구조의 기원이 같은 배세포의 원시 세포나 첫 축적물. 개체 발육 도중에서 장래에 어떤 기관이 될 것이 예정되어 있으나 아직 형태적, 기능적으로는 미분화 상태에 있다.

없이 열매가 성숙하는 경우이다. 단풍나무와 자작나무에서 보인다. 단위생식은 배주가 수정 없이 배로 발달하여 씨앗은 없다.

   대부분의 종자는 당해 연도에 꽃을 피우고 성숙하여 맺는다. 예외로 참나무 중에서 상수리나무와 굴참나무, 소나무속의 종자는 2년에 걸쳐 종자가 성숙한다.

87

소나무의 자기변신
<성 전환>

반송盤松 둥근소나무은 관목형 소나무의 한 품종이다. 줄기가 밑동에서 여러 갈래多幹로 자라는 특성이 있고, 위보다는 옆으로 잘 자란다. 최근에 조경용으로 육성되어 많이 보급되었다.

소나무류는 일가화로 암·수가 한 몸이지만 암꽃과 수꽃은 따로 피고, 서로 다른 가지에 달린다. 암꽃은 1년생 가지의 끝에 달리고, 1~2개의 암꽃만 있다. 당년에는 연자줏빛 아기 솔방울을 매단 채 햇가지는 더 자라지는 않는다.

반송은 간혹 한 가지의 끝에 3~10개 정도가 암꽃만 모여 달리기도 한다. 때로는 1년생 가지에 수십 개의 암꽃이 떼로 달린다. 비정상 현상으로 같은 개체에서 매년 반복적으로 나타난다.

소나무나 반송에서 수꽃은 수관의 아랫부분 1년생 가지 끝에서 핀다. 수꽃은 질 때면 수꽃의 끝에서 순이 다시 자라 잎이 생긴다.

반송에서는 수꽃이 암꽃으로 변하는 성전환 현상이 자주 보인다. 수십 개의 수꽃 중에서 일부만 암꽃으로 바뀔 수도 있고, 모두 전환되는 경우도 있다. 이런 개체는 유전적이다. 식물호르몬의 불균형이다.

한 가지의 끝에 암꽃이 달리고 그 아래에 수꽃이 피는 경우나, 끝이 아닌 수꽃의 중간 부분에 암꽃이 맺히는 개체도 있다.

소나무 화아花芽의 원기原基는 전년도 7~8월에 생겨 이듬해 5월에 개화한다. 약 9개월 동안 분화하면서 암꽃의 영향을 받아 동화同化된다.

수꽃의 일부 또는 전부가 암꽃으로 성전환하는 것을 남복송男福松이라고 한다. 남복송은 솔방울이 1년생 가지의 아랫 부분기부에 모여 달리고, 여복송女福松은 위쪽 가지 끝에 모여 달린다.

남복송은 수꽃이 변해 암꽃이 되어 성전환된 것이다.

여복송은 잎자리에 잎이 꽃으로 변해 잎눈이 암꽃으로 바뀌었으나 성전환은 아니다.

성전환은 소나무보다 반송에서 더 흔히 관찰된다.

남복송이나 여복송은 여러 개의 솔방울이 모여 달려있어 솔방울도 작고, 제대로 종자가 발달하지 않았다. 일반적으로는 소나무의 암꽃은 당년에 꽃가루받이受粉가 되지 않으면 떨어져 2년까지 자라지 않는다. 수정은 되었으나 밀집되어 자라 양분이 부족해서다. 솔방울암꽃은 첫해 수정된 후 자라지 않고 1년을 지내다가, 2년 차 봄부터 가을까지 씨방과 씨앗이 크게 자라 9월이 되면 퍼트린다.

상록수는 1년 내내 계절에 관계없이 푸른 잎을 달고 있다. 소나무의 독야청청은 잎이 늘 푸르게 보이기 때문이다.

사철나무는 자유생장 수종으로 잎이 봄, 여름, 가을에 만들어진다. 봄 잎은 그 해 가을에 지고, 늦여름 잎과 가을 잎으로 겨울을 나지만 다음 해 봄 잎이 나면 또 낙엽이 된다. 그래서 잎의 수명이 몇 개월로 짧다. 동백나무 잎은 3년씩 산다.

침엽상록수인 스토로브잣나무 잎은 2년 차 가을에, 소나무 잎은 3년 차 가을에, 서늘한 기후를 선호하는 잣나무는 북방 수종으로 4년

차 가을에 각각 낙엽이 된다. 이런 나무들은 한꺼번에 갈색으로 떨어지지 않고 서서히 바람 부는 대로 진행되므로 낙엽지는 과정이 잘 표시 나지 않는다. 그리고 생육상태가 불량하면 이전이라도 떨어진다.

대표적인 고산 수종인 전나무, 구상나무와 주목은 추운 기후를 좋아한다. 이런 지역에서 잎은 5년 이상 살아 있다. 도시의 거리에서는 2~3년 차를 넘기기 어려운 것은 이들에게 살기 적합하지 않은 환경이라는 방증이다. 낙엽지는 때와 크기, 모양으로도 그 개체의 건강 정도를 가늠할 수 있다.

고산의 추운 기후는 찬 온도에서 낙엽 분해가 느리고, 식물의 뿌리 및 체내의 에너지 순환도 늦다. 이에 적응하기 위해 잎의 수명도 길다. 알프스산맥의 전나무잎은 20년간 살아 있고, 미국 네바다주 롱가에바잣나무는 해발 3,500m에서 살면서 잎의 수명이 30~40년씩도 된다고 한다.

88

접붙이기로 품종교체와 생명연장
< 무성번식 >

　접목은 좋은 형질의 품종을 가까운 수종 간 형성층을 접합시켜 새로운 무성번식을 시키는 원예 기술이다. 접목은 같은 수종Species 내에서 품종Cultivar 간에 또는 같은 속Genus 내에서 수종 간에 가능하다.

　감나무의 일종인 고욤나무대목에 감나무접목를 접목한다. 비슷한 종끼리의 접합이다. 고욤나무를 개량한 종이 감나무이다. 사람의 필요에 따라 더 크고 달콤한 과육을 탐하기 위해서이다.

　종이 서로 다르더라도 같은 속에 있는 계통은 접목이 가능하다.

　백목련의 접은 목련을 대목으로 접목한다. 곰솔해송을 대목으로 적송, 반송, 잣나무, 오엽송을 접목하여 기른다. 이들은 모두 소나무속 Pinus 계통에 속하는 공통점이 있어 가능하다.

　소나무와 잣나무는 접목은 가능하지만 꽃가루를 통한 교배는 되지 않는다. 소나무 잎의 유관속은 두 개고, 잣나무 잎의 유관속은 한 개로, 서로 다른 아속亞屬으로 교배될 수 없는 자연계의 특이 현상이다.

　접목은 가능하지만 수정은 이루어질 수 없다. 접목은 대목의 뿌리만 빌리는 것이다.

핵과의 과수 중에서 벚나무 속 내에서는 접목이 잘 된다. 예로, 살구나무 대목에 복사나무, 앵두나무, 자두나무, 매실나무 등 접수로 접목이 용이하다.

  접목으로 과수를 키우면 열매를 맺을 때까지의 기간이 단축된다. 접목한 과수는 나무의 노령화가 당겨진다. 뿌리의 활착력이 좋은 대목을 활용하면 수세가 좋아진다. 묘목원에서 판매되는 반송은 거의 곰솔의 어린 묘에 접목한 것으로 자라더라도 접목 부위의 경계 수피에 가로선이 쉽게 구별된다.

  접목은 식물의 어느 한 부분을 채취(접수)하여 다른 부분(대목)에 접착시켜 상호 간의 유착으로 원만하게 재배 목적을 달성하는 수단이다. 접목이 잘 되려면 친화성이 있어야 하는데, 유전적 소질이 가까울수록 친화력이 크다.

  접목의 목적은 개화 결실의 촉진, 수세의 강화, 환경적응성, 병충해 저항성, 수세의 회복, 다른 번식법이 곤란한 경우 이용하는 무성번식법이다. 접목은 대목과 접수와 절단면의 형성층 재생 융합으로 양수분의 공급이 잘 되어야 한다.

  대목의 경우는 근경이 0.5~1cm로 연필 정도의 굵기면 가능하다. 대목이 가늘면 활착률이 떨어진다.

  접수는 우량품종이고 건강한 가지로 발육을 시작할 무렵의 대목에 휴면 중의 접수를 사용해야 활착률이 높다. 건강한 가지를 2~3주 전에 채취하여 눈이 자라지 않도록 냉장실에 보관한다.

  식물과 동물의 번식은, 유성생식과 무성생식이 있다. 유성생식은 부모의 정자와 난자의 수정으로 새로운 개체로 자라는 증식법이다. 자식[F1]의 유전자는 어미와 아비로부터 각각 물려받아 생성된다.

  수목의 유성생식은 암꽃에 수꽃의 화분이 날아와 수분(受粉)한다. 씨방에서 수정되면 종자로 자란다. 종자는 어미와 아비로부터 각각 유전자를 반반씩 전달받는다. 때로는 부모와 다른 모양이나 특성을 나타내기도 한다. 자연현상에는 돌연변이라는 짜릿한 예외가 있어 흥미롭다.

무성생식은 식물의 품종 특성을 그대로 이어받는다. 식물의 몸체 일부를 떼어 다시 자라게 하기 때문이다. 꺾꽂이삽목, 접붙이기접목, 휘묻이취목, 포기나누기분근, 조직배양 등의 방법이다. 어미나무와 똑같은 특성을 이어받아 또 다른 하나의 개체로 자란다.

돌연변이 된 개체나 특이한 잎과 꽃, 열매, 수형의 나무를 다량 복제하는 방법도 무성생식법이다.

과수의 재배 시 꽃가루받이를 쉽도록 인근의 수분수受粉樹*를 심기도 하는데 원하는 품종의 과실과 다르게도 열릴 수 있다. 농작물의 경우도, 고추, 호박, 옥수수 등 여러 품종을 가까이에 심으면 꽃가루가 서로 교차 수분되어 열매가 달리 열릴 수 있다. 농작물 재배 시는 흔한 일이다.

향나무의 열매가 익으면 새들을 불러 자신의 열매를 먹이로 내어준다. 열매를 먹어 과육을 소화시킨 새들은 남은 씨앗을 배설물과 함께 어디엔가 뿌려준다. 새의 뱃속에서 산성의 소화액에 적당히 부식된 씨앗은 껍질이 살짝 벌어진 상태로 새의 몸 밖으로 나온다. 그리고 싹이 틀 때까지 새의 배설물에 싸여 적당한 온도 유지와 발아시의 영양분도 공급받는다. 간절한 생존전략이다.

---

* 수분수(受粉樹) 다른 꽃의 꽃가루를 받을 수 있도록 섞어 심는, 품종이 다른 과실나무이다.

89

무성번식의 다양한 사례
<접목, 삽목, 취목번식>

　접의 시기는 세포분열이 왕성한 봄철 또는 가을은 생장이 정지하기 전에 실시하는데 평균기온이 15℃ 전후로 3월 중순부터 4월 중순이 적기이다. 날씨가 흐리고 바람이 없는 날 오전이 가장 적합하다.
　접붙이기는 대목이 굵은 경우는 할접, 대목의 부분을 쪼개는 절접, 껍질만 벗겨 접수를 끼워 넣는 박접과 뿌리에 접을 하는 근접, 가지의 배 부분에 목질부를 깍아 하는 복접, 여름철 7~8월에 하는 눈접 등이 있다.
　접목은 접수의 눈이 충실하고 건강한 부분을 채취하여 휴면의 상태로 보관하는 것이 가장 중요하다. 채취 시기는 수종별 눈이 트는 시기가 달라 조금씩 다르다. 모수를 잘 보호 관리를 하여 가지를 사용하는 것이 좋다. 동결되지 않을 냉장 2~4℃에 보관하면 좋다.
　꺾꽂이삽목 번식도 무성번식법으로, 모수 영양체의 가지, 뿌리, 잎의 일부를 잘라 한 개체로 성장시키는 것이다. 종자나 접목에 의해서 번식이 곤란한 경우에 번식 수단으로 활용한다.
　삽수는 15~20cm의 길이로 잘라 약 10cm 간격으로 삽수의 반 이상을 비스듬히 눕혀 땅에 꽂는다. 삽수지의 물빠짐이 원활해야 되고, 건조하지 않도록 수분유지를 해야 한다. 삽수는 1년생 또는 2년생 가지로 하며, 뿌리가 나오는데 대략 30~40일이 소요된다.

꺾꽂이 토양의 온도는 22~25℃ 정도가 적당하며, 밤낮의 온도 차이가 크지 않고, 밤에는 서늘한 정도로 유지해야 발근에 도움이 된다. 요즘에는 발근제가 있어, 새 뿌리가 날 부분을 예리한 칼로 매끈하게 다듬고 약제처리 후 삽목하면 훨씬 나은 효과가 있다.

온도 관리를 용이하게 하려면 비닐하우스 안에 설치하고 직사광선이 들지 않도록 차광막을 덮어준다. 삽수는 시들거나 부패되지 않아야 하며, 삽상의 습도는 70~90%의 함수량을 조절하고 급수의 온도는 삽상의 온도와 같아야 한다. 삽수의 증산을 억제하기 위해서는 분무를 자주하여 다습을 유지함이 좋다.

삽수의 발근률을 높이는 자연 비법이 있다. 모수에서 자랄 때 하는 것이다.

환상박피법은 삽수의 기부를 가락지모양으로 박피철사결박하여 영양분을 미리 삽수에 다량 축적하여 삽목 후 자양분 결핍없이 발근을 유도하는 방법이다.

황화취목법은 새 가지를 암흑상태로 키우다가 기부 3cm 정도만 천으로 계속 황화시킨 뒤 그 아래를 잘라 삽목하면 활착률을 높인다.

삽수는 어린 가지일수록 영양분과 각종 호르몬이 있고, 오래된 가지일수록 발근이 불량하다.

취목법은 목본식물의 무성번식법 중 가장 안전하고 확실한 수단이다.

꺾꽂이나 접목이 곤란한 수종에 활용한다. 기본적인 수목 생리만 알면 쉽고 간단하며 성공률이 높으나, 다량으로 번식하기는 어렵다.

각종 정원수와 분재에서 취목법 번식수단으로 다양한 기법이 있다.

노령목도 어느 정도 가능하며, 모수에서 발근이 확인된 뒤에 잘라내므로 활착이 안전하다.

녹지삽목은 여름 장마기에 녹지의 목질화가 2/3쯤 됐을 때 서늘한 기온을 유지하며 삽상의 온도는 23.3℃가 효율이 제일 높다.

취목의 시기는 4~5월 생육이 가장 왕성한 시기에 실시한다. 수피를 3cm 정도의 폭으로 완전히 벗겨내고 황토흙이나 마른 이끼 등으로 두르고 비닐로 충분히 감싼다. 건조하지 않도록 수분을 공급하여야 한다. 발근촉진제를 처리하면 효과적이다.

그 외에도 흙을 덮어 뿌리를 낸 다음 분리하여 번식하는 분지법, 휘묻이법 등을 수종의 속성과 특성에 따라 적용한다.

Part 8
생육과 주변환경

90

가을 외투로 요염하게 변장하라
< 단풍잎 >

나무의 잎은 엽록소의 양에 따라 녹색이 옅거나 짙게 보인다. 잎은 봄부터 여름 내내 자라면서 할 일이 많다. 가을이 되면 줄기와 잎자루 사이에서 떨켜층離層이 생긴다. 낙엽 질 무렵 잎자루와 가지가 붙은 곳에 생기는 특수한 세포층이다. 겨울을 대비한 이별 준비이다.

이때부터 잎으로 인산과 무기물의 공급이 점차 제한되어 엽록소가 파괴되기 시작한다. 엽록소가 없어지며 은행나무는 카로테노이드의 일종인 잔토필이 노출되어 노란색 외투로 갈아입는다.

단풍나무, 벚나무, 붉나무, 화살나무, 복자기, 감나무 등은 잎에서 붉은 색소인 안토시아닌을 합성하기 때문에 빨간 단풍이 든다. 단풍나무 중에도 한 나무에서 가지마다 붉은색과 노란색이 번갈아 보이는 것은, 안토시아닌과 카로테노이드가 섞여서 생기는 현상이다. 단풍나무에서 단풍의 초기에 엽록소가 사라지면, 노란색 카로테노이드 색소가 나타나고 붉은 색소인 안토시아닌을 합성하면서 점차 붉은색으로 변한다.

단풍철에 온대지방에서는 수목의 약 10%가 안토시아닌 색소를 합성하여 붉은 단풍으로 보인다. 우리나라에서는 600여 종의 다양한 단풍 수종이 자라서 가을 단풍이 아름답다. 어느 지역이든 많은 수종일수록 약간씩 독특한 색을 나타내므로 더 화려하다.

식물이 가을에 단풍을 만드는 이유는, 안토시아닌을 합성하면 잎에서 엽록소가 없어진 후 광산화를 방지할 수 있다. 또한 잎에 남은 질소와 무기물은 몸체로 회수한다. 잎의 영양분을 회수하여 몸체에 저장하면 그 나무도 건강에 도움이 되고, 동절기 병해충의 월동 조건을 억제하는 예방효과도 있다.

가을 단풍은, 일장이 짧아지고 온도가 내려가면 생기므로 수목은 월동 준비를 하여야 한다. 먼저 성장을 멈추고 겨울눈을 만든다. 체내에 탄수화물과 지방, 수용성 단백질을 축적한다. 수분을 줄여 체액의 농도를 높여야 세포의 빙점을 낮추며 내한성을 키운다. 이 무렵 날씨가 좋아 광합성은 많이 하고, 호흡작용을 줄여야 저장된 탄수화물로 안토시아닌적색 색소를 많이 합성할 수 있다.

단풍 들기 가장 좋은 기상 조건은, 먼저 맑은 날씨가 지속되는 것이다. 맑은 날이 길어야 왕성한 광합성으로 다량의 에너지를 저장한다. 날씨가 서늘하면서 야간에 온도는 낮아야 호흡작용을 억제한다. 주야온도 차이는 크되, 영상권을 유지하여야 색소합성이 계속된다.

적절한 수분 유지를 위해 가을비가 필요하다. 단풍이 들 무렵이 가물면 조금씩 가을비가 와야 도시의 공원과 가로수가 예쁘게 옷을 갈아입어 가을 색 정취를 감상할 수 있다.

단풍을 망치는 요인은, 갑작스러운 기온 저하이다. 기온이 영하권으로 내려가 색소 합성효소가 얼어 죽으면 단풍이 중단된다. 야간 온도가 높으면 호흡작용 에너지 소모가 커 단풍전환 에너지가 부족해진다. 또한 가물면, 수분부족으로 광합성이 줄어든다.

다만, 노란 단풍은 엽록소에 가렸던 색소가 노출되는 현상으로 기상조건의 영향이 적고 과정이 단순하다. 잔토필의 함유량에 따라 노랑의 색이 결정된다.

도심의 단풍은 여름철 열섬효과로 고온과 수분부족에 시달리고, 가을철에는 높은 야간 온도, 대기오염, 이식 스트레스 등으로 광합성 저해와 호흡 에너지 소모로 깊은 산속의 단풍과는 대조적이다.

도시의 단풍수는 아쉽지만 애초부터 인간과의 잘못된 공생 결과이다.

가로수로 느티나무의 단풍은 조금 다르다.

대부분의 도심 속 공원에도 흔하게 볼 수 있는 수종이다. 도시공해나 대기오염에도 적응력이 강하다. 아무데서나 잘 자라는 속성수로 알려진 나무이다.

한적한 시골에서는 톡톡하게 어른 대접을 받는다. 정자수 또는 당산목으로 거의 노거목이다. 수관이 제법 크고 수형이 느긋하다. 보호수로 지정된 나무가 많다.

농촌의 마을에 몇 그루의 정자나무는 여러 군데로 나누어 심겨져 있다. 당시에 거리의 기준이 모호했던 시절이다. 거리를 목측目測할 수 있는 지표 나무로 삼고 '거리목'이라 했다.

느티나무의 단풍은 색깔이 보통 3가지다. 노란색과 빨간색, 갈색이 대표 색깔이다. 이러한 단풍 색깔은 매년 또는 외부의 영향으로 변하지 않는다. 그 개체의 유전적 고정된 특성으로 개별적 변이가 정해있다.

노란색 단풍은 엽록소가 파괴되면서 숨겨있던 본질의 색소가 드러나는 것이다. 빨간색 단풍은 엽록소가 파괴되면서 안토시아닌 색소가 합성되어 보이는 것이다. 이런 개체는 유전적으로 더 많은 안토시아닌 합성효소를 갖고 태어난다.

  봄에 자라나는 어린줄기를 보면, 어느 정도 가을 단풍색을 가늠할 수 있다. 자라나는 어린 가지와 잎자루의 색이 붉은색을 띤 개체는 가을 단풍도 붉다. 연녹색으로 자란 가지는 단풍도 노란색이다.

  간혹 보이는 갈색 잎은 다 자란 성목에서만 나타난다. 봄에 꽃을 피우고 열매를 맺어 자라면서 많은 영양분을 소모했다. 노란색, 빨간색으로 합성할 양분을 모두 씨앗으로 소진해서다. 잎의 크기도 작고 단풍을 만들 영양분이 없어 갈색으로 마른 경우다. 때로 가지별로 갈색이 나타나는 것은 분명 열매를 단 가지이다.

91

자연에서 마지막 주인은 陰樹다
< 숲의 식생천이 >

  숲의 진행 과정은 단순하게 보이지만 복잡한 절차로 이루어진다. 숲이라는 자연은 인간보다 훨씬 먼저 정착하였다. 사는 과정을 반복해왔기 때문에 외부요인의 큰 변화만 없으면 늘 비슷하게 보인다.

  숲은 식물과 동물, 미생물이 조화롭게 사는 복합적인 사생활 공간이다. 오랜 세월이 지나면서 적응하는 모습과 식물 종의 다양화 등 외부요인으로 생태계가 조금씩 달라지기도 한다.

  숲의 장기적인 변화과정을 식생천이植生遷移라고 한다. 어떤 생물도 자라지 않던 새로운 공간에서의 1차 천이와 어느 정도 진행된 식생에서 급격한 환경변화로 시작하는 2차 천이가 있다.

  1차 천이는 유기물이 전혀 없어 척박한 황무지다. 화산 분출지역이나 산사태 노출지, 해안 사구 등으로 천이속도가 매우 느리다. 초기에 질소고정 식물인 콩과식물, 아까시나무, 오리나무류가 먼저 자리를 잡고 질소와 유기물을 집적하기 시작하여 시간이 지나면서 토양은 점차적으로 비옥해진다.

  다음 단계로 햇빛을 좋아하는 양수 버드나무, 밤나무, 소나무, 참나무류*가 침입한다. 조금씩 숲다워지는 단계이다. 차차 숲이 우거지면 양수의 후손은 그늘에서 살지 못하고 중성수인 편백, 참나무류, 느릅나무가 들어가 숲의 다양성을 만들어 간다.

천이의 마지막 과정은 그늘에서도 잘 자라는 수종이 버틸 수 있다. 가문비나무, 전나무, 단풍나무, 물푸레나무, 서어나무 같은 수종이 최후 극상림極相林으로 숲이 안정화된다.

2차 천이의 예는 산불, 태풍, 벌목 등 기존의 숲의 기본형태를 모두 갖춘 곳이다. 충분한 유기물이 있어 1차 천이와 비슷하지만 진행 속도가 빠르다. 결국 숲의 최후 지배자는 언제나 음수가 우점종**이 된다.

우리나라의 산림 변화를 보면, 과거 황폐기에는 소나무, 노간주나무, 아까시나무, 오리나무, 버드나무, 밤나무, 산벚나무 등 양수가 자랐다.

최근부터 중성수인 참나무류가 무섭게 세력을 확장하고 있다.

숲이 우거지고 기후 온난화가 진행되면서 소나무 숲이 급격히 줄고 있다. 앞으로 100년 이내에 남한지역에서 소나무를 보기 어렵다는 말이 떠돈 지 오래되었다.

요즘은 어느 산에 가도 참나무류가 가장 많다. 앞으로는 단풍나무, 물푸레나무 같은 활엽 음수로 전환될 것이다. 극상림으로 가는 중이다.

숲의 초기는 양수로 시작해서 중기는 중성수가 자라다가 말기는 음수로 바뀌는 것이 바로 자연의 천이과정이다. 조경수도 식생천이를 이해하면 관리에 도움이 된다.

---

* **참나무류**는 상수리나무, 떡갈나무, 신갈나무, 갈참나무, 졸참나무, 굴참나무 6종을 지칭한다. 식물의 분류에서 참나무라는 수종은 없다.

** **우점종(優占種)** 식물 군집 안에서 가장 수가 많거나 넓은 면적을 차지하고 있는 식물종으로 전체의 성격을 결정하며 군집의 분류에도 쓴다.

92

햇빛이 수세를 강화시킨다
<충실한 조경수>

　꽃과 열매를 맺는 수목의 건강도는 수분과 무기물을 잘 흡수하고, 햇빛을 충분히 받아 광합성을 통한 탄수화물을 많이 만드는 것에 따라 결정된다.
　어린나무부터 좋은 조건으로 잘 키우면 훌륭한 조경수가 된다. 식재 간격, 수광, 간벌, 가지치기 모두 중요하다. 특히, 바람이 많은 지역에서는 아랫가지를 세력지로 키우면 밑동이 빨리 굵어지며 안정감이 있어 바람에 견디는 내력도 커진다.
　나무의 자람을 예측하여 나무 사이를 충분하게 넓혀 심으면 광합성에 유리하다. 탄수화물이 많아지면 줄기와 뿌리가 빨리 굵어진다. 여러 대사활동이 최적화되어 건강하면 꽃눈이 많이 맺히고 충실해진다. 당연히 꽃도 제 색깔로 피어나 화려하다.
　꽃을 피우는 화목花木은 물과 비료보다는, 햇빛이 꽃눈 형성에 더 큰 영향을 미친다고 한다. 반그늘에서 자라는 꽃나무에 좋은 비료를 많이 주어도 꽃이 많이 맺히지 않는 이유이다.
　특히, 양수의 조경수를 밀식하면 옆 가지는 그늘이 되어 자연적으로 죽는다. 위로만 크고 광합성량이 적어져 꽃도 작고 또 적게 피운다. 일찍부터 자랄 여유 거리를 주고 옆가지 수를 늘여 광합성이 잘 되도록 하여야 품격있는 정원수가 된다.

수관이 넓어야 안정감이 있고 잎이 풍부해야 튼튼하게 자란다. 광합성은 식물의 영양분 생산 공장이다.

꽃과 잎, 열매 색채의 특성과 색소변화에 따라 나무 심기의 계획을 잡아야 한다. 낙엽수는 계절에 따른 잎의 색 특성과 지속 기간을 파악하여 질적 향상을 도모하고, 낙엽 후에도 열매가 감상 가치를 높이도록 자웅 나무를 고려하고 토양조건, 온도변화, 습도 등 주변 환경에 맞도록 배치한다.

생활환경 주변에 미화와 환경보전을 위하고, 공간의 기능성과 심미적 목적을 위해 심는 나무로 자생종, 재배종, 원예종이 있다.

조경수는 보기 좋고, 주변 경관과 잘 어울리며, 관리와 이식이 쉽고, 환경적응성과 병해충 저항성도 커야 한다.

93

梢殺度를 키워야 안정감도
<수목의 방풍형>

　수목의 관리는 초살도梢殺度*와 유의미하다. 어려서부터 밑동이 굵어야 무게중심이 아래로 간다. 조경수는 밑가지의 관리가 아주 중요하다. 나무의 가지를 키우는 데는 10년 이상 걸리는데, 잘라 내는 시간은 1분이면 된다. 돌이킬 수 없는 실수가 될 수 있으니 특히, 조경수의 아랫가지 전지 시에는 신중하게 판단해야 한다.

　수목은 충분한 수광 조건이면 자연적으로 어린싹부터 밑가지를 만들며 자란다. 밑가지가 충실해야 아래쪽이 굵고 건강하게 보인다. 육묘장에서 자라는 묘목은 파종 밀도가 높고 키를 키우려고 곁가지를 돋는 대로 제거하여 외대로 키운다.

　묘목 간의 간격을 넓혀 가지를 충실하게 길러야 잔뿌리도 많고 광합성도 잘한다. 그런 유묘가 튼튼하고 좋은 묘목이 된다.

　가정의 정원수도 밑가지를 너무 높여 지하고枝下高**가 올라가면

---

* **초살도(梢殺度)** 수간 하부에서 위로 올라가면서 가늘어지는 상부와의 직경 차이다. 분재에서는 가늠새라고 하여 중요한 기준이 된다. 간벌을 하면 수간 하부의 직경생장이 증가하여 그 차이가 커 초살도가 커지고, 가지치기를 하면 그 차이도 작아 초살도도 작아진다고 말한다.
** **지하고(枝下高)** 나무의 지상에서 첫 가지까지 수간 높이로 가지가 없는 부분의 길이다.

무게중심이 위로 놓여 바람에 취약해진다. 반대로, 밑동 가지가 없으면 지제부_地際部_ 밑동이 잘 굵어지지 않는다. 나무의 규격은 근경 또는 흉고직경과 키로 크기를 판단한다.

밑동 부분에 있는 건강한 가지가 있어야 광합성 산물을 아래로 보내기 때문에 밑동이 쉽게 굵어진다. 식물체의 초살도가 커지고 피라미드형으로 안정감이 있다. 대개 넓은 공원에서 자유스럽게 자란 수종의 모습이다. 아랫가지를 많이 제거할수록 근경의 굵기가 느려진다.

메타세쿼이아나 낙우송이 제멋대로 자라면 초살도가 큰 수종이 된다.

열대수는 판근_板根_이라는 보조 뿌리가 밑동에서 삼각형으로 근육처럼 받치고 있어 바람에 굳건하다.

밑가지가 있어야 자연스러운 수형이 된다. 무게중심을 낮춰 안정을 준다. 초살도가 크면 바람에도 잘 견디지만, 가지가 많아 여름철 하부 수간의 피소_皮燒_도 예방된다.

정리하면, 조경수는 초살도가 커야 좋은 수목이고, 반면에 목재로 활용한다면 초살도가 작은 수목이 좋은 목재이다.

바람에 대비해 지주목을 세울 경우, 하부와 상부를 단단히 고정하여 흔들림이 없어야 한다. 지주목은 뿌리가 활착할 때 2~3년까지만 필요하다. 활착 후로 계속 고정하면 뿌리 발달이 늦고 밑동이 잘 굵어지지 않아 제거함이 옳다.

94

木은 말라도 잘 참는다
<건조 저항성>

건조 저항성은 소나무 같은 심근성 수종의 생존에 유리하다.

건조에 잘 견디는 다육식물과 난초류는 엽육과 뿌리에 저수조직을 가지고 있다. 특이한 삶의 시스템을 갖고있는 식물이다.

건조지역에서는 각피층이 두꺼운 수종과 기공에서 증산량이 적고 딱딱한 경엽이 환경을 잘 이겨낸다. 잎의 표면에 왁스층의 존재와 양도 중요하다.

건조 저항성은 수분을 좀 부족하게 키우면 후천적으로도 유도되고, 온실에서 자라던 식물은 햇빛에 노출하여 물을 적게 주어 가며, 햇빛 적응성을 높여주면 건조 저항성에 도움이 된다.

한반도에서 자라는 소나무류는 소나무, 곰솔, 백송, 리기다소나무, 잣나무, 섬잣나무, 눈잣나무가 있으나 소나무가 가장 내건조성이 좋다.

소나무는 증산작용을 억제하는 2가지 비책이 있다. 지상부의 특이 구조와 토양수분을 얻는 뿌리 기능이다.

소나무 잎은 바늘형으로 겉면에 두꺼운 왁스층으로 덮여 있다. 표피 안에는 다른 수종에는 없는 서너 층의 두툼한 내표피가 있어 수분

이탈이 최소화된다. 기공은 깊이 숨어 있고, 입구에 왁스가 있어 열려도 증산량이 적다. 눈과 가지는 송진이 많아 탈수가 억제된다. 수피 또한 두툼한 방수외피로 수간에서 수분 이탈이 어렵다.

소나무는 뿌리의 총량이 다른 수종보다 더 많아 수관폭 밖으로 근계를 확장하며 방대한 근계를 형성하는 나무이다.

소나무는 가는 뿌리와 공생하는 곰팡이 균근균에 싸여 뿌리 건조를 막는다. 뿌리털이 없는 대신 균근균의 균사가 넓게 퍼져 많은 양분과 수분을 대신 공급하기 때문에 척박 건조지에서 살 수 있는 유별한 공생을 한다.

95

겨울철 피해는 은밀한 거래
<식물 스트레스>

식물에 있어서 필수영양소를 모두 다 갖추어졌더라도 한 가지 요인이 결핍되면 생장에 지장을 주는 현상을 최소법칙이라 한다. 부족한 요인은 식물의 발육에 생물학적 스트레스로 작용한다.

식물 대사작용의 적정온도는 일반적으로 0~35℃ 정도이다. 고등식물이 생명을 견딜 수 있는 임계온도는 50~60℃로 본다. 이 온도를 벗어나면 피소나 형성층과 사부조직의 괴사로 이어진다.

온대지방에서 수목의 동결은 -40℃ 안팎에서 생긴다. 그러나 내한성이 큰 자작나무, 오리나무, 사시나무, 버드나무류는 그 아래 온도에서도 잘 버틴다.

냉해(冷害)는 생육기간 중 빙점 이상의 온도에서 생기는 저온 피해이다. 0℃ 근처에서 발생하며, 맑은 날 야간에 주로 생기는 현상이다.

동해(凍害)는 빙점 이하의 온도에서 식물이 어는 피해이다. 식물의 세포 내에서 얼음결정이 되어 세포막이 파손되거나 원형질이 탈수상태가 된다.

중부 지방에서 남부 수종인 남천, 배롱나무, 금목서, 은목서, 호랑가시나무가 이런 피해를 입는다. 주로 봄에 일어나는 늦서리晩霜의 피해가 있고, 가을 첫서리무霜 피해도 있다. 동절기에는 수목의 줄기가 얼면서 수직 방향으로 균열하는 상렬霜裂의 피해가 있다.

조경수목을 봄에 이식하면 수분 흡수력이 약해서 잎에서 증산량을 맞추지 못해 수분 스트레스에 시달린다. 이식 후 충분한 수분공급이 필요하며, 때로는 증산억제제를 잎에 분무해 주면 도움이 된다.

또한 겨울 가뭄과 이른 봄의 가뭄이 반복되고 있다. 계절적인 영향도 있지만, 이때 토양의 수분 정도를 살펴 수분의 보충이 필요하다. 특히 겨울철 낙엽 수종은 겉으로 드러나지 않아 때를 맞추기 어렵다.

겨울을 지내는 상록형 수종은 대부분 엽면이 두껍고 왁스층으로 덮여 있어 확인하기도 힘들다.

96

겨울 추위 부동액을 바꾸다
< 수목의 내한성 >

수목의 내한성耐寒性은 수종에 따라 이미 유전자에 내재되어 있다.

열대수는 열대지방에서 적응토록 진화되었고, 온대수는 온대 기후에 맞도록 자랐고, 한대수는 추운 지역에서 각각 잘 순화된 수목이다.

온대에서의 식물은 생육 한계선이 있다. 예로, 대나무, 비자나무, 굴나무 등 비교적 따뜻한 지역에 사는 식물의 북한계선*이 각각 정해있다.

가을에 일장이 짧아지고, 온도가 10℃ 정도로 낮아지면 대부분의 수목은 생장을 멈추고 탄수화물과 지질의 농도가 증가하면서 내한성을 강화한다. 병든 나무와 무기염류나 탄수화물이 부족하면 내한성은 생기지 않는다.

내한성을 증가시키는 물질은 당류인데, 당류는 전분의 가수분해로 만들어지며, 이때 설탕의 증가가 중요하다. 그래야 수액의 농도를 높여 빙점을 낮출 수 있다.

---

* 북한계선(北限界線) 식물의 식재 분포에서, 난대 식물을 북위도 지역에 식재할 경우 저온 때문에 생기는 생육 한계선이다.

수목의 건강상태는 햇빛과 광합성에 달려있다. 광합성의 산물인 탄수화물이 많이 축적돼야 설탕과 지방을 만들어 겨울 동안 내한성을 증진시킬 수 있다. 또한 송진과 검^{Gum**}, 페놀 물질은 내병충성을 키우고, 항산화물질을 생산하여 내공해성을 배가한다. 건조 저항 단백질은 내건성을 강화한다.

수목의 내한성을 증진시키려면 세포 내에서 필요한 물질을 합성하여 건강을 높이고, 수분을 세포 밖으로 배출하여 수액의 농도를 높여 빙점을 낮추는 게 제일 중요하다.

세포의 결빙을 막는 물질은 설탕, 지방, 수용성 단백질이다. 건강한 수목은 어지간한 영하의 추위를 거뜬히 막아낸다. 체내의 수액이 곧 자동차의 부동액이다. 관건은 햇빛만 많으면 광합성이 역동적이고, 그 산출물로 내한성을 키운다.

식물의 광합성이 부진한 사유는, 많은 뿌리를 절단하여 이식한 경우, 곤충에 의한 잎의 손실과 심한 대기 오염, 토양이 건조하여 수분이 부족한 경우이다. 복토나 토양이 척박할 때, 여름철 강전정의 경우도 마찬가지이다.

하절기 6월 하순부터 8월까지 강전정은 영양 결핍으로 내한성을 감퇴시킨다. 심하면 침엽수는 쉽게 고사한다. 비교적 내한성이 약한 수종을 여름에 강전정이나 두목작업^{頭木作業***}을 하면 많은 맹아를 키우느라 가을 동안에 에너지를 탕진한다.

가을에는 겨울을 지낼 설탕을 체내에 축적하지 못하면 추위에 약해져 그 해 겨울에 얼어 죽을 수 있다. 어느 수종을 불문하고 한창

** 검(Gum)　벚나무속의 나무 기둥에 상처를 입으면 밖으로 분비되는 물질이다.
*** 두목작업(頭木作業)　가로수로 많이 쓰이는 버즘나무류처럼 큰 나무를 작게 유지하기 위하여 동일한 부분의 줄기나 가지를 1~3년 간격으로 반복하여 전신주 또는 사슴의 뿔 모양으로 자르는 일이다.

자라는 시기에 강전정은 금물이며, 꼭 필요하다면 일부만 실시하여야 한다.

이른 봄에 꽃과 향을 전하는 매화가 있다. 봄에 눈이 녹기도 전에 일찍 봄을 알리는 전령이다. 매화꽃은 추위에 대한 저항성이 강하다.

조선시대 학자인 신흠申欽 1566~1628의 시가 있다. 매화의 결기가 숨어있다.

桐千年老 恒藏曲 동천년로 항장곡
　　　　오동은 천 년이 지나도 가락을 간직하고,

梅一生寒 不賣香 매일생한 불매향
　　　　매화는 일생이 추워도 향기를 팔지 않으며,

月到千虧 餘本質 월도천휴 여본질
　　　　달은 천 번을 이지러져도 본질이 남아 있고,

柳經百別 又新枝 유경백별 우신지
　　　　버들가지는 백번 꺾여도 새 가지가 돋아난다.

97

나무의 눈자리는 정해져 있을까
< 맹아력 >

 가로수의 대명사인 플라타너스는 줄기나 가지의 어느 부분을 잘라도 새순이 잘 돋아나온다. 그러나 소나무과의 수목은 그렇지 않다.
 수목의 눈에 대한 이름이 많다. 눈은 위치별, 기능별, 계절별로 나눠 불린다.
 눈이 생기는 위치별로, 정아頂芽는 끝눈 또는 가운뎃눈으로도 불리며, 가지의 끝에 달린 눈이다. 측아側芽는 곁눈이며, 가지의 측면에 있다. 액아腋芽는 겨드랑이 눈으로, 줄기와 잎 사이에서 생긴다. 수피 밑에 숨어 있는 잠아潛芽가 있다.
 계절로 구분하면, 여름철에 만들어지면 여름눈, 하아夏芽가 된다. 여름에 만들어 겨울을 나기 위한 눈은 겨울눈, 동아冬芽이다.
 기능별로는, 잎으로 자랄 눈은 엽아葉芽, 잎눈이다. 꽃으로 자랄 꽃눈, 화아花芽가 있고, 잎과 꽃을 함께 가진 혼합아混合芽가 있다.
 기타 비정상적인 위치에서 생기는 맹아萌芽와 부정아不定芽도 있다. 맹아력은 특정하지 않은 곳에서 생기는 눈의 발아 정도이다.
 잠아는 나무껍질 안에 숨어 있다가 가지를 자르면 즉시 맹아 형태로 나오는 눈이다. 잠아는 어린나무와 어린 가지에 많고 나이가 들면 점차로 줄어든다.

대다수의 활엽수는 맹아력이 좋지만, 침엽수는 매우 적거나 없다. 플라타너스는 전정 후 아무데서나 수피 밑에 무수히 많은 잠아가 숨어 있다가 맹아지로 돋아 자란다.

소나무의 잠아는 어린 묘목이나 잎이 달린 1~2년생 가지의 엽속葉束에 들어 있다. 2년 이상 지난 가지에서는 새 눈을 받기 어렵다.

소나무는 전정 시 새순을 받을 수 있는지를 보고 전정하지 않으면 회복력 없이 수형을 잃는다.

예외적으로, 리기다소나무는 가지와 줄기에 잠아가 있어 일부를 자르더라도 맹아지가 잘 자라난다.

간혹, 낙엽기가 아님에도 잎이 떨어지는 경우가 있다.

전염병, 기상요인 또는 해충에 의한 피해는 지상부가 죽더라도 뿌리가 살아 있으면 다시 살아날 수 있다. 단, 수분 이동을 억제하는 소나무재선충, 참나무 시들음병, 느릅나무 줄기마름병은 거의 고사한다.

잎의 90% 이상 식엽해충에 의해 손실되어도 활엽수는 새순을 내는 회복력이 있으나 침엽수는 고사할 수 있다. 소나무는 솔잎혹파리나 송충이의 피해가 매년 계속되면 수세가 약해져 몇 년 후 결국 고사한다.

수분부족, 일시적인 침수, 수간주사, 엽면시비, 제초제, 급성 대기오염의 피해증상으로 일시적 잎의 갈변은 심하지 않으면 회복할 수 있다.

활엽수 중에서 배롱나무, 무화과, 영산홍이 겨울철 지상부가 동해를 입더라도 뿌리에서는 다시 건강한 새싹이 늦은 봄에 오른다. 지난 해 많은 광합성으로 뿌리에 탄수화물을 저장하여 겨울도 잘 지냈고,

그 양분으로 늦게라도 싹이 자라는 경우다. 지연 맹아이다.

더러는 지상부보다 지하부 뿌리부터 죽어가는 경우가 있다.

건조, 배수 불량, 복토, 절토, 도로포장, 중금속 오염, 독가스 등으로 뿌리가 죽으면 살아날 수 없다. 이런 증상은 지상부도 꼭대기 연한 조직부터 죽어 내려온다.

결론적으로, 뿌리는 건강하고 지상부만 피해를 입으면 회생이 가능하지만, 어떤 피해로 뿌리가 먼저 죽으면 지상부는 멀쩡해도 고사한다. 다시 살아날 수 없다.

98

건조지와 습지의 臨界
<내건습성 기작>

　수종별 유전적 차이는 있으나 내건성 식물은 심근성으로 소나무류, 은행나무, 느티나무, 참나무류이다. 단풍나무도 강한 편이다.
　애초부터 건조 저항성 특징을 지니고 있다. 잎이 작고, 수피가 두꺼우며, 기공을 폐쇄하여 증산을 줄이는 비법이 있다.
　후천적으로도 내건성을 일부는 증진할 수 있다.
　뿌리의 발달 촉진, 지상부 생장 둔화, 잎의 경화 등이 잦은 건조기 후에 잘 적응한 결과이다.
　유전적으로 이끼와 고사리처럼 건조에 대한 인내력이 있는 수종이 있다. 줄기보다 뿌리의 인내력이 강해야 한다. 같은 종이라도 시험관에서 조직배양으로 자라는 개체는 습도가 높아서 조직이 부드럽고 각피층이 미약하고 내건성이 없다.
　평소에, 땅의 표면에 이끼가 자라면 배수가 잘 안되는 증거이다. 비가 온지 5일이 지났음에도 물이 고여 있으면 마찬가지다. 점질토양으로 과습지역임을 짐작할 수 있다.
　보통 나무가 잘 자라는 토양은 뿌리가 1m 깊이 아래로 자란다. 여

기까지는 산소가 공급되는 땅으로, 산소가 없으면 뿌리가 자라지 않는다.

비가 오면 지표 속으로 빗물이 들어가 토양의 공극을 채우고, 중력으로 물은 아래로 내려간다. 물이 빠진 토양의 공극에 공기가 채워지면서 뿌리의 호흡이 시작된다. 비가 오고 5일 경과 후 땅속 1m까지 공기가 들어가면 토양은 정상이다.

홍수로 침수되더라도 5일 이내로 물이 빠지면 뿌리의 손상은 없다.

수경재배 시는 뿌리가 늘 침수상태라도 잘 자라는 것은, 물속에 산소를 인공적으로 용존시켜 주기 때문이다. 또한 물에 잠기더라도 물이 순환하면 산소공급에 크게 문제 되지 않는다. 나무의 잎까지 물에 잠기면 3~4일 이내로 물을 빼 주어야 한다.

일반적으로, 토양 내 산소 함량이 10% 이하면 식물의 뿌리는 피해를 입는다.

활엽수가 침엽수보다 과습에 견디는 능력이 강하다. 소나무는 과습에 아주 약하지만, 낙우송은 침수에 강한 예외 수종이다. 〈표 13〉 참조

〈표 13〉 수목별 과습 토양 적응성

적응성	침엽수	활엽수
높음	낙우송	은단풍나무, 물푸레나무, 버드나무류, 버즘나무류, 오리나무류, 포플러
낮음	가문비나무, 서양측백나무, 소나무, 전나무, 주목, 해송, 향나무류	벚나무류, 사시나무, 자작나무류, 층층나무

활엽수 중에는 버드나무, 오리나무류, 포플러류, 물푸레나무, 플라타너스가 침수 저항성이 있다. 물가의 둑에서도 잘 자란다. 산소가 부족한 상태에도 뿌리 호흡을 효율적으로 하기 때문이다.

99

건강검진은 잎과 눈으로
<수목의 건강도>

　광합성 작용은 식물의 건강과 직결되는 메카니즘이다. 따라서 햇빛은 수목의 내한성, 내건성, 항균성, 내충성, 내공해성, 상처치유력 등 수목의 건강을 증진시키는데 가장 중요한 조건들이다.
　햇빛을 충분히 받아야 생장, 개화, 결실이 정상적으로 이루어지기 때문에 절대적으로 수목의 건강 상태를 좌우한다.
　내한성耐寒性은 가을에 광합성으로 만든 포도당을 설탕, 지방, 수용성 단백질로 합성하여, 세포 내로 모아서 세포의 빙점을 낮추어야 증가한다. 자동차의 부동액 역할이다.
　내건성耐乾性은 활발한 광합성으로 뿌리의 발달을 도모하고 건조저항 단백질을 합성하여 증진시킨다.
　병해충 저항성은 체내에서 항균성과 내충성 화학물질을 축적하여 늘린다. 잎에서 타닌과 리그닌, 가지는 검을 분비하는 것과 소나무에서 나오는 송진과 페놀 화합물 등은 모두 곤충들이 기피하는 물질이다.
　식물의 건강을 지키는 물질은 모두 햇빛과 광합성에서 비롯된다.
　수목의 건강 상태를 확인하는 징표는 잎에서 제일 먼저 신호로 보낸다. 건강 결과가 잎으로 나타난다. 잎으로 한 개체의 전반적인 영양상태나 보이지 않는 뿌리까지의 상태도 관찰할 수 있다.

물이나 무기양분이 부족하고 뿌리 호흡이 잘 안되면 잎이 작아진다. 일반적으로 봄에 맨 처음으로 나오는 활엽은 원래 좀 작다. 점차로 큰 잎으로 자라야 정상이다. 잎 크기를 비교해 봐야 한다. 또 잎의 색깔, 모양, 반점, 두께 등도 영양상태와 생육환경의 명징한 지표이다.

잎의 생존 기간은 스트로브잣나무 2년, 소나무 3년, 잣나무 4년, 주목 5년이 각각 정상이다. 조기 단풍이나 조기 낙엽은 건강의 이상 신호이다.

겨울눈은 활엽수의 잎이 없는 동절기에 건강진단 대상이다. 눈의 크기, 색깔, 외형, 개엽시기 등을 살펴보면 알 수 있다. 겨울눈은 큰 편이며 아린芽鱗으로 덮여 있고, 속껍질까지 까보면 중심부가 녹색이다.

수목에게 눈芽은 멈춤이자 새로운 출발이다. 겨울눈은 목련처럼 고운 털로 덮이거나 진한 액체로 또는 여러 겹의 비늘잎으로 감싸 겨울을 난다.

봄에 개엽 지연이나 기형, 비대 자람도 건강이 좋지 않은 경우이다.

가지의 길이는 생장량을 나타낸다. 고정생장하는 소나무나 잣나무는 마디의 길이절간 생산량가 1년간의 생장량이다. 이식한 나무가 매년 마디의 길이가 점차 길어지면 잘 활착하고 있다는 증거이다.

가지의 끝이 마르거나 죽은 가지가 늘고, 수피 밖으로 분비물이 보이면 뿌리나 지제부가 썩었거나 생육상태가 불량한 경우이다. 수분부족, 토양의 과습, 심식, 복토, 답압은 통기성이 떨어져 추가 조치가 필요하다.

수간의 상처, 균열, 부패, 수액 유출, 해충 침입 상태도 건강의 척도이다. 수피가 이탈되거나 썩어도 양분이 내려가지 못해 수세가 약하여 결국은 마르거나 고사한다.

뿌리의 건강은 토양 통기성이 우선이다. 뿌리의 호흡을 돕기 위한 배수와 산소공급이 원활해야 한다. 뿌리가 썩으면 지상부의 꼭대기부터 서서히 죽어 내려온다.

수목은 지구상에 나타나 오랜 진화를 거치면서 적응한 고유의 생리적 특성을 가지고 있다. 나름 내한성, 내음성, 내건성, 내습성, 내병해충성 등이 수종마다 조금씩 개별적인 차이가 있다.

수목 관리에서 가장 중요한 점은, 적지적수適地適樹로 함축된다. 주어진 환경에 맞는 수종이나 품종을 골라 그 나무가 살기에 적합한 장소에 심어 기르는 것이다. 수목에 대한 최선의 배려이다.

햇빛을 잘 받아야 한다. 나무의 건강은 광합성의 양에 달렸다. 화관목은 광합성을 한 만큼 꽃눈이 생성되고 수세도 증진된다. 따라서 내병성, 내한성, 내건성 등도 높아진다.

적절한 시기에 올바른 전정으로 다듬어져야, 조경미가 있고 가치도 있다. 뿌리의 통기성은 지하부는 물론 지상부의 건강까지 좌우한다. 장마철엔 배수를, 겨울철에는 결빙과 가뭄을 대비하여야 한다.

밑동의 둘레를 유기물로 멀칭하면 좋다.

큰 가지의 절단은 반드시 3단계로 잘라야 새살도 잘 돋고, 수간에 상처를 입히지 않는다.

봄이 오면, 건강한 나무는 겨울눈에서 싹이 오른다. 제때를 알고 어김없이 약속을 이행한다.

겨울이 다 가기도 전에 눈밭에서 매화가 봄을 재촉하더니, 뒤이어 영춘화, 개나리가 봄을 맞이하면서 일제히 꽃도 피고 겨울눈冬芽에서 싹이 튼다.

무궁화, 대추나무, 배롱나무, 능소화, 아까시나무는 조금 늦게 눈이 움직인다. 이 정도의 게으름은 정상적인 수목의 속성이다. 그러나 같은 종에서도 눈이 늦게 피는 경우가 있다. 겨울 추위와 햇빛을 받은 상태나 전년도의 건강 상태 등 환경적 요인이 있다.

예를 들어, 전 해에 병충해, 대기오염, 가뭄, 이식, 그늘 등 좋지 않은 여건에서 자라면, 봄에 싹이 늦게 돋을 수 있다.

겨울에 줄기와 뿌리에 저장된 탄수화물과 무기양분의 저장량에 따라 봄의 활력도가 비례한다. 여름과 가을에 왕성한 광합성을 하면 뿌리 자람이 좋고 체내에 에너지를 많이 모을 수 있다.

수목은 모아놨던 영양에너지로 따뜻해진 봄이 되면 힘차게 뿌리와 눈에서 새 출발을 하는 것이다. 봄철에 자라나는 눈으로 나무의 건강 정도를 판단할 수 있다. 동해를 입은 가지는 싹이 1개월 이상 뒤늦게 자라기도 한다.

상록성 수종은 묵은 잎에서 광합성이 기작되지 않으면 새잎이 잘 돋아나지 않는다.

대체로 건강한 개체는, 봄에 싹이 일찍 돋고 가을엔 낙엽은 늦어진다. 생육기간이 길어지고 광합성이 많아 더 튼튼하게 자랄 수 있다. 건강이 좋지 않을수록 일찍 잎을 버린다.

간혹 소나무가 이식 후유증이 생기면, 2~3년생 잎을 모두 버리고 1년생 잎으로만 버틴다.

건강한 수목은 가을이 되면 일장이 짧아지고 찬 바람에 나무는 성장을 둔화한다. 겨울 준비로 가지와 줄기에 설탕, 지방, 수용성 단백질을 축적한다. 잎을 떨구기 전에 남아 있는 무기양분을 가능한 한 많이 회수하고 낙엽으로 보낸다. 점진적이고 미세하게 진행하는 꼼꼼한 수목의 겨울나기 준비이다.

어린나무와 건강한 나무는 가능한 한 늦도록 잎이 남아 있고, 나이가 먹거나 건강치 못한 나무는 낙엽 시기도 앞당긴다. 건강이 아주 나쁠 경우는 여름에 조기 낙엽 되기도 한다. 생장이 둔화되면 잎에서 광합성도 줄고 옥신과 사이토키닌 등의 성장촉진 호르몬의 생산이 줄어든다.

　건조지 수목과 이식 수목의 낙엽이 일찍 지는 원인은 대개 수분부족이다. 조기 낙엽을 막기 위해서는 완숙 퇴비를 주고 주기적 관수가 중요하다. 도심의 섬잣나무가 3년 차 잎이 2년 차에 떨어지는 경우도 마찬가지다. 이런 사례도 건강이 좋지 않은 경우로 본다.

100

한겨울에 개나리꽃을 보다
<지구온난화>

　지구온난화의 대표적인 기상현상은 가뭄, 홍수, 태풍, 폭서, 혹한 등 불규칙한 이변으로 나타난다. 연평균기온이 오르고, 여름철 기온 상승으로 수증기의 증발이 많아져 특정 지역에 집중 강우로 대홍수가 발생한다. 어느 지역에는 가뭄이나 태풍으로 피해를 주고, 남북극의 빙하를 녹여 수면을 높인다. 이런 현상은 최근 30년 동안 영상 1℃에 가까이 올랐기 때문이다.

　변화무쌍한 기상이변 상황에서 조경수는 세심한 관리가 요구된다. 우리 한반도에서 지구온난화에 따른 최대 피해목은 단연 소나무이다. 서식지가 많이 줄어들고 있다. 추운 지방에서 살기 적합하도록 진화한 나무가 기후의 변화에 쫓겨나는 꼴이다.

　겨울 가뭄에는 조경 수목에 주기적으로 충분한 관수를 해야 한다. 다만 너무 추울 때는 토양까지 얼어 수목의 뿌리에 피해를 줄 수 있으니 자제해야 한다.

　소나무 식재 시 배수 불량지나 상습 과습지 외에는 상식^{上植}*, 마운

---
* 상식(上植) 뿌리 윗부분을 기존의 지면보다 약간 높게 심는 조경 식재방법이다.

당법은 조심스럽다. 가뭄과 바람에 취약하므로 특수한 지형에 적용할 수 있다. 뿌리의 통기성을 돕기 위한 식재법이다.

지구온난화로 지난 세기 동안 지구의 평균 온도가 0.6℃ 상승하고 한반도는 1.6℃ 올랐다고 한다. 잦은 기상이변과 여름철 폭염, 겨울 이상난동과 가뭄은 이제 별난 재해가 아니다.

난대수종 북상화는 앞으로도 계속된다.

광주이남 남부해안이 서식지인 동백나무가 동절기 평균기온이 1℃만 높으면 대전에서도 자랄 수 있다는 가설이 있다. 작은 온도의 차지만 식물의 식생 환경은 크게 변화된다.

몇 십 년간 겨울에 따뜻했지만 한 차례 혹한이 오면 난대식물은 버틸 수 없이 얼어 죽는다. 한반도의 식생 분포도로 분류한 것은 수천 년 동안의 통계 결과이다. 다만 귤나무를 중부지방에서 재배하는 방법은 온실에서 가능한 일이다. 온실재배는 인위적인 식생환경 조절이 가능할 수 있기 때문이다.

겨울철 대기의 온도가 상승하면서 남부지역에서 자라는 조경수를 중부지역에 식재하면 매년 겨울철이 불안하다. 동백나무나 호랑가시나무, 목서류가 그렇다.

식물은 지상부나 지하부의 조직이 각각의 조건만 맞으면 정해진 환경 명령에 따라 기작機作**을 한다.

정상적인 식물의 생장 시는 지하부와 지상부가 서로 호르몬을 주고 받으면서 소통하며 자란다. 계절에 맞도록 봄에는 생장 촉진 호르몬을 만들고, 가을에는 생장억제 호르몬을 만들어 교감하면서 일년내내 성장과 정지를 뿌리와 줄기 간 사이클을 서로 맞추며 사계절에 적응한다.

** 기작(機作) 생물의 생리적인 작용을 일으키는 기본 원리.

겨울눈 안에 생장 억제 호르몬앱시식산이 있기 때문에 겨울에는 자라지 않는다.

뿌리의 생장은, 봄에 기온이 올라가면서 줄기보다 2~3주 전부터 낙엽 때까지 계속한다. 추운 겨울에는 낮은 온도로 생장을 정지하고 휴면한다. 겨울 동안은 위아래 모두 겨울잠으로 조직이 쉬는 기간이다.

이론적으로, 토양 온도가 올라가면 수목의 뿌리만 자란다. 자연에서는 이런 현상은 있을 수 없다. 뿌리가 자라면 뒤이어 지상부도 함께 자라는 게 자연의 순리이다. 지상부와 지하부가 생육환경이 일치해야 나무가 자라는데 장해가 없다.

온대 지역에서 아열대성인 야자나무를 키울 때는 열선을 깔아 토양 온도를 높여줘야 하고, 생장점이 얼지 않도록 보호해야 월동이 가능하다.

지역에 따라서 한 겨울 임에도, 12월 중 개나리와 진달래가 개화했다는 뉴스가 가끔 들린다.

온대식물 개나리는 꽃눈이 지난 여름에 형성되어 늦가을부터 영하로 추워야 춘화처리春化處理가 되고, 꽃눈에서 개화를 억제하는 앱시식산 호르몬이 생겨 이른 봄에 생체시계에 맞추어 개화해야 정상이다. 따뜻한 겨울 기후가 생태 질서를 흩트리는 주범이다.

11월 중 영하 날씨로 추우면 춘화처리로 화아花芽 억제 호르몬이 제거된다. 12월 이후로 날씨가 따뜻해지면 아무 때나 꽃을 피울 수 있다는 조건이 된다. 일찍 추웠다가 따뜻해진 겨울 탓이다. 개나리와 진달래과 수목의 개화생리가 비슷하여 이런 기현상이 자주 생긴다.

꽃눈에 억제 호르몬이 남아 있는 가을과 겨울 동안에 꽃이 피는 것이 방해된다. 봄철 개화하는 꽃들의 춘화처리도 1~2개월이면 족하다. 개나리, 진달래, 영산홍, 숙근초 등 식물을 가을부터 겨울내내 따뜻한 실내에 기르면 춘화처리가 안되어 봄에 꽃이 제때 피지 않는다. 이때 꽃을 보려면 40일 이상 0℃ 전후로 춘화처리를 하면 된다.

태양으로부터 유입되는 에너지는 대기 중의 수증기, 이산화탄소, 메탄 같은 온실 기체가 열을 흡수하여 대기를 따뜻하게 유지 시킨다. 온실처럼 보온효과를 주어 온실효과라 한다. 만약 이런 효과가 없다면 현재의 지구의 온도는 30℃ 이상 낮아진다고 한다.

문제는, 화석연료의 사용과 산림훼손에 따른 이산화탄소, 메탄, 오존, 프레온가스 등 온실기체의 농도가 높아져 온도가 상승하고 있다. 지구온난화이다. 지구의 평균기온이 10년마다 0.2℃씩 증가한다고 한다. 주범은 CO_2이다. 수목의 생리적 변화와 수종의 식생 분포가 달라지고 있다.

101

대기는 식물이 자라는 터전
<대기오염>

대기라는 공간은 오염이 아주 경미하면 수목이 자라거나 생물체에게 피해를 거의 주지 않는다. 오염도의 증가는 광합성과 무기 영양소의 흡수에 지장을 준다. 수목의 생장을 방해 또는 건강성을 해쳐 2차적으로 병해충을 유인하게 되며, 고사로 이어질 수 있다.

대기오염은 대기 중에 부유물질이 일정 농도 이상으로 섞여 있는 현상이다. 오염물질은 기체와 고체, 액체의 형태로 존재하며 자연스럽게 또는 인위적으로 생겨난다.

대표적인 대기오염물질은 황화합물, 질소화합물, 메탄, 페놀, 할로겐화합물, 광화학 산화물O_3, NO_3, PAN과 미립자검댕, 먼지, 중금속 등이 있다.

탄소 산화물 중 이산화탄소는 지구 생태계에서 농도가 증가하고 있다.

대기 중 이산화탄소 농도는 작년 우리나라 대기 중 역대 최고치를 경신했다. 국립기상과학원이 발표한 '2021 지구대기감시보고서'에 따르면, 안면도 기후변화감시소의 작년 연평균 이산화탄소 배경농도오염원 없는 자연 그대로의 농도는 423.1ppm을 기록해 1999년 최초 관측 이래 최고치로 기록됐다고 한다.

이산화탄소는 한번 배출되면 절반은 생태계·해양 등에 흡수되고 나머지는 대기에 남는다. 이산화탄소는 대기 중에서 없어지기까지 100년 이상 걸리는 데다, 계속 축적되어 농도는 앞으로 더 짙어질 전망이다.

현재로서는 이산화탄소CO_2와 일산화탄소CO는 미량이므로 식물에 부정적으로 작용하지는 않는다.

대기오염의 병징은 유세포가 많고 대사활동이 많은 잎에서 먼저 나타난다. 기공을 통하여 들어간 오염물은 잎에서 황화현상을 보이고, 오존은 잎에 주근깨 반점을 일으킨다. 활엽이 침엽보다 반응이 빠르다.

기후변화는 온난화가 주범이며, 기후위기, 기후붕괴, 자연재앙 모두 이음동의어이다.

대기오염의 증가는 식물에게만 나쁜 영향을 주는 게 아니라, 모든 생물에게도 마찬가지이다. 지구상의 모든 생물체에게 있어서 생존과 직결되는 심각한 해결과제이다.

인간의 물질문명의 첨단화에 그간 화석연료인 석탄과 석유를 지나치게 의존해 온 탓이다. 원인도 알고, 참혹한 결과와 대책도 알지만 항상 허공의 메아리로 끝난다. 때늦은 후회는 되돌아가기 너무 멀다.

102

수목은 계절인식 두뇌가 있다
<가을 인식법>

    나무는 가을이 되면 낮의 길이가 규칙적으로 짧아지는 것을 파이토크롬 색소단백질로 감지한다. 국화에 가을과 겨울 한밤중에 조명등을 잠깐씩 켜 주면 가을 개화 시기를 늦출 수 있다. 등불로 국화의 센서를 오작동시키는 꼴이다.
    식물이 계절을 감지하는 요인은 밤의 길이다. 밤의 길이가 점차 길어지면 가을을 아는 것이다. 모든 식물은 잎, 가지, 뿌리 끝에 밤의 길이를 측정하는 색소단백질을 가지고 있다. 이 단백질이 밤의 길이를 측정하는 센서이다.
    모래시계처럼 파이토크롬의 형태가 변해 일정량이 초과되면 계절을 인식하고 몸체로 신호를 보낸다. 내년 봄에 피울 꽃눈을 형성하도록 명령을 내린다.
    밤이 길어지면 생장을 점차 줄이고, 겨울눈을 만들어 월동채비를 한다. 탄수화물을 저장하여 내한성을 높이고 단풍을 만들며, 무기양분도 잎에서 회수한 뒤 잎자루에 떨켜離層를 만들어 낙엽으로 버린다.
    수종마다 낙엽 시점이 다른 것은 계절 감지 센서가 달라서이다.

가을이 깊어 가면서 수목은 동절기 준비에 바빠진다. 성장을 멈춰야 하고, 단풍색을 내어 양분을 회수하고 떨켜로 낙엽시킨다.

가을 햇빛으로 광합성에 정성을 들인 결과 만들어진 탄수화물을 설탕으로 바꿔 열매와 뿌리 등으로 저장하고 농도를 높인다. 결빙기에 어는 온도를 낮추기 위해서이다.

봄과 여름 내내, 끝없이 자랄 것처럼 기세가 등등했지만, 이제 계절을 알고 잎과 가지가 멈춤을 알면 버림으로 실천한다. 죽은 듯 꼿꼿하게 혹한을 견디며, 다가올 봄이 있기에 기다림으로 겨울을 살아간다. 가을은 수목에게 존재의 의미를 각인해주고 멀리 떠난다.

103

가을은 버림 비움 침묵으로
<낙엽귀근>

　가을날은 자연에서 정한 가장 아름다운 축제의 계절이다. 날마다 새롭고 다채로운 단장을 하며 긴 겨울을 채비한다.
　여름 노동의 수고로움을 열매로 바꾸며, 남긴 열정은 단풍잎으로 황홀하게 불사르며 축제를 마감하는 계절이다.
　가을은 남김없이 비우는 계절이다.
　더 이상의 미련과 집착은 소용없는 낭비이다. 버릴 것 다 버리고 남은 양분은, 뿌리로 저장하고 겨울 채비를 한다.
　삶엔 끝이 있어 열정이 있고, 최선을 다하며 끝을 저항없이 맞는다.
　숭고한 마감이다. 비워야 함을 알기에 잎을 떨군다. 무엇도 탓하지 않고 침묵으로 빈 몸뚱이만 남기고 모두 버렸다.
　낙엽은 인산과 칼슘같은 생산물의 잉여가치이다. 소중한 양분은 몸으로 회수하고 탄소같은 부차적인 잉여물은 잎에 남겨 떨군다. 가을은 온 천지가 축제의 장이다. 낙엽들은 다른 나무에게 서로의 부조물이다.
　수목은 낙엽 전에, 잎의 조직 내 질소, 인, 칼륨의 성분 약 60%를 몸체로 회수 저장한다. 그러나 낙엽에는 아직 40% 정도의 양분이 남아 있고, 다른 무기양분도 포함하고 있어 훌륭한 퇴비로 활용할 수 있다. 따라서 공원수의 낙엽을 버리지 말고 자연적으로 쌓이게 하고 썩혀 낙엽에 의한 양분을 자연순환 되도록 하는 것이 좋다.

다만, 소나무의 잎떨림병엽진병은 병균의 포자가 낙엽에서 월동하기 때문에 낙엽을 모아 소각함이 바람직하다. 전염을 막기 위해서이다.

식물의 삶에서 사치란 있을 수 없다. 어떠한 변화도 대자연의 명령에 순응해야 살아남는다. 지나침도 부족함도 물론 없다. 늘 최적화된 행동 수칙에 따른다. 낙엽에 남은 영양분은 다른 나무에게 나누어줄 식량이다. 충분하진 않지만 배려의 선택이다.

아쉽게도 가로수나 공원수의 낙엽은 쓸어 치워 나눔의 실천이 되지 못한다. 수목은 한곳에 정착하여 일생을 보낸다는 사실을 감안해 인간이 좀 더 세심하게 살펴주기 바라는 마음이다.

낙엽귀근落葉歸根이라는 말이 절절하다. 자연에서 잉여물은 남는 게 아니라서 허투루 버리는 게 있을 수 없다.

Part 9

토양 관리

104

수목 생장을 토양이 알고 있다
<토양 관리>

    토양은 수목에게 뿌리를 뻗을 지지기반을 제공하고, 양료와 수분을 제공한다. 조경수가 자라는 환경조건에서 다른 모든 조건이 다 갖추어졌더라도 토양환경이 제일 중요하다.

    수목에게는 아무리 좋은 토양이라도 적정한 시비와 관수, 배수, 토양개량으로 주기적인 관리가 필요하다.

    토양은 바위 표면에서 풍화작용에 의해 오랜 세월 동안 만들어진 광물질이다. 다양한 생물이 서식하면서 유기물이 축적되어 물리적, 화학적, 생물학적 유기작용이 이뤄지면서 여러 토성을 만들었다.

    토성은 토양 내 점토지름 0.002mm이하, 미사지름 0.002~0.02mm, 모래지름 0.02~2.0mm의 상대적 혼합비율로 이루어진다. 상대적 비율에 따라 사토, 사양토, 양토, 식양토, 점질토, 부식토 등으로 나눈다.

    식물이 자라기 좋은 토양은 진흙과 모래가 적절히 섞인 양토로, 이는 식물의 생장에 유리하다. 토양에서 공극은 수분이나 공기가 머물 공간이다.

    토양 안에서 통기성은 뿌리의 호흡을 위한 산소공급 때문에 매우 중요하다. 알맞은 토양 공극을 유지해야 한다. 수명이 채 1년 밖에 되지 않는 가는 뿌리는 쉴새 없이 만들어진다.

토양의 공극孔隙은 대기의 산소를 공급하는 통로이다. 공극에서는 비가 오면 물이 고였다가 물이 빠지면 공기로 채워지는 다용도 공간이다.

배수 불량지역은 토양 공극에 항상 수분이 차 있어 산소공급이 안 되는 곳이다. 3~4일 이내에 배수되지 않으면 뿌리가 상한다.

자주 밟아 굳은 답압지踏壓地나 복토지覆土地 역시 산소가 부족하여 뿌리의 활동이 제한되는 토양이다. 이런 곳에는 유공관有孔管으로 공기구멍을 만들어 주면 뿌리에게 이롭다. 유공관은 인공 공기 구멍이지만 물도 주고 비료도, 약제도 주는 뿌리와의 소통관이다.

토양에서 처음에는 광물질만 존재하다가 다른 생물체로부터 유기물이 첨가된다.

유기물이 토양에 미치는 영향은 많다. 토양의 입단구조를 개선하고, 공극과 통기성을 증가하며, 토양의 온도변화를 완화시켜 준다. 토양의 보수력 증가, 무기양분의 보존력 향상, 미생물 에너지 공급 등의 기능이 있다.

토양이 산성이면 토양의 인, 칼슘, 마그네슘, 붕소를 흡수하기 어려워진다. 반면, 알카리성 토양은 석회암 지대로 철분을 흡수하지 못해 결핍현상이 생긴다.

콩과식물은 박테리아가 중성을 좋아하므로 중성토양이 좋다. 토양 곰팡이도 중성에서 잘 서식한다. 대부분 수목은 pH 5.5~8.0에서 자란다. 적정산도는 pH 6.0~6.5이다.

토양 내 동물중에 지렁이류, 톡톡이, 쥐며느리 등이 낙엽 분해에 기여한다. 미생물은 조류, 박테리아, 방사상균, 곰팡이가 있다.

그 밖에 식물 뿌리와 공생하는 균근의 역할이 크다.

토양에 무기양분을 공급하기 위해 필요한 시비를 해야 한다. 수종별로 영양요구도 조금씩 다르다. 콩과식물과 소나무류가 낮은 편이다.

토양에 적당한 수분 유지를 위해 관수가 필요하다. 스프링클러법, 점적관수법 등으로 한다. 갈수기를 잘 살펴 흙이 너무 건조하지 않도록 유지한다.

또 다른 토양개량을 위한 유기물의 첨가, 배수, 답압 방지, 멀칭 등 올바른 토양으로 관리하여 활용한다.

토양은 수목에게 물과 양분을 공급하며, 여러 생물이 살아가는 서식지의 역할을 한다. 토양을 풍화시키고 기후와 미생물에 의한 분해작용, 여과작용, 이온 교환작용 등은 육상식물의 생태계에서 중요하다.

토양의 내부는 토양 입자와 물, 공기, 생물유체, 식물뿌리, 토양생물이 함께 머무는 입체적 공간이다.

토양 중에 산소의 분포가 10% 이하로 낮아지면 뿌리의 생육이 저해된다. 〈표 14〉 참조

〈표 14〉 토양의 공기 분포율

공기	대기(%)	표토층(%)	심토층(%)
질소(N_2)	78	75~80	75~80
산소(O_2)	21	14~20.6	3~10
이산화탄소(CO_2)	0.039	0.5~6	7~18
수증기	20~90	95~100	98~100

105

토양의 모세관수를 지켜라
< 토양 관수의 빈도 >

    자연계에서 대부분의 나무는 한자리에서 일생을 보낸다. 천연 숲에서는 비가 오지 않으면 어떤 가뭄도 극복하기 어렵다. 조경수는 인위적인 관리를 하여 최적화된 상태로 자란다. 이식한 나무는 지제부에 물집을 만들어 약 5년 동안 충분한 물을 수시로 주어야 한다.

    이식수는 뿌리의 80% 이상이 끊겼지만 수관은 30~40%만 전정한다. S/R율*은 불균형적이지만 현실이다. 우리나라는 기후 특성상 봄과 가을에 비가 거의 없다. 봄에 이식하고 여름 장마까지는 물을 자주 주어야 한다. 겨울 가뭄도 흔하게 발생하여 수목들에게 수분 스트레스가 생긴다.

    수분의 함유 정도를 식별하려면 뿌리 주변의 흙을 손으로 쥐었을 때 손가락 사이로 물이 새어 나오면 과습이고, 만두처럼 뭉쳐지면 적정하다. 금방 부스러지면 부족하다.

---

* **S/R율** 수목의 지상부와 지하부의 무게 비율을 의미한다. 즉, 지상부(줄기와 가지)의 무게를 지하부(뿌리)의 무게로 나눈 중량값이다. 일반적인 식물체는 S/R율이 1에 수렴하면서 생장하려는 성질을 가지고 있다. 때문에 나무의 이식이나 전정 시에는 항상 S/R율을 고려하여야 나무가 정상적으로 자란다.

한 번에 60cm 지면 아래까지 젖도록 흠뻑 물을 준다. 비가 없다면 여름엔 7일 간격, 봄가을은 10~14일 간격을 두고 관수한다. 물주머니 점적관수 방법은 부분적으로 공급되어 근계에 골고루 퍼지지도 못하고 물의 양도 적다.

토양에 존재하는 결합수, 중력수, 범람수는 식물에게 쓸 수 없는 물이다. 식물이 사용할 물은 모세관수毛細管水로, 중력을 버티고 토양 입자와 물분자 간의 부착력으로 모세관에 남아 있는 수분이다. 모세관수라도 무기염의 농도가 높으면 흡수하지 못한다. 사막에 물을 주어도 식물이 살지 못하는 이유이다.

지하수를 사용할 경우는 염도가 낮고 무기양분이 포함되어야 좋다. 바닷물의 염도는 3.5%이다. 일반 식물에게는 바닷물에 100배 희석한 0.03% 정도의 염도라야 피해가 없다. 사람이 먹을 수 있는 물 정도이다.

염분이 전혀 없는 증류수는 사람은 물론 나무에게도 좋지 않다. 염분이 많은 토양에서 식물은 잎이 끝부터 갈변해서 결국은 죽는다. 토양에는 흙의 입자 사이에 공극이 있는데 물이나 공기로 채워져 있다. 공기로만 채워져 있으면 너무 건조한 상태고, 물로만 채워 있으면 공기가 부족해 뿌리 호흡에 지장이 있다. 모세관수의 함량에 따라 토성에 영향을 준다. 진흙은 보수력이 큰 반면, 사토는 모세관이 적어 물이 부족하므로 자주 관수해야 한다.

물주기는 때를 놓치지 말아야 하므로 정확한 진단이 필요하다. 활엽수는 물이 부족하면 잎이 늘어지거나 잎의 표면에 광택이 없고 연녹색으로 변하며 기력이 쇠한다. 표토에서 20cm 정도 깊이의 흙을 손으로 쥐어보면 뭉쳐지고, 만져서 무너질 경우 정상 수분이다.

물주기는 나무나 잔디를 함께 주므로 스프링클러로 주면 골고루 분사된다. 오전에 주면 식물이 요구도가 높은 시간이므로 수목에게 좋다.

　보통 수목의 관수는 지표 60cm 아래까지 들어가도록 넉넉하게 주어야 한다. 이식수는 1주일에 1회 이상, 점적관수는 2~3일에 한 번씩 주되 토양의 상태를 잘 살펴 많거나 적지 않도록 양과 횟수를 정한다.

　우리나라의 계절 날씨를 고려하면, 4~5월은 가물고 또 새순이 자라는 시기이므로 많은 물이 필요하다. 건조한 겨울철도 잘 살펴야 한다.

　겨울 가뭄은 수분 스트레스가 증가되어 고사枯死가 늘게 된다. 이식하고 5년까지는 뿌리 활착이 덜되어 수분관리에서 실패하면 안 된다. 피해목은 봄에 자라는 잎이 비정상으로 작게 자라나 쉽게 알 수 있다.

106

수관의 하층 지표를 덮어야
< 토양 멀칭재 >

   멀칭Mulching은 수목이 자라고 있는 땅을 짚이나 비닐 등으로 덮는 일로, 뿌리를 보호하고 땅의 온도를 유지하며, 흙의 건조, 병충해, 잡초 등을 줄일 수 있는 등 장점이 많다.

   멀칭재료는 유기질, 광물질, 합성재가 있다. 투수성과 통기성이 있어야 뿌리 호흡에 지장을 주지 않는다. 유기질은 썩으면 나중에는 비료 역할을 한다.

   유기질 재료는 볏짚, 낙엽, 솔잎, 솔방울, 수피, 우드칩, 펄프, 콩깍지, 코코피트, 거적, 녹화마대, 야자매트 등 좀 크고 거친 구조가 좋다. 5~7cm로 덮되, 공기가 유통되도록 깔아 준다.

   합성재는 부직포나 보온덮개가 사용된다.

   멀칭의 목적은 토양의 물리적, 생물학적, 화학적 성질을 개량하여 수목의 생장에 도움을 주기 위함이다. 더불어 잡초의 억제, 토양수분 유지, 표토유실 방지, 여름철과 겨울철 온도 완화, 답압 억제, 토양 입단화, 공극률 증가, 균근과 균근균 같은 미생물 발달, 토양 소동물의 유기물 분해, 무기양분 공급과 토양비옥도 증진 등을 위함이다.

최근에는 다양한 재료가 있어 멀칭효과도 있고, 조경미도 살리면서 다양한 질감과 색깔로 조화롭게 꾸밀 수 있다. 수명은 좀 짧아도 유기물 재료를 권유한다.

 토양의 겉면에 여러 효과를 얻기 위해 덮어주는 것으로, 최근의 조경기법으로 많이 이용하고 있으며 실제로 중요한 역할을 한다. 수목 생장에 기여하고 정원의 분위기 연출에도 상당한 볼거리를 준다.

 멀칭은 토양의 다양한 요소를 수목에게 유리하게 해 준다. 대부분의 재료가 친환경물로 자연적 환경처럼 만들어진다.

 잡초발생의 억제, 토양의 수분증발 감소, 동하계 토양온도의 완화, 토양경화방지로 토양공기 유통, 유익 토양미생물 보호, 토양 입단화, 토양 비옥도 상승 등 효과가 많다.

 재료로는 투수성과 투기성이 좋은 유기물이면 된다. 수피나 우드칩을 권장한다. 입자가 너무 작은 톱밥이나 쌀겨는 공기의 흐름을 방해한다.

 수관의 아래에 5~15cm 사이의 두께로 깔아야 효과가 좋다. 얇으면 효과가 거의 없고, 더 두꺼우면 공기 유통이 잘되지 않아 과습할 수 있다. 최근에는 멀칭 전용으로 검은 투수 비닐이 있어 사용하기도 한다.

 멀칭은 수목의 뿌리를 보호하기 위해 실시하지만, 조경미를 감안하면 더 미려한 공간이 조성된다. 주변의 화목과 색깔, 모양 등의 조화를 주면 돋보일 것이다.

107

우리 토양은 본래 산성이다
<산성토양과 개선>

한반도의 지형은 대부분 화강암과 화강편마암이 오랜 세월 풍화를 거듭하면서 생성된 토양으로 산성을 띤다. 산림토양의 경우는 평균 산도가 pH 5.3 정도이다. 침엽수는 활엽수보다는 산성토양에서 잘 견디며 자라는 편이다.

토양의 산도는 뿌리의 양분 흡수, 중금속의 독성정도, 토양 미생물의 활동과 번식 관련성이 크다. 산성토양은 수목들에게 여러 무기양분특히, 인산의 흡수를 곤란하게 한다.

산성에서 일부의 무기양분들이 식물이 흡수할 수 없는 불용성 형태로 변하기 때문이다. 그런 문제를 해결하기 위해 산성토양을 중화시키는 석회비료를 사용한다. 생석회와 소석회가 있으며, 소석회가 고운 가루로 뿌리기도 좋고 효과도 크다.

땅에 골고루 펴고 갈아엎어 섞어주면 토양 입자와 잘 접촉된다. 나무 아래는 표면에 뿌리고 쇠갈퀴 등으로 긁어 10cm 깊이까지 섞는다. 일반적으로 10a당 200kg 정도를 준다. 점토와 유기물의 함량이 많을수록 더 많은 양을 뿌려준다. 회분재을 사용하기도 하는데 자연

친화성은 있지만, 효과는 50% 정도로 낮다.

  알칼리성 토양지역은 강원도 삼척과 영월, 충북 단양, 경북 문경의 석회암 지대이다. 산성토양처럼 무기양분의 불용성 존재가 문제이다. 식물에게 철분이 결핍하기 쉽다. 이 토양은 황^{S}으로 중화시킨다.

  알칼리성 토양에서 영산홍과 철쭉에게 철분^{Fe}이 결핍하면 잎에 황화현상을 보인다. 잎의 황화는 분재에서 소나무류가 철분이 부족하거나 과습하면 보이는 현상이다.

  우리나라에서 자라는 수목은 약한 산성의 토양에 잘 적응되어 있다.

  중성에 가까운 토양이 수목에게 좋고 대부분 수종이 잘 자란다. 참고로, 지렁이가 많이 자라는 토양은 산성이 아니라 중성토양이다.

108

대기의 질소를 고정한다
<뿌리혹박테리아>

대기 중에는 약 78%를 질소N_2가 차지할 만큼 많지만, 공기의 질소는 불활성이라서 동물이나 식물이 그대로 이용할 수 없는 기체이다.

사용할 수 없는 질소를 식물이 활용할 수 있도록 질소의 화학적 형질을 바꾸어 주는 과정을 질소고정이라고 한다.

지구생태계의 질소는 공기 중에 많지만, 식물은 토양 중에 이온형태로 물에 녹은 것만 흡수 가능하다. 식물의 질소 요구량은 생장 속도에 비례한다.

질소고정 방법은 미생물에 의하여 암모늄태로 환원되는 생물적 질소고정이 있는데, 이런 능력은 지구상에서 전핵생물*에게만 가능한 독특한 과정으로 녹조류나 고등식물은 이런 기능이 없다.

대기권에 번개가 생길 때 전기 방전에 의하여 질소가 산화되면서 빗물에 녹아 지표면으로 떨어지는 광학적 질소고정이 있다. 1년에

---

* 전핵생물(前核生物) : 세포 내의 핵의 요소가 되는 물질이 있으나 핵막(核膜)이 없어 핵의 구조가 없는 생물로 세균과 광합성의 능력을 가진 남세균, 광합성의 능력이 없는 원핵균류가 있으며 그 발생은 29~34억 년 전으로 추정된다.

1ha당 약 4kg 정도의 질소가 만들어져 빗물이 수목의 자람에 자연현상으로 도움이 된다.

또 산업적으로 인간의 필요에 의하여 비료공장에서 합성하는 산업적 질소고정도 있다. 유통되는 요소비료가 공장에서 생산된 질소상품이다.

산림 내에서 환경이 양호한 지역의 지의류는 곰팡이와 공생하면서 오래된 수목이나 비석, 바위의 겉면에 붙어 살아간다. 식물은 뿌리 주변에 있는 미생물의 도움으로 공기 중 질소를 고정화하고 뿌리로 흡수하여 생활한다.

다른 식물과 달리 콩과식물 중 일부 수종은, 뿌리혹根瘤을 가지고 있어 공기 중의 무기태 질소를 고정하여 식물이 이용할 암모늄태 질소로 바꾼다. 아까시나무, 싸리류, 칡, 등나무이다. 싸리류는 싸리, 족제비싸리, 꽃싸리, 땅비싸리 종이 있다.

아까시나무는 미국에서 온 수목으로, 맹아력이 강하고 척박 건조지에서 잘 자라 사방공사용으로 도입되었다. 산림토양의 개량에 공이 크고, 지금은 밤나무와 함께 밀원식물로 중요한 역할을 한다. 우리 토양에 효자 수종이다.

콩과식물은 아니지만 오리나무류, 보리수나무류도 중요한 질소 고정식물이다. 거름기가 적은 토양에 잘 적응하여 자란다.

즉 미생물과 식물이 타협하여 공생 관계를 유지한다. 공기 중 질소를 공급받는 대가로 나무들은 미생물이 잘 살아갈 수 있는 환경과 필요한 영양분을 공급한다. 이 수종에 공생하는 대표적인 미생물은 프랜키아Frankia이다. 이 미생물이 자라서 식물 뿌리에 뿌리혹을 만든다.

콩과식물의 뿌리혹박테리아Rhizobium가 프랜키아와 비슷하게 콩과식물의 뿌리에 혹을 만들고 공생하면서 공기 중 질소를 고정하여 식물체의 성장을 돕는다는 것은 잘 알려진 사실이다.

 참고로, 보고에 의하면 미래의 식량을 동물성 단백질^{육류}에서 식물성 단백질^콩로 대체하면 현재의 인구보다 훨씬 더 많은 인류의 식량 에너지를 확보할 수 있다고 한다. 콩과식물의 질소고정 방법의 적극적 활용이다. 병충해에 강한 특징도 있다.

Part **10**

한민족의 영혼, 소나무

109

한반도의 오롯한 선비 Ⅰ
<소나무와 우리민족>

소나무는 전 세계에 110여 종이 있다. 원산이 한국, 일본, 중국이다. 아직도 소나무는 우리 민족의 가슴속에 영혼을 간직한 나무로 즐겨 심어 가꾸고 싶어 하는 고급 조경수목이다. 흔히 말하는 소나무는 적송을 가리킨다. 적송의 이름은 송순과 주간 껍질의 색깔이 검붉은 것에서 유래했다. 좁은 한반도의 남한지역에서도 잘 자라는 적송의 수형은 지역별로 조금씩 다르다.

역사적으로 보면, 조선왕조가 들어서며 소나무가 많아졌다. 소나무가 많아진 이유는 평안도에서 전라도를 잇는 한반도 서부 지역이 인구밀도가 높아지며 산림이 급격히 파괴되기 시작하였는데, 산림이 파괴되면 다른 나무보다 소나무가 자라기 좋은 조건이 갖추어지기 때문이다. 산림생태계 파괴지역의 선구수종이다. 유난히 햇빛을 좋아하는 소나무는 조금만 빛을 보지 못해도 버티지 못하고 죽는다.

고려와 삼국시대에는 느티나무와 참나무로 건물을 지었다. 경북 영주 부석사 무량수전과 팔만대장경을 보관하는 경남 합천군 해인사의 법보전 건물의 기둥은 모두 느티나무를 썼다.

전통 민속화에 소나무는 지조와 절개, 장수와 염원, 탈속과 풍류를 담아 형상화했다. 세한도, 십장생도, 일월오봉도, 노송도 등 동양화에 등장하는 수목 중 1위가 바로 소나무이다. 고구려 벽화에도 소나무가 있다.

금강송, 안면송, 춘양목으로 불린다. 금강송은 금강산과 설악산으로 백두대간을 따라 경북 울진까지 서식하고 있다.

조선시대에는 궁궐과 관공서를 지을 목재로 쓰였다. 그나마 조정의 소나무 보호책이 생명줄을 지켜주었다. 일제 강점기에는 송진액을 전쟁용 비행기 연료로 공출供出하여 아직도 노령목에는 흉측스러운 갈비뼈가 아물지 못하고 있다.

다행스럽게 경북 봉화의 춘양목은 당시에 접근로가 없어 반출되지 않아 고스란히 태고의 모습을 간직한 소나무 숲으로 남아 있다. 안면송은 배를 만드는 선박재와 자염煮鹽을 만들 연료로 최고의 역할을 했다고 한다.

일본도 소나무의 자생지이기는 하지만 소나무재선충으로 거의 다 베어냈다.

소나무의 松은 木+公으로 중국에서 최상의 위계였다. 훌륭한 나무이다.

소나무의 잎에 유관속維管束*이 2개 있으면 소나무류로 소나무, 곰솔, 리기다소나무, 방크스소나무가 있다. 또 유관속이 잎에 1개 있으면 잣나무류로 잣나무, 섬잣나무, 스트로브잣나무, 백송이 있다. 유관속의 수로 크게 2가지로 나뉜다.

소나무는 고정생장으로 자라는 수종이다. 봄에 한 번만 자라고 멈

---

* 유관속(維管束, 관다발) 양치식물과 종자식물에 있는 조직의 하나로 뿌리, 줄기, 잎 속에 있으며, 양분의 통로인 체관과 물의 통로인 물관으로 이루어져 있다.

춘다. 겨울눈 속에 내년에 자랄 봄잎과 꽃의 원기를 이미 만들어 저장하고 있다. 내년에 키가 자라기 위해 한 차례에 한 마디만 만들고 만다.

플라타너스나 느티나무처럼 봄 잎과 여름 잎, 가을 잎을 골고루 생산하는 자유생장 수종보다 생장 총량이 적어 성장이 느리다. 소나무 마디는 생육환경이 좋을 경우 보통 1년에 50cm 정도 자란다.

소나무는 바늘잎을 가진 상록수이다. 다른 가지보다 굵은 가지를 역지力枝 활력지라고 부른다. 아래쪽 가지는 자람이 늦고 가늘며 길이가 짧은 쇠약지이다.

소나무와 막걸리의 효능은 여러 번 언론에서 과대 포장되어 알려졌다. 지역에 따라 수신제, 목신제, 당산제가 있다. 주인공은 수호신 고령목이다. 제사에는 막걸리가 있고 제가 끝나면 고수레로 제수 음식물을 주변 자연에 나누어 준다.

단순하게 보면 막걸리가 발효주라서 소나무에게 좋은 비료 성분이 있을 것이라는 추측일 게다. 실제로 나무의 생장을 돕는 단백질, 아미노산, 기타 미네랄 성분이 있다. 또 알코올이 땅속의 유효성분을 녹여 나무뿌리가 쉽게 흡수하도록 도와줄 수도 있다.

막걸리에는 6%의 알코올 외 다수의 성분이 있지만, 분자량이 작은 알코올과 수분만 식물이 흡수 가능하다. 다른 성분은 분자가 크고 수용성 이온 형태가 아니라 흡수할 수 없다. 따라서 과학적 증거도 없고, 뿌리 발달과 발근 효과에도 도움이 거의 없다.

우리나라 애국가 2절 '남산 위에 저 소나무 철갑을 두른 듯'에서 볼 수 있듯이 소나무는 우리 민족의 상징 수목이다.

진달래꽃도 우리 민족의 끈기를 닮은 꽃이다. 한때는 국화로 논했다가 북한의 나라꽃이라 해서 무궁화로 바꿨다는 말이 있었다. 삼월

삼짇날 화전으로, 두견주로 친숙하다. 두견새^{소쩍새}의 전설로 두견화 杜鵑花로, 또 참꽃으로도 불렸다.

전설이 많은 이유는 서민과의 밀접한 관계로 함께 살아온 꽃이기에 우리 한민족의 정서와 꼭 들어맞는다. 김소월의 '약산 진달래'와 우리 국토의 곳곳에서 산하를 지켜왔고, 비옥한 토양보다는 척박 산성의 허름한 땅에서 소나무와는 찰떡궁합으로 잘 맞는다.

솔 가리비^잎는 산성이라 다른 식물의 자람을 방해하지만 진달래의 억척은 막지 못했다. 마치 우리 조상들이 척박한 환경을 극복한 개척자의 정신을 닮았다. 어떤 장애도 디딤돌로 삼고 이겨내며 지켜온 한민족의 저력을 지닌 진정한 우리 민족의 꽃이다.

110

한반도의 오롯한 선비 Ⅱ
<개화와 번식>

    소나무는 암꽃과 수꽃이 한 나무에 달리는 자웅동주이다. 암꽃이 다 자라면 자줏빛을, 수꽃은 노란빛을 띤다. 바람의 힘으로 다른 나무의 송홧가루 받이受粉를 하면 끝이다. 수정受精은 1년 뒤에 일어난다.

    수정 이후에 자라기 시작하여 가을에 갈색으로 영글어 200여 개의 씨앗을 품고 있다가 바람에 비늘 날개로 내 보낸다.

    소나무는 인공적으로 그늘을 만들어 주면 수꽃이 늘어난다. 토양이 척박하거나 수목의 건강 상태가 악화되어도 마찬가지이다. 질소비료를 주면 일부 수꽃에서 암꽃으로 전환이 되기도 한다. 암꽃은 무기 영양 상태가 좋을 때 촉진되고, 수꽃은 영양상태가 좋지 않을 때 발달한다.

    소나무의 솔방울은 2년에 걸쳐 수정 후 열매가 자라 종자를 맺는다.

    식물에게 있어서 열매를 키우는 것은 많은 영양분을 요구한다. 대부분의 식물의 암꽃이 활력지에 달리는 이유이다. 활발한 광합성도 해야되고, 충분한 수분과 무기양분이 공급되어야 건강한 후손을 만들 수 있다.

수꽃은 봄에 암꽃이 피어날 때에 맞추어 꽃가루만 제공하면 존재 이유가 없어지므로 조금 약한 약지에 피워도 된다.

소나무의 암꽃을 상부에 매단 것은 대부분 활력지가 정아우세 현상으로 위쪽에 많이 분포해서이다. 약지에 암꽃을 매달지 않는다. 또 상부는 대류현상에 의한 꽃가루받이가 쉽고, 가능하면 타가수정이 절실해서이다. 수꽃은 거의 아래쪽에 분포하는 것도 있다. 역시 자가수분을 회피하려는 자연현상이다.

햇빛을 잘 받는 수관의 상부에서 암꽃은 두 해 동안 알차게 열매를 키운다. 소나무의 종자는 개화에서 성숙까지 약 17개월 걸린다. 수꽃은 하부의 약지에 달리는데 잎눈이 꽃눈으로 바뀐 경우이다. 한번 수꽃이 달린 가지는 매년 수꽃이 달린다. 암·수꽃이 많을수록 영양 손실이 커 자람이 더디다. 가능하면 필요 없는 암·수꽃을 미리 제거하면 성장에 도움이 된다.

수꽃을 억제하려면 겨울눈을 제거하거나, 이른 봄에 두툼하고 끝이 둥근형의 수꽃을 자라기 전에 제거하면 늦게라도 성장눈이 돋는다.

소나무는 솔방울에 씨앗이 들어 있다가, 씨앗마다 비행 날개가 있어 바람에 잘 날리는 구조이다. 소나무 씨앗은 억척스러워 척박지에서도 잘 활착하여 황폐지를 초기에 점령하여 번식이 왕성하다. 그래서 소나무를 개간지 선구수종이라고 한다.

소나무 씨앗은 발아래 떨어짐을 줄이기 위해 비가 오는 날은 솔방울을 오므린다.

참고로, 참나무류는 낙엽성과 상록성이 있다. 종자가 당년[1년]에 익는 갈참나무류는 갈참나무, 졸참나무, 신갈나무, 떡갈나무가 있고, 소나무의 씨앗처럼 이듬해[2년] 결실하는 상수리나무류는 상수리나무, 굴참나무, 대왕참나무 3종이 있다. 우리가 아는 참나무는 식물의 이름

중에는 없다.

소나무는 변이종을 많이 육성하여 조경인들에게 인기를 얻고 있다.

경북 청도 운문사의 처진소나무_{천연기념물 180호}를 비롯하여 우산송, 홍피송, 홍송, 황산송, 황금송, 사피송, 일엽송, 계관송 등 여러 품종이 있다.

소나무와 곰솔의 잡종으로 간흑송이 있다.

채종원에서 좋은 유전자를 선발하기 위하여 우수한 형질을 고른다. 우수성이 검증된 수형목_{秀形木}은 별도로 모아 모체로 활용한다.

소나무의 형질 개량법으로, 송홧가루를 며칠 전에 미리 채취하여 건조 저장한다. 미인송으로 간택된 소나무 암꽃을 다른 꽃가루와 교배를 막기 위해 미리 비닐로 씌워두었다가 인공교배하는 것을 소나무 혼례행사라고 한다.

111

한반도의 오롯한 선비 Ⅲ
< 소나무의 관리 >

식물에서 타감작용他感作用은 다른 식물에 대한 화학적 발아억제 현상이다. 이기적 발상이다.

소나무가 스스로를 보호하기 위하여 내는 방어물질은 향기를 품은 피톤치드라는 휘발성 테르펜류이다. 살충제 같은 살균의 방향물질이다. 상쾌한 기분이 돈다. 피톤치드는 주변의 다른 식물의 성장을 방해한다. 소나무의 아래에는 다른 식물이 자라지 않는다. 솔잎은 천연 방부제가 있어 몇 년씩 썩지 않는다. 송편에 넣어 찌면 오래 두고 먹는다.

소나무에게도 이기적인 유아독존 본능이 있다.

한 생물이 다른 생물에게 나쁜 영향을 주는 물질을 생산하여 발육을 방해하는 것이다. 식물도 다양한 타감물질을 생산한다. 주로 페놀류 화합물과 타닌이다. 소나무의 가지 아래 다른 식물이 잘 자라지 못하는 것은 독자적 생존을 강조한 배타적인 삶의 전술이다.

금강소나무는 안면송과 달리 소나무품종을 학계에서 인정받은 품종이다. 춘양목春陽木, 금강송金剛松, 강송剛松, 황장목黃腸木 모두 같은 말이다. '억지 춘양'은 봉화군 춘양면의 소나무 군락지에서 목재상들의 억지로 생긴 말이다.

금강송은 심재가 황갈색으로 진해 송진비율이 높아 방부효과가 크고 보온성과 솔향이 뛰어나다. 경북 봉화와 울진에 천연 솔숲이 지금껏 존재하는 것은 접근성의 불편이 큰 몫을 한다.

상록수에게 겨울 동안 따뜻하고 비가 오지 않으면 치명적인 현상이 생긴다. 지구온난화 얘기는 어제 오늘만의 문제가 아니다. 피할 수 없는 기후 위기다.

여름과 겨울이 더 더워지고 있어 심각하다. 세계 곳곳에 가뭄과 홍수로 희비가 엇갈리는 지역이 늘고 있다. 대형재해도 잦아진다.

지구온난화는 한반도도 예외일 순 없다.

소나무, 잣나무, 주목의 일생은 서늘한 지방에서 살기를 더 선호한다. 추운 겨울보다 따뜻한 겨울 날씨에서 오히려 적응력이 낮다.

최근 들어 겨울철이 따뜻한 이상난동異常暖冬이 이어지며, 비는 오지 않아 상록 침엽수종들이 가뭄 피해를 입는다. 상록수는 겨울에도 대기온도가 5°C만 넘으면 증산작용과 광합성을 쉬지 않는다. 수분공급이 부족하여 과도한 증산작용으로 잎부터 말라 죽는 경우이다.

특히 소나무, 잣나무, 주목, 향나무, 백송, 노간주나무 등 침엽상록수종은 수분이 부족하여도 증상이 외부로 잘 드러나지 않는다. 수분공급의 제때를 놓치기 쉽다. 사철나무나 동백나무, 회양목, 꽝꽝나무 등 상록활엽수종도 마찬가지이다. 겨울을 나는 활엽수종은 엽육이 두꺼워 웬만한 가뭄에 시든 표가 나질 않는다.

겨울을 지내는 상록종은 침엽이나 활엽 모두 가뭄에 증상을 관찰하기 어렵다. 갈수기에는 주기적으로 관수해야 한다. 분재하는 사람들도 겨울철에 분재목을 건조로 죽인다.

잎의 색깔이 마른 색으로 눈에 보일 때는 이미 그 식물의 영구위조점永久萎凋點*을 지났다.

산에서 바로 굴취한 야생 소나무野生木는 뿌리가 많이 절단되어 수분 흡수력과 내건성에 약하다. 이런 산채목은 연중 수시로 관수해야 하고, 집중관리가 필요하다. 반면에 이식한 지 오래되어 농원에서 관리되던 훈련목은 이식해도 대체로 잘 적응한다. 수분과 양분의 조달이 원활해서다.

수목은 여러 번을 옮겨 심어야 가는 뿌리가 발달하여 활착이 빠르다.

소나무의 4대 해충은 재선충과 솔잎혹파리, 솔껍질깍지벌레, 솔나방이다.

소나무에 재선충을 옮기는 해충은 북방수염하늘소와 솔수염하늘소이다. 소나무 에이즈로 천적도 치료제도 없이 발병 후 1년 안에 모두 죽는다. 1988년 일본에서 처음으로 부산에 유입되어 송림을 초토화시키고 있다.

솔잎혹파리는 유충이 솔잎의 기저부에 벌레혹蟲癭을 만들고, 수액을 빨아 먹어 솔잎의 생장이 멈춘다. 솔잎이 붉게 변하면서 떨어진다. 솔껍질깍지벌레는 암컷이 곰솔의 줄기 껍질 밑에서 나무 수액을 흡수하여 적갈색으로 고사한다. 솔나방은 송충이로 솔잎을 먹는다.

---

* 영구위조점(永久萎凋點) 토양의 수분은 점차 감소하고, 식물의 수분 포텐셜은 점차 낮아져 잎이나 어린줄기에서 시듦 현상이 단계적으로 나타나는 위조점을 벗어나, 시든 식물에 다시 물을 주어도 회복하지 못하는 상태이다.

112

한반도의 오롯한 선비 Ⅳ
<적심과 접목>

 적심摘心은 침엽수에서 마디 사이의 길이를 줄여 수관을 치밀하게 하고 교정하는 일이다. 소나무나 잣나무, 전나무, 가문비나무와 같이 1년에 한 마디만 자라는 고정생장 수종이 대상이다. 마디가 길면 조경미가 떨어지고, 수관 전체가 엉성해지며, 키만 볼품없이 웃자라 바람 저항성이 떨어진다.
 소나무의 송순은 봄에 5월까지 자라고 멈춘다. 생육환경이 양호하면 너무 길게 자란다. 5월 말에서 6월 초에 길게 자란 새순을 전정가위로 자른다. 조직이 연할 때는 손가락으로도 잘 부러진다.
 적심의 시기는 순이 거의 다 자라고 새잎이 나오기 전에 한다. 전나무와 가문비나무의 경우 잠아가 많아 순이 자라는 상태를 보고 결정해야 한다. 소나무는 정아우세현상이 뚜렷하여 항상 가운뎃순이 길게 자라는 습성이 있다.
 이후에 잘린 부분 아래에 다시 겨울눈이 생기거나 짧은 가지가 나오고 단엽이 되어 수관이 풍부해진다. 이때 너무 많은 새순도 솎아준다.
 소나무, 잣나무, 전나무, 가문비나무, 낙엽송, 히말라야시다, 주목,

메타세쿼이아, 향나무, 금송 같은 나무는 정아우세현상이 뚜렷하여 수관을 내버려 둬도 곧추선 원추형이 기본이다. 소나무의 마디가 길어지면 수관이 성글어 관상미가 떨어진다. 절간이 짧고 잔가지가 빽빽하게 꽉 찬 수관과 초살도가 커야 안정성 있는 조경수가 된다.

송순자르기는 적심 또는 순자르기라 한다. 중부지방에서는 처서^{양력} 8월 23일경 이전에 순자르기를 마쳐야 겨울눈이 만들어진다. 시기는 지역마다 수세에 따라 다르지만 조금 일찍 하는 것이 좋다. 자란 정도를 보고 결정하는 것이 바람직하다.

주목, 회양목, 사철나무, 쥐똥나무는 자유생장을 하므로 자주 녹지를 다듬어 주면 보기 좋은 모양과 꽉 찬 외형을 유지할 수 있다.

소나무의 수형은 전적으로 전정의 방법과 빈도에 달렸다. 어지간한 외형 만들기는 전정으로 가능하다.

제때에 적심을 하고 나면 얼마 지나지 않아 순끝의 솔잎 사이에서 새눈이 다시 생긴다. 수세가 좋은 가지는 2차 생장을 한다. 또한 적심을 한 가지에는 다음 해에 눈의 수가 많이 자라므로 적절하게 수를 조절해야 조경미가 살아난다. 마디가 짧고 조화로운 가지 배열을 위해서다.

소나무류의 접은 오엽송, 다행송, 황금송 등을 짧은 기간에 조경수로 개발하는 적극적인 방법이다. 소나무의 대목은 곰솔을 주로 활용하며, 실생 2~3년생으로 0.5~1cm 정도의 굵기면 가능하다.

소나무의 접수는 다른 수종보다 수액의 이동이 일러, 대체로 2월 중하순에 겨울눈이 굵어지려는 시기에 채취한다. 소나무 접수는 마르거나 부패하지 않도록 5℃ 아래로 얼지 않도록 냉장저장 한다.

배접 또는 할접, 근접 등으로 접수의 솔잎을 정리하여 3월 상순경 대목에 접붙이기를 한다. 접목의 건조를 막기 위해 비닐 터널을 해주고 햇빛을 가려준다. 어렵기는 하지만 일반적인 조건만 갖추어지면 성공률이 높다.

　소나무 접목은 비교적 단기간에 완성하는 좋은 방법이다. 근접은 표시 나지 않아 귀한 분재 등에 활용한다.

113

大國의 珍客 하얀 선비 Ⅰ
<백송의 일반적 특성>

백송의 분류체계는 식물계 / 구과식물문 / 구과식물강 / 구과목 / 소나무과 / 소나무속 / 백송종이다.

백송은 수피가 백색인데서 유래한 것으로, 한자명은 백송白松, 백피송白皮松, 백골송白骨松, 사피송蛇皮松이라고 부른다. 큰 비늘처럼 벗겨지고 밋밋한 백색의 표피에서 유래되었다. 북한에서는 흰소나무로 불린다고 한다.

수피樹皮는 점차 비늘 조각처럼 벗겨지며 회백색의 얼룩무늬가 생겨 영어로는 White pine스트로브잣나무이 아니고 Lace-bark pine이다. 흰소나무가 아니라 얼룩소나무斑松로 부른다.

백송白松은 처음부터 태생이 다르다. 껍질의 하얀 얼룩무늬는 백의민족을 상징하여 귀하디 귀한 대접을 받았다. 아무나 심을 수도 가꿀 수도 없는 고관대작의 나무였다. 조선시대의 한 가문의 상징물이었다. 상서로운 몸빛을 집안의 가풍과 품격으로 여겼을 것이다. 당연히 극진한 보살핌과 융숭한 대접을 받으며 자랐다.

적어도 20년은 지나야 흰 얼룩무늬가 돌기 시작하여 100년쯤 해를 넘겨야 백송의 이름처럼 흰빛이 돋보인다고 한다.

백송은 여러 모습을 가진 소나무로 이름 그대로 하얀 껍질이 특징이다. 어릴 때는 거의 푸른빛이나 나이를 먹어가면서 흰빛이 차츰 섞이기 시작한다. 점점 흰 얼룩무늬가 많아지다가 나중에는 거의 하얗게 된다. 사람이 하얀 머리로 늙어가듯, 백송의 일생도 이렇게 하얀 껍질로 나잇값을 하는 가 보다.

원산지인 중국에서는 아름드리 거목으로 잘 자란다. 나무껍질의 색깔과 불규칙한 문양紋樣을 보고 백송白松, 백골송白骨松, 백피송白皮松, 백리송白裏松, 호피송虎皮松 등으로 불린다.

무늬가 예비군복과 비슷하고 이처럼 껍질이 생기는 나무로 플라타너스, 모과나무, 노각나무, 배롱나무 등이 있다. 정원수의 대부분은 노목일수록 진수가 드러나 수피나 꽃과 열매가 더 아름다워진다.

우리나라에서는 사적공원의 정원수나 서원, 향교 등 교육시설의 학자수, 공공기관의 기념수로 귀한 곳에서 별난 대접을 받는 조경수이다.

또한 줄기의 녹색과 백색으로 조화가 특이하여 예부터 절사찰과 세도가의 정원 또는 선조의 묘소 주변에 기념수나 관상수로 시선이 모이도록 강조식재 하였다.

어릴 때는 줄기의 색깔이 연한 녹색을 띠나 수령이 많아짐에 따라 회백색으로 변하고, 표면이 평활하고 플라타너스의 불규칙한 둥근 얼룩처럼 얇게 수피가 떨어져 나간다.

백송은 대체로 햇볕을 잘 받는 방향으로 자란 백송일수록 껍질이 더욱 희어지고, 해를 거듭하면서 새하얀 줄기가 도드라진다.

백송은 유목幼木일 때에는 수피의 색이 푸르스름하면서 흰빛을 지니다가 차차 성목이 되면서 둥글게 벗겨져 흰색이 된다.

보통 우리 주변에 있는 적송과 곰솔해송은 2엽송이고, 잣나무와 스트로브잣나무, 섬잣나무는 5엽송이다.

백송의 엽속읽묶음은 리기다소나무처럼 3엽 속생이고, 전나무의 잎 묶음은 규칙성이 없다.

다른 소나무보다 생장이 아주 느린 편이다. 잎이 소나무나 잣나무와는 달리 세 개씩 모여 나며, 자른 횡단면이 삼각형을 이룬다.

꽃은 암수한그루로서 5월에 개화하는데, 소나무류는 자가수정을 싫어한다. 수꽃은 둥글고 길게 발달하며 암꽃은 달걀 모양이다. 특히 백송의 경우는 나라 전체에 몇 그루가 되지 않으니 배우자를 만나기가 쉽지 않아 수정률도 당연히 낮다. 수꽃은 새로운 가지 아랫부분에 달리고, 암꽃은 윗부분의 새 가지 끝에서 자라서 수정되어 콩알만 한 크기로 1년을 고스란히 지내다 그 이듬해 10월에 종실을 맺는데 2년 걸린다.

종자는 모양과 크기, 색깔이 잣과 비슷하다. 달걀꼴이다. 종자는 잣처럼 껍질을 벗겨 먹기도 하고 기름을 짜서 쓰기도 한다.

백송의 열매인 솔방울은 일반 소나무에서 볼 수 있는 동그란 솔방울과는 조금 다른 형태로 오히려 갸름한 모습의 잣송이를 닮은 모습이다.

암꽃과 수꽃이 한 나무에 피어 수정 후 솔방울이 그 이듬해 가을까지 커져서 성숙한다. 장대하고 거대한 고목으로 자라 고풍스러운 나무들을 보면 새삼 자연의 위대함을 느낄 수 있다.

열매인 구과毬果는 난형이고 길이 6cm, 폭 4.5cm로서 50~60개의 실편實片으로 구성된다. 성숙하면 갈색으로 되어 벌어지면서 종자는 스스로 떨어져 나가지만 구과는 늦가을까지 가지에 남아있다 떨어진다.

열매毬果는 白松塔백송탑이라 하며 식용유로 식용하거나 약용으로도 쓴다. 약효는 鎭咳진해, 祛痰거담, 消炎소염을 치료한다. 말린 솔방울을 달여 복용한다고 한다.

　주간의 껍질의 무늬는 껍질이 벗겨질 때마다, 그 자리가 주변보다 더 희게 나타난다. 어려서는 10년에 겨우 50cm밖에 자라지 않을 정도로 생장이 느리다. 번식도 어려운 희귀한 나무임에 틀림없다. 껍질을 하나씩 벗어가며 결국엔 흰 얼룩무늬로 사람들의 감탄을 자아내는 나무이다. 이렇게 자람이 늦고 흰 껍질이 독특해 웬만한 굵기의 백송은 모두 특별 보호목이 될 정도로 그 가치를 인정받는 귀목이다.

114

大國의 珍客 하얀 선비 Ⅱ
<백송의 생태적 특성>

　백송白松은 흰 소나무로 소나무과의 상록침엽교목늘푸른바늘잎키큰나무이다.
　추위에 잘 견딘다. 우리나라에 약 600년 전에 들어왔으며, 번식력이 약하고 이식이 곤란하기 때문에 그 수가 매우 적다. 유묘는 저습지에 식재하면 모잘록병이 발병하기 쉽고, 그 외 잎떨림병이 생길 수 있다.
　언뜻 보면, 일반 소나무와 다를 바 없지만 흰 빛을 띠는 몸뚱이와 특이한 가지의 곡선이 다르다.
　차량의 매연이나 사람들의 답압은 잎과 뿌리 통기에 상당한 영향을 주어 생육이 불량해진다. 충분한 햇빛과 뿌리 호흡, 수분공급은 물론, 물 빠짐은 자람과 상당한 연관성이 있다.
　백송은 시간의 흐름을 기억하는 듯 계절이 바뀔 때마다 그 매력이 다른 우아함과 경이로운 자태를 간직한 나무이다.
　백송은 수피를 문지르거나 송진을 만질 때, 어린 순과 잎에서 나는 송진 향이 유별히 진하고도 독특하다. 송진향은 정신을 맑게 한다.

양지바른 곳에서 잘 자라는 양수지만, 어려서는 그늘진 곳에서 자라는 음수의 속성이 있다.

백송은 어릴 때는 수피가 거의 푸른 빛깔이지만, 나이를 먹어가면서 흰 빛깔이 차츰 섞이기 시작하는 희귀한 소나무이다. 수령이 많아질수록 점점 흰 얼룩무늬가 많아지다가 나중에는 거의 하얗게 된다.

사람도 하얀 머리가 나면서 늙어가듯, 백송의 일생은 이렇게 하얀 껍질로 나이를 보여준다. 다른 대부분의 노목도 나이테가 많을수록 수피와 꽃 그리고 수관이 아름다워지면서 노거수老巨樹란 말과 잘 어울리는 것 같다.

여느 식물과 달리 백송은 전반적인 생장력이 토종 식물보다 약해 인간의 섬세한 손길이 필요하다.

백송은 일반 소나무와 달리, 나무의 수피가 하얗다는 것과 바늘잎이 2개씩 묶여 있는 일반 소나무와 달리, 3개씩 묶여 있으며, 열매인 솔방울의 모습도 일반 소나무의 솔방울보다 크다. 솔방울과 씨의 크기가 잣송이와 비슷하다.

고목의 대체적인 수관은 큰 가지와 작은 가지가 고르게 뻗어 나오며 둥글게 발달한다. 전체적인 수형은 둥근편이며 굵은 가지가 많이 발달한다.

생육환경은 어릴 때는 성장이 극히 완만하고 강한 햇볕을 싫어하는 음수의 성향이나 자라면서 양수로서 햇볕을 좋아하고 추위에 강하며 도시의 각종 공해에도 잘 견디는 편이다.

토심이 깊고 비옥한 모래질참땅사질양토에 산성토양을 좋아하며, 잔뿌리가 적기 때문에 이식할 때 세심한 주의가 필요하다.

번식은 주로 종자로 하므로 결실기인 10월 가을에 종자를 채취하여 5℃에서 저장하였다가 파종 1개월 전에 노천 매장한 후 파종하면 약 3주 후에 발아하는데 발아율은 대략 60% 내외이다. 또 다른 방법은 소나무 종자처럼 기건 저장 하였다가 침수처리를 한 뒤에 파종해도 된다.

재배 특성으로는 백송은 이식을 싫어하지만 옮길 때 미리 뿌리돌림을 하거나 뿌리 분을 크게 떠야 한다. 나이가 들수록 수세가 다른 나무에 비해서 약해지는 경향이 있다.

교육기관인 학교, 식물원에 관상수로 심는다. 예전부터 향교, 서원 같은 교육기관이나 양반의 묘소 앞, 고택의 주변에 심었다.

흔히 소나무는 혹독한 자연 속에서도 늘 푸른 모습을 간직하여 굽힘없는 선비의 절개에 비유된다.

흰색은 신성, 고귀, 순수, 고결의 상징성이 있어 백송은 어디에 있어도 그 상징성이 부족함이 없는 나무이다.

백송도 봄이면 여느 소나무들과 같이 꽃을 피우지만, 그것의 꽃가루를 받아줄 다른 나무는 찾아보기 어렵다. 자가 수정이라는 최후의 수단으로 꽃가루받이를 겨우 이룬다 해도, 튼실한 열매를 맺는 건 어렵다.

백송은 희귀식물이라서 불편함이 더 많았을 것이다.

조경적으로도 백송은 백색의 수피와 사철 푸르른 상록성 잎의 조화가 아름다워 서원이나 고택과 사찰에 기념수, 관상수 목적으로 특별한 곳에만 식재하여 왔다. 또한 정원수 및 공원수, 풍치수, 조경수로서 이용 가치가 높고, 현재 천연기념물로 지정되어 보호되는 백송이 많이 있다.

분재로 기르기는 좀 까다롭다.

소나무류는 햇빛을 좋아하기 때문에 하루에 최소 3시간 이상의 일조량이 필요하다. 가능한 야외에서 기르는 게 좋고 실내에서는 일조량이 많은 베란다나 창가처럼 햇빛이 긴 장소가 좋다.

물주기는 흙의 배합구성과 화분크기에 따라 차이가 있다. 한여름은 아침, 저녁 2회 정도로 주고 봄, 가을은 1회로 고루 물이 가도록 분사하면 된다. 물주기는 맑은 날 오전 10시~12시경이 좋다. 겉흙이 마른듯하면 주는 게 기본이다.

예전에는 옮겨심기가 어려운 나무는 처음부터 기왓장 위에 심어 기르다가 기와 채 옮겨 심던 것이 지금은 화분으로 변했다. 선조들의 지혜이다.

흰색은 길조吉兆를 상징하여 조심스러운 곳인 왕릉, 분묘, 사원, 사찰, 고전 정원, 교육기관 등에 특정 장소에 강조식재 한다. 심은 지 20년쯤 되어야 흰색, 녹색, 연분홍, 은색 껍질이 불규칙하게 생긴다. 늦가을이 되면 균열 되면서 점차 뒤로 말리며 수피에 붙어있다가 바람 등에 의해 자연 낙하한다.

목재는 비교적 가공이 쉽고 무늬가 아름다우며 내구성이 강하여 건축재, 가구재, 문구재 등 고급 목재료로 활용한다.

115

大國의 珍客 하얀 선비 Ⅲ
<백송의 역사적 가치>

    중국에서 온 백송은 생육 능력이 미약하고 누구나 심을 수 없어 우리나라에서는 흔히 볼 수 없는 나무이다. 자람이 더디고, 옮겨심기도 불편했다. 우리나라에 있는 노령의 백송은 중국을 오가던 사신이나 양반가의 선비들이 한 그루씩 얻어와 심어 키운 나무들이다.

    일반적으로 백송은 껍질 조각이 생기면서 특유의 문양과 제 빛깔인 흰색을 띠기 시작한다. 흰색을 즐기던 조선시대 우리의 백의민족 조상들은 백송을 귀하게 여겼을 것이고, 번식이 어려우므로 널리 퍼지지 못해 희귀한 나무이다.

    나이가 들면 백송은 끝부분에 잔가지가 많이 나는 편으로, 전체의 수관이 둥그렇게 보인다. 우리나라에는 언제 들어왔는지 연도는 확실하지 않으나 600여 년 전 중국의 외교사절단에 의하여 전해진 서울 통의동 백송이 최고령으로 그 무렵에 처음 들여와 심은 것으로 여겨진다.

    현재 우리나라에 남아 있는 백송들은 조선시대 중국에서 전해진 나무들이며, 같은 연륜의 일반 적송이나 해송에 비하면 나무의 수세가 약한 모습이다.

세종대왕 때 이 땅에 심어져 무수한 세월을 거쳐 오늘날까지 살아 있다. 변함없이 푸르게 자라는 백송의 푸르름에서 생명력의 고귀한 의미를 새삼 되새겨 볼 수 있다.

백송은 북경을 비롯한 중국 중·서·북부에만 자라는 특별한 나무로 원산지에서는 예부터 궁궐이나 사원 및 묘지의 둘레 나무로 흔히 심었다고 한다. 현재 북경 계태사戒台寺 앞에는 당나라 초에 심었다는 나이 1,300여 년, 높이 18m, 둘레 6.4m에 이르는 거대한 백송이 살아 있다고 한다.

현재 찾을 수 있는 기록은 우서迂書에 '요동遼東 지방의 백송 종자를 가져다가 심었다'는 내용뿐이다. 우리 궁궐에도 흔히 심었을 터이나 살아있는 고목백송은 없고, 현재 창경궁 춘당지 동쪽에 100여 년 남짓의 백송이 자라고 있다.

우리 선조들은 백송의 새하얀 껍질을 좋은 일이 일어날 길조吉兆로 생각했다. 지금의 서울 헌법재판소 구내에 있는 천연기념물 8호 백송은 나이 600여 년으로 우리나라에서 가장 크고 오래된 백송이다. 이 백송은 흥선대원군의 집권 과정을 지켜본 나무이다. 안동 김씨의 세도를 종식시키고 왕정복고를 위한 은밀한 계획이 바로 이 백송이 바라다보이는 신정왕후의 사가私家 사랑채에서 진행됐다. 불안한 나날을 오직 백송 흰 껍질을 보면서 지냈다고 한다. 이 무렵 백송 밑동이 별나게 희어지자 개혁정치가 성공할 것이라고 확신했다는 설이 있다.

사신들이 어린묘목이나 씨앗을 가져다 심은 것으로, 씨앗의 발아율이 낮고 가는 뿌리가 적어 번식력이 약하고, 제한된 조건이 있어 널리 분포하지 않았다. 백송을 키울 수 있었던 것은 세도가 집안의 특권이다.

소나무의 종류 중에 미국에서 들어온 나무는 리기다소나무, 테에

타소나무, 방크스소나무, 대왕소나무, 스트로브잣나무가 있고 일본에서는 일본잎갈나무와 일본전나무가 들어왔으며, 유럽에서는 독일가문비와 무고소나무를, 백송은 600여 년 전 중국에서 각각 들어왔다.

중국이 본산인 백송은, 중국의 수도인 북경에서나 구할 수 있는 나무였기에, 국내에서 기품있는 백송을 집 안에 심어 기른다는 건 아무나 할 수 없는 일이었다. 중국을 드나드는 사신 또는 그만큼 지체 높은 사람이라야 가능했다. 백송은 그 집안의 가문과 신분을 나타내는 상징물과 같았을 것이다. 당시의 권세가들은 아마 자신의 높은 신분을 과시하려고 일부러 심기도 하지 않았을까?

대부분 오래된 나무나 백송의 경우처럼 외과의 수술을 받은 흔적이 흉물스럽게 남아 있는 유래는 알고 보면 아주 단순하다. 껍질 또는 식물의 가지나 뿌리 등을 떼어다 약재로 쓰면 효험이 있다는 의학적 근거없는 민간의 속설 때문이다.

백송은 이름처럼 상서로운 흰빛을 가진 나무이다. 예로부터 흰빛을 귀하게 여긴 우리 민족에게 백송이 각별한 대접을 받는 건 당연한 일이고, 백송이 특별 대접을 받았던 또 다른 이유는 국내에 자생하는 나무가 아니라, 당시 사대국인 중국에서 왔다는 점이다.

추위에 견디는 성질耐寒性이 강하고, 우리나라에는 일찍 전래되었지만 어려서는 자람이 느리고 번식력이 떨어져 그 수가 별로 없다. 한반도에서 흔히 볼 수 없는 희귀한 수종인 동시에 중국과의 문화교류사를 알려주는 역사적, 경관적, 학술적 가치는 물론 생물학적 가치가 높은 나무이다.

한민족의 역사 문화적 자료 발굴과 연구는 계속돼야 한다. 우리 선조들이 아끼고 같이 호흡을 하던 귀목이다. 많은 보급으로 사랑받는 최고급 조경수로 거듭나길 바란다.

116

大國의 珍客 하얀 선비 Ⅳ
<천연기념물 관리>

　백송이 서울 6그루를 포함하여, 많게는 12그루가 천연기념물로 지정 보호되고 있었으나 지금은 고사枯死, 보존가치의 상실, 미 수복지구 등의 이유로 해지되어 서울 2그루와 그 외 지역에 3그루를 합해 모두 5그루가 보호되고 있다.

　서울에 있는 재동제8호, 조계사제9호와 경기도 고양시 송포제60호, 충남 예산 용궁리제106호, 이천 신대리제253호에 있는 백송이 그것이다. 또한 안타깝게도 천연기념물로 지정되었던 개성의 백송제81호, 휴전선 이북 북한의 천연기념물 제390호은 미수복 지구 사유로 천연기념물의 목록에서 제외되었다.

　백송은 전통 식재용 나무로 적합하며 아름답고 특이한 수피로 한 번 보면 오래도록 기억되는 나무이다. 주간主幹이 뚜렷하지 않고 전체적인 수관樹冠은 둥근 모습이다. 눈의 발달이 적어 잔가지가 밀생하지 않으므로 어려서부터 세심한 관리가 요망된다.

　600여 년 전, 낯선 땅 조선으로 들어 온 백송은 중국 북부지방에서 자라는 그곳 특산 수종이다.

본래 우리나라에서 자라는 나무도 아닌 백송이 이렇게 천연기념물로까지 지정되며 특급대우를 받는 것은 나름의 각별한 사연이 있다.

백송은 여느 소나무와 달리 특성상 생육조건이 까다로워서 번식력이 약하고, 어릴 때는 정말 더디게 자란다는 주목이나 비자나무보다 더 늦은 나무라서 증식도 어렵다. 역사성으로 보아 집단으로 식재도 할 수 없는 특징이 있는 나무라 이 땅에서 600년 정도의 고령목으로 자란 데에는 특별함을 찾아볼 수 있다.

백송은 어릴 때의 자람은 더 느리다. 10여 년을 꾹 참고 기다려도 키는 한두 뼘 남짓이다. 이렇게 자람이 늦고 흰 껍질이 독특하여 웬만한 굵기의 백송은 특별 보호목이 될 정도이다.

현재 남한에 5그루, 북한은 개성에 1그루의 백송이 천연기념물로 지정되어 있다. 이들 중 충남 예산의 한 그루를 제외하면, 자라는 곳은 모두 서울 경기 지방이다. 중국왕래를 할 수 있는 고위관리가 주로 서울 경기에 살았던 탓이다.

서울의 또 하나의 명물 천연기념물 제9호 백송은 현재 서울시 종로구 견지동에 있는 조계사 대웅전 옆에 있다. 조계종 본찰本刹답게 거대한 처마를 가진 대웅전과 어우러져 더없이 운치 있는 모습이다.

원줄기는 외과수술을 한 흔적이 한편으로 길게 위로 올라가면서 나 있다.

수송동의 백송은 나무의 한쪽은 사람들이 오가는 통로에 바로 접해 있고, 다른 한쪽은 건물에 인접해 있어서 나무가 자랄 수 있는 공간이 부족하고 생육 상태도 좋지 않은 편이다.

일부분은 받침대에 의존해 서 있다. 과연 500년을 살아온 이 백송은 얼마나 더 살까 하는 걱정이 먼저 떠오른다.

천연기념물로 노거수, 희귀식물, 자생지, 수림지, 포유류, 조류, 어류, 곤충류, 천연동굴, 암석 / 광물, 지질, 화석, 천연보호구역, 명승지 등을 지정하여 보호관리 하고 있다.

천연기념물 백송은 태풍에 쓰러지기도 하고 뿌리 주변의 복토작업 후 갑자기 고사하기도 했다. 서울에는 현재 두 그루만 남아 명맥을 유지하고 있다. 천연기념물 제8호는 종로구 재동에, 제9호는 종로구 수송동에 있다. 국내에서 가장 큰 백송나무였던 천연기념물 제4호 통의동 백송은 1990년 돌풍에 쓰러진 후 고사 돼 그루터기 흔적만 남았다.

이 밖에도 천연기념물 제5호였던 서울 내자동 백송과 제6호였던 원효로 백송, 제7호였던 회현동의 백송이 고사 되어 천연기념물 목록에서 해제됐다. 〈표 15〉 참조

〈표 15〉 천연기념물 지정·해제 백송목록

지정	위치(수령)	지정일	해제일	해제사유	주요 특징
제4호	서울 통의동 (600년)	1962. 12. 3.	1993. 3. 24.	태풍고사	국내 최고수, 영조와 김정희 살던 집 16 / 5
제5호	서울 내자동	〃	1965. 10. 12.	고사	
제6호	서울 원효로 (500년)	〃	2003. 7. 4.	고사	10 / 2 / 7.5
제7호	서울 회현동	〃	1962. 12. 3.	보존가치 상실	
제8호	서울 재동 (600년)	〃			17 / 2.36 / 8
제9호	서울 수송동 (500년)	〃		(조계사)	14 / 1.8 /
제16호	경남 밀양	〃	2005. 8. 19.	보존가치 상실	
제60호	경기 송포 (600년)	〃			11.5 / 2.39 / 9.8

지정	위치(수령)	지정일	해제일	해제사유	주요 특징
제81호	북한 개성 (300년)	〃	1962. 12. 3.	미수복 지구	북한 제390호지정
제104호	충북 보은 (200년)	〃	2005. 8. 19.	고사	외줄기로 곧게 자람 11 / 1.8
제106호	충남 예산 (600년)	〃			14.5 / 4.77 /
제253호	경기 이천 (230년)	1976. 6. 28.		(우산형)	16.5 / 1.92 /

※ 주요 특징의 숫자는 수고 / 흉고둘레 / 최대 수관폭(m)

참고로, 우리나라의 천연기념물 제1호는 대구 달성구에 있는 측백수림이다.

천연기념물 지정은 순서와 중요도가 반드시 일치하는 것은 아니지만 1호부터 10호 중에 6점이 백송이란 사실은 백송만의 특별한 속성을 나타내는 증표이다.

다른 수목들과는 다른 옷樹皮을 입고 있어 도입 초기부터 색다른 주목을 받았다. 또한 희귀하면서 생장이 느리고 이식이 까다로운 점도 있어 우리나라에서는 예전부터 소중히 여겨왔을 충분한 이유가 된다.

얼마 전까지 천연기념물로 지정된 백송 중 가장 아름다운 수형을 가졌던 충북 보은의 백송은 강릉 소금강 금강송처럼 기품을 지녔지만 안타깝게도 고사하였다.

아껴야 아낌없이 주는 나무가 백송이다.

학술적으로 또는 관상적으로 그 가치가 입증되어 보존에 더욱 신경 써야 하는 식물은 천연기념물로 지정하여 보호하고 있는데 우리나라에도 550여 개가 넘는 천연기념물 중 평균 수명이 100년은 우습

게 뛰어넘는 그야말로 우리나라의 역사와 함께 한 나무가 바로 백송이다. 오랜 세월을 버텨오며 저마다의 이야기를 간직하고 있는 아낌없이 주는 나무임에 틀림없다.

    우리나라에 역사적, 문화적 가치를 인정을 받아 천연기념물로 지정된 노거수가 모두 142건이며, 그 중 소나무는 35건이다.

117

특별한 내 정원을 조성하라
<황금송과 솔송>

　속리산 황금소나무는 끝내 추억으로만 남았다. 황금송은 적송종의 변이품종이다. 솔잎이 노랑에 가까운 색조를 띤다. 5월 송순은 연노랑으로 감상하기 좋다. 비교적 토양을 가리지 않고 잘 자란다. 대부분 접목으로 번식한다. 실생번식은 모성회귀 본능으로 확률이 아주 낮다.

　충북 보은 속리산 법주사 뒷산 기슭에서 발견된 황금소나무는 폭설에 부러진 뒤 황금빛을 잃었다. 2003년 속리산 법주사 뒷산 기슭서 발견돼 화제를 모았던 황금소나무가 사라졌다.

　항공 순찰 도중 발견한 이 나무는 키 12m, 지름 가슴높이 18cm 크기로 최상층부의 가지 3개가 황금색 잎으로 덮여 아름다운 시선을 모았다. 존재가 세상에 알려진 뒤 훼손을 막기 위해 보호수로 지정하고 주위를 철조망으로 둘러쳐 사람 접근을 막는 등 '귀하신 몸'으로 특별 보호했다. 폭설로 가지 3개가 모두 부러졌고 나무 전문가들의 외과수술과 접목 시도에도 아름답던 황금빛 자태는 더 볼 수 없었다.

　황금소나무는 잎의 색깔 변화를 보고 기상을 예측할 수 있다는 뜻에서 천기목天氣木이라고도 불리며, 그 이후에는 국내에서는 경북 울진과 원주 등에서 발견됐다.

늦가을부터 봄까지 황금색의 엽색이 지나칠 정도로 아름답다. 지금은 조경가들의 관심과 접목번식으로 많이 대중화되었다. 정원의 분위기를 압도할 정도의 우아함을 지녔다.

솔송나무는 우리나라 울릉도에만 분포하는 상록침엽교목이다. 주목과 외형이나 이파리가 비슷하여 구별이 쉽지 않다. 수관은 넓은 원추형이며 노목에서는 수피가 세로로 벗겨진다. 잎은 선형으로 길이 10~20mm, 너비 2.5~3.0mm로서 2열 대칭 배열한다.

꽃은 5월에 피고, 구과는 10월에 익으며 2년생 가지 끝에 1개씩 매달려서 아래로 드리워진다. 구과는 타원형 또는 난형으로 길이 2~2.5cm, 지름 1.5cm 크기이다. 정원수, 분재로 사용하고 있으며 내한성이 강하다. 비옥한 토양에서 바위틈에까지 자라는 특성이 있고 배수가 잘 되는 곳이 적지이다.

울릉도와 일본에만 있고 내륙에는 자라지 않는다. 그늘에서도 잘 자라는 내음성 수종으로, 수형이 아름다워 공원수로 식재한다. 암꽃과 수꽃이 한 나무에서 피는 암수한그루이다. 어린나무는 어두운 숲 속에서도 생육이 가능하다. 잘 자란 나무는 높이 30m, 둘레 80cm까지도 생육한다. 울릉도 솔송나무는 1794년정조 18에 강원도관찰사가 울릉도를 조사하고 올린 보고서에 처음 등장한다.

처음에는 설송雪松나무로 불리다가 솔송나무가 된 것으로 유추한다. 울릉도鬱陵島는 '숲이 울창한 언덕 섬'이었다. 구한말 울릉도의 울창한 산림 벌채권을 두고 러시아와 일본이 다투다가 러일전쟁에서 승리한 일본인들이 송두리째 베어가 버렸다. 이때 목재 가치가 뛰어난 많은 솔송나무 거목들이 베어졌다.

솔송나무는 공원, 광장 등지의 반그늘진 곳에 정원수 또는 공원수로 식재하면 좋다. 목재는 건축재나 가구재, 펄프재로 쓰이고 나무껍질에서는 타닌을 추출한다. 우리나라와 일본에서는 솔송나무가 거의 희귀종이지만 북아메리카에서는 솔송나무^{미국솔송나무}가 목재를 생산하는 대표적인 나무로 미송^{Douglas fir}과 함께 대형 목조구조물의 기둥 등 구조용재로 널리 쓰인다.

육지와 격리되어 있고 기후와 토양의 특성이 다르다 보니 울릉도만의 식생도 매우 특이하다. 섬벚나무, 섬댕강나무, 섬개야광나무처럼 섬 자가 붙은 것은 대개 울릉도에서 자라는 나무를 일컫는다.

울릉도에 사람들이 들어가서 살기 시작한 것은 1883년 이후이다. 솔송나무는 산림청이 지정한 희귀 멸종위기 식물이다. 사람들이 관상용으로 채집해 가면서 자생지가 사라지는 것이 하나의 원인이라 한다.

나무의 형태가 우산모양으로 자라고 늘 푸른 모습이니 그걸 곁에 두고 보고 싶었던 모양이다.

수령이 1천~1천500년으로 추정되는 국내 최고 솔송나무가 울릉도 서면 일대에서 발견됐다. 절벽 해발 300m 지점에서 둘레 3m, 높이 17m 크기의 솔송나무로 줄기와 나무갓^{줄기의 윗부분}의 폭이 15m에 달한다. 솔송나무는 울릉도에서만 자생하는 '1속 1종'으로 희귀 종이다.

바람이 심한 절벽의 지형적 특성으로 수령에 비해 키는 작지만 학술연구 자료로 활용될 수 있다.

울릉도는 국내에서 가장 나이가 오래된 수령 2천~3천 년으로 추정되는 향나무와 더불어 너도밤나무, 우산고로쇠, 섬잣나무 등 고유수종이 남아 있는 산림 자원의 보고로 알려져 있다.

118

향수로 자라는 시골집 대감
<감나무>

   시골에는 어느 골목을 가더라도 감나무집 한두 집이 있다. 집집마다 흔하디 흔한 과일이 감이다. 까치밥은 늦가을까지 따먹지 않고 놓아둔 묵은 감이다. 천지가 눈으로 덮이고 먹이가 귀한 한겨울에 먹이를 찾지 못할 배고픈 까치나 직박구리가 일용할 양식이다.
   감나무에 대해서는 고향 이야기로 해도 해도 끝이 없다. 감은 늦가을 오랫동안 민족의 사랑을 받아온 과일이다. 홍시를 바라만 보아도 고향이 보이는 것 같다. 잎을 떨구고 가을의 앙상한 가지 사이로 빨간 홍시를 힘들게 매달은 모습이야말로 한 폭의 동양화이다. 파란 하늘과 어울린 최상의 풍경화이다.
   생각만 해도 미소짓게 하는 시골의 골목길 감나무집은 동네마다 있다. 홍시는 숙취 해소와 설사 진정 효과가 있고, 감을 썰어 말린 감말랭이와 곶감은 겨울 간식으로 최고이다.
   감나무에는 새가 집을 짓지 않는다고 한다.
   항간에 감나무는 벌레가 없어 새가 찾지 않기 때문이라는 말이 있었다. 감은 꽃부터 사람들의 군것질거리였고 탁구공만큼만 커지면 더 우물에 우려먹을 수 있다. 감나무 아래에는 사람의 발길이 잦아 새가 집을 지을 수 없게 한 것이 맞는 말인 듯 하다.

연노랑의 감꽃은 떫어 약간 말려 먹기도 했고, 떡고물과 버무려 쪄 먹기도 했다. 요즈음은 아파트 단지 내에서도 인기 조경수이다. 늦가을의 정취가 돋보이는 감나무는 홍시뿐만 아니라 단풍잎도 빼어난 가을 색감으로 매우 다채롭다.

키우던 감나무를 놔둔 채 이사하고 빈집이 되면 감도 열리지 않는다고 한다. 어른들은 감이 주인의 발자국 소리로 자란다고 믿었다.

감나무는 고욤나무에 접목하여야 감을 먹을 수 있다. 요즈음 열매와 가을 단풍의 풍광은 도시조경과 전통 조경에 최고의 수목이다. 오래된 고목 감나무의 목재는 구름무늬가 아름다워 장식장으로 각광받는 최고의 재료이다.

감은 청록으로 자라 황색으로 익어가며 홍시가 되어야 단맛이 돌아 먹기 좋고, 누군가에 먹혀야 씨앗이 퍼트려진다.

고목나무에 매달린 감일수록 제맛이다. 초겨울 눈 덮인 홍시는 몹시 달달하다. 오래된 장맛 같은 깊은 맛이 있다. 홍시는 된서리를 두세 번 맞아야 떫은맛이 사라지고 달아진다. 얼은 감을 아랫목 이불속에 녹여 먹어야 그 맛을 안다.

사랑방 앞마당에 늦서리를 맞으며 힘겹게 매달린 홍시를 보면 군침이 돈다. 검은 가지와 홍시 위에 소복하게 앉은 눈은 이색적이고 토속적 정감을 준다. 유행가 노랫말에 홍시가 열리면 울 엄마가 생각이 난다고도 했다.

넓은 마당에서 여름에는 시원한 그늘로 휴식을 주고, 감꽃부터 땡감, 연시, 홍시, 곶감까지 시시때때로 간식거리를 준 나무이다.

감나무는 새가 집을 짓지 않고, 벌레가 꼬이지 않으며, 잎이 커 그늘이 좋고, 오래 살고, 단풍이 아름다우며, 열매가 맛이 좋고, 땅을 탓하지 않고 잘 자라는 7가지 덕德이 있다고 한다.

119

조선의 別墅 후원의 조경사상
< 전통정원 >

　전통식 정원은 원래 있는 자연적인 지세와 환경을 바탕으로 출발한다. 일관된 인차因借 원리이다. 인因은 자연의 지세와 지형에 맞추어 정원을 꾸미고, 또 이를 잘 활용하는 것이다. 기존 자연에 맞서 거스르지 않는 범위 내에서 최소한의 인위를 가하는 것이다. 차借는 차경을 말하는 것으로 건축물들이 자연경관과 조화되도록 하면서 한걸음 더 나아가 집터 주위에 있는 자연경관과 어울림이 있어야 한다.
　후원은 흔히 볼 수 있는 나지막한 산과 골짜기의 자연 지형에서 시작된다. 골짜기 곳곳에 실개천이 흐르고 도처에 맑은 물이 솟아난다.
　까치를 비롯한 뭇새들이 서식하고 다람쥐가 뛰노는 자연 그대로의 자연환경을 갖추고 있다. 그 지세와 환경에 최소한의 인위를 가한 조성정원이 후원이다.
　동서고금을 막론하고 물은 정원을 꾸미는 데 필수 불가결 요소이다. 서양식 정원에서는 분수가 필수요소이지만 한국식 정원에서는 찾아볼 수 없다. 물을 하늘로 치솟게 하는 것은 높은 데서 낮은 데로 흐르는 물의 본성을 거스르는 일이라는 것을 선험적으로 터득한 탓이다. 자연의 섭리에 따라 정원을 꾸미되 억지를 부리지 않는 심성이 잘 드러난다.

  정원수 식재의 이치도 마찬가지이다. 사계절이 뚜렷한 자연환경 속에서 살아온 한국인들은 넓은 터를 닦아 그 위에 잔디 씨앗을 뿌리지 않는다. 봄이면 움트고 꽃피며, 여름이면 잎이 무성하고 가을이 되면 단풍들고 열매 맺으며, 겨울에 힘찬 가지에 눈꽃이 하얗게 피는 활엽수를 즐겨 심었다. 〈표 16, 17〉 참조

〈표 16〉 수종별 열매 색깔

열매색	수목명
빨강	홍단풍, 꽃사과, 왕보리수, 해당화, 산가막살나무, 홍매, 일본목련, 마가목, 낙상홍, 피라칸타, 노박덩굴, 팥배나무, 산수유, 빗살나무, 앵두나무, 구기자, 덜꿩나무, 산딸나무, 백목련, 목련, 석류나무, 섬개아광나무, 산수유나무
노랑	매실나무, 노각나무, 으름, 미선나무, 벽오동, 살구나무, 감나무, 명자나무, 모감주나무, 감나무, 은행나무, 탱자나무, 모과나무
검정	콩배나무, 등, 쪽동백, 때죽나무, 단풍나무, 다래, 인동덩굴, 소나무, 솔송, 백송

〈표 17〉 수종별 관상점

관상점		수목명
꽃		매화나무, 수수꽃다리, 백목련, 진달래, 철쭉, 개나리, 명자나무, 모란, 박태기나무, 장미, 산수유, 동백나무, 배롱나무, 등, 생강나무, 조팝나무, 이팝나무
열매		피라칸타, 낙상홍, 석류나무, 팥배나무, 감나무, 탱자나무, 모과나무, 노박덩굴, 화살나무, 사철나무, 일본목련, 치자나무
잎		주목, 벽오동, 은행나무, 꽝꽝나무, 향나무, 느티나무, 측백나무, 대나무, 소나무, 회양목, 낙우송, 편백, 화백, 위성류
단풍	적	붉나무, 화살나무, 단풍나무류, 담쟁이덩굴, 마가목, 미풍나무, 감나무, 단풍철쭉, 산딸나무, 팥배나무, 산수유
	황	계수나무, 은행나무, 백합나무, 낙엽송, 느티나무, 칠엽수, 계수나무, 자작나무, 배롱나무, 벽오동, 메디세쿼이아
수피		모과나무, 백송, 배롱나무, 소나무, 노각나무, 자작나무, 벽오동, 주목

사람이나 집이나 정원 모두가 자연의 섭리에 순응하고 자연의 질서를 유지하는 것이 한국정원의 큰 근본원리였다.

한국인의 자연주의 심성은 정자구조에서도 쉽게 볼 수 있다. 대부분의 정자는 조경물로 문이 달려있지 않다. 외부공간을 차단하는 문이 없어 정자의 내부 공간과 외부공간의 구별이 없다. 문이 있는 경우라 해도 그 문은 닫기 목적이 아니라 열기 위해 만들어진 것이다. 들어 열게 하는 형식으로 분합문을 접어 올려 들고리에 걸게 되면 외부공간과 내부 공간의 구별이 일순 없어지고 만다. 입체적 사고에서 비롯된다.

사방이 개방된 정자에 앉아 바라보는 주변의 경관들은 한국정원이 지니는 기본원리인 차경借景의 특별한 예를 잘 보여주고 있다.

산이나 바위나 나무들이 이루고 있는 자연경관 그 자체를 정원이라고 말할 수는 없다. 자연 속에 정자를 짓고 정자 위에 올라 주변의 경치를 감상의 대상으로 삼을 때 비로서 자연은 정원의 한 요소로 변신하게 된다. 인간의 손길이 미치지 않는 대자연을 정원의 일부로 끌어들인 한국정원은 그 경계가 모호하고도 광범위하다.

반면, 중국정원은 한국정원과는 사정이 많이 다르다. 중국이 자랑하는 이화원頤和園 정원을 보면, 각 전각과 정자를 중심으로 일정한 범위의 울타리가 둘러쳐져 있고, 그 속에 산곡, 폭포, 계곡, 동굴, 괴석 등 자연경관을 모방하여 마치 대자연의 축소판처럼 만들어 놓았다.

구획된 각 정원들의 공간이 외부와 차단되어 있어 그 범위를 넘어 있는 외부의 대자연은 아무런 의미를 갖지 못한다.

일본의 정원은, 인간의 취향을 중심으로 한 조원造園의 수많은 제약과 규칙을 두고 있어 나무나 돌 등 자연물들은 정원을 꾸미기 위해서 선택된 소품으로 전락해버린 것 같은 이미지를 준다. 인간의 취향에 따라 정원의 배치 방법이나 구성요소가 지나치게 중요시되고 있다.

일본과 중국의 정원이 인간중심으로 꾸며지는 것에 비하여, 한국의 정원은 어디까지나 자연이 주체가 되며 인간 의지는 종속적인 수준에 머물도록 한다. 인간의 냄새를 최소한으로 줄이려는 노력의 결과로 의식적인 노력의 결과라기 보다는 천혜의 자연 속에서 살면서 시나브로 터득한 자연주의 심성이다. 한국정원의 조경물이 작고 질서 없이 산만하다고 하는 평도 있지만 그 한계를 뛰어넘는 것이 바로 대자연이다.

그런 광대무변의 대자연을 차경하여 정원의 일부로 끌어들이는 한국정원처럼 큰 품을 가진 정원이 이 세상에 또 있으랴. 사실은 가장 잘 정돈되어 있는 자연 자체이다. 그 자연이 가장 위대하며 매우 질서 정연한 정원이다.

물을 분수처럼 하늘로 치솟게 하는 것은 물의 본성에 어긋나는 것이고 자연의 순리를 거역하는 것이다. 선인들은 정원에 물을 끌어들이되 분수가 아니라 작은 폭포수로 받아들인 것이다.

1938년 우리나라 최초의 유럽식 분수는 덕수궁에 설치되었다.

조경물에서 다리는 이곳과 저곳을 연결시키는 동시에 두 공간을 구분 짓는 의미로도 쓰인다.

옛 성현들은 정원을 조성할 때 먼저 돌의 위치를 정하고 다음에 길을 내며 그 다음에 나무를 심으라고 했다. 돌은 대자연의 뼈대로 보았다. 초목은 계절에 따라 싹이 트고 낙엽지고 열매를 맺으면서 항상 그 모양을 달리한다. 자연의 시계처럼 계절감을 알려준다.

풍수지리에서 명당 길지는 청룡과 백호, 주작과 현무가 동서남북이 뚜렷하고, 좌측으로는 물이 흐르며左有流水, 우측으로는 큰 길이 있고右有長道, 앞에는 한지가 있으며前有汗地, 뒤로는 구릉이 있어야後有丘陵 최고로 귀한 땅이라고 전한다.

120

핫한 여름 정열로 불태워
<여름 개화수>

한여름 더위에 꽃을 피우는 나무가 그리 많지 않다. 여름에는 한창 성장하는 시기이다.

회화나무와 자귀나무는 비 오는 날과 흐린 날은 부부의 사랑처럼 잎을 서로 접어 별명이 합혼수合昏樹 또는 유정수有情樹라 한다. 잎의 팽압 변화로 생기는 현상이다.

회화나무는 콩과식물로 꽃이 지고 나면 팥꼬투리가 달린다. 학자수라 해서 귀한 집안의 귀한 마당에서 자라는 나무이다. 향교나 서원의 앞마당에는 빠질 수 없는 자리이다. 권세가의 앞마당도 마땅한 자리이다.

서당 근처에 심으면 학자가 많이 나온다하여 학자수라 했다. 영명이 'Chinese scholar tree'이다. 과거에 급제하면 심었던 기념수이다.

자귀나무의 잎은 미모사의 잎사귀와 비슷하다. 한낮에는 햇빛을 모아 광합성을 열심히 하다가 밤이 되면 양쪽의 잎을 가운데로 포갠다. 마치 하루의 고된 노동과 피로를 이기기 위해 고이 잠든 모습이 신비롭다.

해가 지면 서서히 잎을 가운데로 모아 겹친 채 밤을 난다. 수면운 동이라 한다. 밤사이에 불필요한 수분의 증발을 막기 위한 본능이다. 부부금슬이나 애정행각이 아님을 밝힌다.

자귀나무의 꽃은 꽃인데 꽃잎이 없는 회양목처럼 안갖춘꽃이다. 대부분 이 꽃은 작아 볼품이 없거나 꽃송이가 작다. 꽃 자체가 눈에 잘 띄지 않는다. 자귀나무는 꽃술만으로도 다른 꽃보다 화려한 모습을 보인다. 여러 꽃송이가 한데 뭉쳐난다. 20여 송이가 꽃차례를 이루었다. 누군가 분홍색 총채를 달아놓은 듯하다. 그늘이 조밀하고 꽃향기로 벌과 나비를 끌어들인다. 솜사탕 같은 꽃이다.

이른 봄에 꽃 피는 개나리, 영춘화, 산수유, 풍년화 등 대부분 노란색이다. **모감주나무**는 여름에 피우는 노란 꽃으로 특별하다. 황금빛 물결같은 꽃이 한 무더기로 피어 'Golden rain tree' 황금비나무이다. 절집에서 많이 키우는 이유는 꽈리를 닮은 삼각주머니 안에 검은 콩알 같은 열매가 3개씩 들어 있는데 이로 염주를 만들어 염주나무라는 별명도 있다.

2018년 9월 19일 남북 정상회담 때 평양 백화원 앞 정원에 심은 나무가 남한에서 가져간 모감주나무이다. 나무말이 '번영'을 상징한다.

도시의 한적한 주택가에 아름답게 피는 꽃이 **능소화**이다. 꽃대가 아래로 늘어져 위부터 아래쪽으로 피어 내려온다. 중국이 고향인 능소화는 조선시대에는 흔치 않은 양반들의 전유물인 '양반꽃'이었다.

조선시대의 양반은 아무리 급해도 서두르지 않는 것이 미덕이다. 체통과 위신이 먼저이다. 양반의 기질을 닮은 꽃이다. 늦봄에 잠에서 깨어난다. 능소화는 하늘霄 높이 올라 다른 나무를 깔보凌는 꽃花이다. 기고만장한 양반꽃이었다.

능소화의 꽃가루가 눈에 들어가면 눈이 먼다는 소문의 주체이기도 한 애먼 꽃이다. 꽃가루에 미세한 갈고리가 있다고 했지만 양반들이 독점하고픈 객기가 아니었을까?

꽃가루에는 자신들의 종족을 전파할 각자의 생존전략이 있다. 비가 내릴 때마다 가벼운 바람이라도 불면 무거운 꽃송이가 흔들린다. 흐느적거림이 낭만적이다.

무궁화는 7월부터 10월까지 무궁무진한 꽃을 피워댄다. 한 개의 꽃은 아침에 피워 저녁에는 꽃잎이 말려 떨어진다. 그리고 매일 아침 새로운 꽃으로 피워낸다. 건강한 성목은 하루에 30송이씩 피워 한해에 3,000송이쯤 피우는 셈이다.

무궁화처럼 일제강점기에 정치적인 탄압을 받은 나무는 흔치 않다. 쳐다보면 눈에 핏발이 선다고 '눈에 피꽃', 손으로 만지면 부스럼이 생긴다고 해서 '부스럼꽃'으로 별명을 지어 유린했다. 일본인에게는 눈엣가시 꽃이었다. 나라꽃으로 초·중·고교, 마을회관, 철도역, 관공서의 국기 게양대 주변에 심던 주요 조경수이다. 보통 무궁화는 1,000~3,000송이를 너끈하게 한그루에서 피워낸다.

무궁화꽃의 일생은 오랫동안 바라보아야 그 사실을 알 수 있다. 전 세계에 분포하는 종류는 500종이 넘는다. 국내에는 남부지방에 황근 _{노랑무궁화} 자생지가 있으나, 남부 토착종으로 다른 곳에는 심을 수 없는 안타까움이 있다.

배롱나무 꽃을 보면 花無十日紅이 떠오른다. 배롱나무는 100일 넘게 꽃을 피운다. 그래서 붙여진 이름이 실제로 백일 정도 꽃이 붉다 하여 백일홍이다. 꽃을 한 번 핀 개체가 백일 이상 피우는 게 아니라 꽃대에서 차례로 피어나고 지는 기간을 합하면 석 달은 간다.

이름도 많다. 목백일홍, 간질나무, 간지럼나무라고 부르는 지역도 있다. 나무가 실제로 간지럼을 타는 것은 아니고, 수피의 외형을 보고 지어낸 이름이다.

일부에서는 삼강오륜三綱五倫을 아는 나무라 했다. 아래에서 삼지로 자라 윗가지는 5가지로 스스로 자란다고 해서이다. 껍질로 감추는 게 없어 솔직하게 제 몸을 보여주는 선비나무라고도 했다. 그래서 향교, 서원, 고택, 사찰 등에 심는다.

무궁화꽃과 배롱나무의 꽃이 지고, 배롱나무가 빨간 단풍잎으로 갈아입고 나면 가을 찬 바람이 불면서 추워진다.

121

분재 물주기 3년 걸린다
<취미분재 일반>

분재는 대자연을 축경하려는 인간의 욕망에서 비롯되었다. 자연의 아름다운 나무를 축조된 공간으로 끌어들여 화분에 축경縮景한 경치를 분경盆景 또는 분재盆栽라 한다. 분식盆植과는 다르다.

나무를 키우는데 있어 햇빛과 공기, 물이 있으면 가능하다. 분재관리는 관찰과 진단, 조치의 단계로 이어지는 행위이다. 분재에서 생기는 일은 뻔하다. 건조, 과습, 과비와 일조량 과다 등 문제는 잎으로 모두 나타난다.

분재는 끊임없는 독백이자 여유로움이 아니고 배려이다.

자기 스스로 창작하고 반복하여 독자적 존재가치는 물론 예술성까지 평가를 받아야 한다. 고태미, 조형미, 독창성, 희소성 등 다양하게 표출할 수 있다.

분재의 낭만은 3락樂에 있다.

선택하고, 감상하고, 작업하는 즐거움이다. 하나의 작품을 만드는 과정에 모두 담겨있는 기쁨이다. 세상일은 내가 직접 해 보지 않으면 성취감을 얻지 못한다. 하나의 사물을 보고 보는 사람마다 감정과 표현이 다르듯 아는 만큼만 보인다.

흔히, 분재의 과정을 '學-習-思-覺-行'이라고 말한다.

먼저 알아야 하고, 내 것으로 받아들여, 깊은 생각과 고뇌를 거쳐야 깨달음이 오고 비로소 행하면 정석이라고 한다.

분재를 감상할 때에는 창조적 원예기술이자, 생명 예술임을 감안하여 먼저 자기 마음을 비워야 한다. 흔들리는 이파리와 휘어진 가지에서 오랜 풍진 세월의 흔적을 회상하며 자연미, 공간미, 곡선미, 고태미의 진수를 느끼고, 만든 작가의 충분한 마음을 짚어야 제대로 보인다.

분재는 어느 작품에서나 메시지가 있고, 뷰-포인트 View-point가 따로 있으며, 감상하는 면이 따로 있어야 한다. 균형과 조화는 밑바탕 요소이다.

분재인의 4금禁인 남의 분재를 함부로 평가하지 말고禁批評, 대가없이 얻지 말며禁得, 탐내지 말고禁眈, 만지지 마라禁觸는 말은 스스로 노력하여 자기 것으로 성취하라는 뜻이다.

분재는 크기별로 대분재, 중분재, 소분재, 두豆분재, 극소분재까지 있다. 극소분재는 돋보기로 보아야 꽃이 보인다.

수종별로 보면, 송백분재침엽수, 상엽분재활엽수, 상화분재꽃, 상과분재열매가 있다. 최근에는 소품분재, 미니분재, 생활분재, 취미분재 등의 파격적인 이름으로 분재인 확산을 위해 저변을 흡수하고 있다.

초보자들도 손쉽게 즐거움을 얻는다. 생명의 존중과 존재의 가치를 공감할 기회이다.

분재의 수형은 직간형, 곡간형, 사간형, 반간형, 현애형, 문인목, 쌍간형, 삼간형, 연근형, 근상형, 취류형, 입목형, 주립형, 군식형, 석부형, 축경형, 사리형 등으로 나누며, 수형에 잘 어울리는 수종도 따로 있다.

합식이나 축경분재는 원근감, 배치, 공간의 분할, 스카이 라인들의 표현이 자연스러워야 한다. 근상根上 분재는 송백류에서 뿌리 부분까지 올려 심어 감상미를 더해 주는 분재 기법이다.

분재에서 '물주기만 3년이 걸린다'는 뜻은 가장 쉬우면서 어려운 일이기 때문이다. 물은 지하수보다 상수도가 좋다. 화분에 물을 충분히 주는 것은 공극 사이에 남은 유해가스를 없애는 데 도움을 준다.

'나무는 가장 좋아하는 것이 물이고, 가장 싫어하는 것도 물이다'라는 상반된 의미는 적정하게 물을 주어야 보약이 된다는 말이다.

분재의 비례와 척도는 1/3규칙이 있다.

분재목을 3등분하여 하단부는 뿌리뻗음과 주간의 가늚새를, 중단부는 가지의 흐름과 배치를, 상단은 잔가지와 수심의 형성으로 이루어진다.

가늚새초살도란 주간이 위로 오를수록 가늘어짐이며, 뿌리뻗음, 그루솟음지제부, 줄기흐름이 핵심요소이다. 이 모습으로 알려면 안목이 있어야 한다. 교과서 같은 균형미가 보이기 시작한다.

좋은 분재는 수종별 특성과 구성요소를 갖추고, 뿌리가 팔방으로 펼쳐있으며, 그루솟음과 가늚새가 분명해야 한다. 줄기의 흐름은 아래곡선은 크고 위는 작게하고, 좌우전후의 흐름이 있어야 안정감이 있다.

몸체의 상처는 질병이 의심되므로 피한다. 부분적으로는 사리로 활용한다. 가지의 배치와 흐름도 규칙과 조화가 있어야 한다. 주간과 가지의 흐름은 일치하도록, 주간이 직선이면 가지도 직선으로 펼친다.

송분재의 단엽은 꼭 거쳐야 하는 과정이다.

식물은 일반적인 개별 고유품종 특징이 있다. 잎과 가지가 자라는 모습, 크기, 나무껍질, 눈의 모양, 꽃과 열매는 물론 종자도 각각 다르다.

분재에서 소나무류는 대부분 단엽처리短葉處理를 한다. 수세를 조절하기 위해 긴 솔잎을 자르기도 하지만, 6월을 전후하여 소나무의 올해 자란 순을 자르면 자른 언저리에서 여러 개의 새순이 자란다.

자라면서 필요한 순을 2~3개로 남기고 다시 솎아준다. 잔가지도 풍성해지고 솔잎이 늦게 자라면서 바빠진다. 보통 솔잎 길이의 절반만 자라나 멈추고 단엽이 되어 겨울 준비로 엽육이 단단해진다.

연한 녹색과 짧은 잎의 길이, 꽉 찬 세지細枝 3박자가 소나무 분재의 격을 높여 준다.

122

조경미학 준비가 반이다
< 조경장비와 관리자재 >

　최근에는 조경수목의 관리에 있어서 수목보호 관리 전문가 또는 조경 전문회사의 전담 관리가 늘고 있다. 조경 식재 후 수목을 건강하게 유지하고 보호하는데 세부적인 생물학적 지식이 요구된다.
　조경에서 필요한 장비와 자재가 날로 발전하고 있다. 장비의 현대화는 적은 노력으로도 여러 기능을 수행할 수 있게 한다. 장비의 구매는 현장의 필요와 빈도에 따라 결정하면 된다.
　개인적인 전정 장비로 톱과 고지 가위, 전정 가위, 양손 울타리 가위가 있고, 동력 울타리 전정기는 작업효율이 상당히 높고 정교하게 작업할 수 있다. 연료나 전기를 이용하는 동력 장비는 편리함 이면에 위험이 있으므로 사전에 충분한 사용법의 숙지와 몸에 익힐 충분한 연습이 필요하다. 안전 장구도 모두 갖추고 작업에 임하는 게 필수이다.
　잔디관리 장비로는 예초기, 잔디 깎기, 낙엽불기가 있다. 또 식물보호제의 살포와 제초제 등을 뿌리는 데는 분무기가 있어야 한다. 사람이 전정이나 전지작업이 어려운 높은 곳은 사다리의 도움이 필요하다.

가정집에 가족을 위한 상비약이 있듯이 수목의 건강을 보살필 수 있는 비료, 영양제, 간단한 식물보호제, 상처 도포제 등 간단한 정도로 갖추어야 한다.

　일반적인 관리 자재는 이식할 경우, 분감기용 고무바와 철사, 마대와 부직포, 새끼, 지주목 등이 필요하다.

　동절기에는 결빙에 약한 수목의 줄기 감기용 부직포와 보온재도 있어야 한다. 멀칭도 겨울 동안 역할이 크다. 토양을 보온하여 뿌리가 얼지 않도록 온도변화를 완화시켜 준다. 단, 주의점은 늦가을에 멀칭하면서 늦거름을 주면 지표의 가는 뿌리가 위로 올라와 있다가 갑작스러운 추위에 동사할 수 있다. 늦거름 주기는 수목에게 위험하다.

인용 및 참고문헌

『공생 멸종 진화』, 이정모, 나무+나무.
『궁궐의 나무』, 박상진, 눌와.
『나무를 만나다』, 이동혁, 21세기북스.
『나무의사, 나무치료를 말하다』, 김철응 / 이태선, 소담.
『나무해설 도감』, 윤주복, 진선북스.
『도시의 나무 산책기』, 고규홍, 마음산책.
『서울의 고궁 산책』, 허균, 새벽숲.
『수목 해충학』, 홍기정 외, 향문사.
『수목생리학(3차 수정판)』, 이경준, 서울대학교출판문화원.
『숲에게 길을 묻다』, 김용규, 비아북.
『숲의 생활사』, 차윤정, 웅진지식하우스.
『식물 산책』, 이소영, 글항아리.
『식물편 천연기념물』, 임경빈, 대원사.
『신고 수목병리학』, 이종규 외, 향문사.
『우리 소나무』, 전영우, 현암사.
『우리나라 나무 이야기』, 이동혁 외, 이비락.
『원색 한국 식물도감』, 이영노, 교학사.
『조경수 관리지식』, 이경준, 향문사.
『조경수 병해충 도감』, 나용준 외, 서울대학교출판문화원.
『조경수목학』, 한국조경학회, 문운당.
『지구의 미래』, 프란츠 알트 / 묘영숙, 민음인.
『한국의 나무』, 김태영 / 김진석, 돌베개.
『한국의 명품 소나무』, 전영우, 시사일본어사.
『한국의 수목』, 김태욱, 교학사.
『한국의 조경수목』, 김성수, 기문당.
『한국정원 답사 수첩』, 역사경관연구회, 동녘.

조경소록

인 쇄 2022년 11월 8일
발 행 2022년 11월 15일

저　　자 • 도기래
발 행 자 • 성정화
발 행 처 • 도서출판 이화
　　　　　대전광역시 중구 대종로505번길 54
　　　　　장현빌딩 2층
　　　　　TEL. 042-255-9708
　　　　　FAX. 042-255-9709

ISBN 978-89-6439-188-4　03480

〈정가 15,000원〉

※무단복제나 복사는 금합니다.
※잘못 만들어진 책은 바꾸어 드립니다.